住房和城乡建设部"十四五"规划教材

教育部高等学校工程管理和工程造价专业教学指导分委员会规划推荐教材

工程合同管理

（第三版）

朱宏亮　张　伟　成　虎　主编

任　宏　主审

中国建筑工业出版社

图书在版编目(CIP)数据

工程合同管理 / 朱宏亮,张伟,成虎主编. -- 3 版.
北京:中国建筑工业出版社,2024. 11. --(住房和城
乡建设部"十四五"规划教材)(教育部高等学校工程管
理和工程造价专业教学指导分委员会规划推荐教材).
ISBN 978-7-112-31056-2

Ⅰ. TU723. 1

中国国家版本馆 CIP 数据核字第 202591J4W6 号

本书结合建设工程项目中合同管理的实际工作,从工程合同管理的概念,工程合同管理的
总体策划,工程合同订立、履行各阶段的管理,工程合同索赔及争议解决方式等方面进行了全
面的介绍。本书还结合了工程合同管理的相关研究成果,对工程合同风险管理、信息管理等内
容作了相应的阐述。本书可作为高校工程管理专业的教材使用,也可供相关专业的科技人员以
及政府部门、建设单位、监理单位、施工单位等企业管理人员参考使用。

为更好地支持相应课程的教学,我们向采用本书作为教材的教师提供教学课件,有需要者可
与出版社联系,邮箱:gongguankj @ cabp. com. cn,电话:(010) 58337285,建工书院 https://
edu. cabplink. com(PC 端)。

责任编辑:张 晶
责任校对:张 颖

住房和城乡建设部"十四五"规划教材
教育部高等学校工程管理和工程造价专业教学指导分委员会规划推荐教材

工 程 合 同 管 理
(第三版)

朱宏亮 张 伟 成 虎 主编
任 宏 主审

*

中国建筑工业出版社出版、发行(北京海淀三里河路 9 号)
各地新华书店、建筑书店经销
北京红光制版公司制版
北京君升印刷有限公司印刷

*

开本:787 毫米×1092 毫米 1/16 印张:12¼ 字数:300 千字
2025 年 7 月第三版 2025 年 7 月第一次印刷
定价:**38. 00** 元(赠课教师件)
ISBN 978-7-112-31056-2
(43704)

出 版 说 明

党和国家高度重视教材建设。2016 年，中办、国办印发了《关于加强和改进新形势下大中小学教材建设的意见》，提出要健全国家教材制度。2019 年 12 月，教育部牵头制定了《普通高等学校教材管理办法》和《职业院校教材管理办法》，旨在全面加强党的领导，切实提高教材建设的科学化水平，打造精品教材。住房和城乡建设部历来重视土建类学科专业教材建设，从"九五"开始组织部级规划教材立项工作，经过近 30 年的不断建设，规划教材提升了住房和城乡建设行业教材质量和认可度，出版了一系列精品教材，有效促进了行业部门引导专业教育，推动了行业高质量发展。

为进一步加强高等教育、职业教育住房和城乡建设领域学科专业教材建设工作，提高住房和城乡建设行业人才培养质量，2020 年 12 月，住房和城乡建设部办公厅印发《关于申报高等教育职业教育住房和城乡建设领域学科专业"十四五"规划教材的通知》（建办人函〔2020〕656 号），开展了住房和城乡建设部"十四五"规划教材选题的申报工作。经过专家评审和部人事司审核，512 项选题列入住房和城乡建设领域学科专业"十四五"规划教材（简称规划教材）。2021 年 9 月，住房和城乡建设部印发了《高等教育职业教育住房和城乡建设领域学科专业"十四五"规划教材选题的通知》（建人函〔2021〕36 号）。为做好"十四五"规划教材的编写、审核、出版等工作，《通知》要求：（1）规划教材的编著者应依据《住房和城乡建设领域学科专业"十四五"规划教材申请书》（简称《申请书》）中的立项目标、申报依据、工作安排及进度，按时编写出高质量的教材；（2）规划教材编著者所在单位应履行《申请书》中的学校保证计划实施的主要条件，支持编著者按计划完成书稿编写工作；（3）高等学校土建类专业课程教材与教学资源专家委员会、全国住房和城乡建设职业教育教学指导委员会、住房和城乡建设部中等职业教育专业指导委员会应做好规划教材的指导、协调和审稿等工作，保证编写质量；（4）规划教材出版单位应积极配合，做好编辑、出版、发行等工作；（5）规划教材封面和书脊应标注"住房和城乡建设部'十四五'规划教材"字样和统一标识；（6）规划教材应在"十四五"期间完成出版，逾期不能完成的，不再作为《住房和城乡建设领域学科专业"十四五"规划教材》。

住房和城乡建设领域学科专业"十四五"规划教材的特点，一是重点以修订教育部、住房和城乡建设部"十二五""十三五"规划教材为主；二是严格按照专业标准规范要求编写，体现新发展理念；三是系列教材具有明显特点，满足不同层次和类型的学校专业教学要求；四是配备了数字资源，适应现代化教学的要求。规划教材的出版凝聚了作者、主审及编辑的心血，得到了有关院校、出版单位的大力支持，教材建设管理过程有严格保障。希望广大院校及各专业师生在选用、使用过程中，对规划教材的编写、出版质量进行反馈，以促进规划教材建设质量不断提高。

住房和城乡建设部"十四五"规划教材办公室

2021 年 11 月

序 言

教育部高等学校工程管理和工程造价专业教学指导分委员会（以下简称教指委），是由教育部组建和管理的专家组织。其主要职责是在教育部的领导下，对高等学校工程管理和工程造价专业的教学工作进行研究、咨询、指导、评估和服务。同时，指导好全国工程管理和工程造价专业人才培养，即培养创新型、复合型、应用型人才；开发高水平工程管理和工程造价通识性课程。在教育部的领导下，教指委根据新时代背景下新工科建设和人才培养的目标要求，从工程管理和工程造价专业建设的顶层设计入手，分阶段制定工作目标、进行工作部署，在工程管理和工程造价专业课程建设、人才培养方案及模式、教师能力培训等方面取得显著成效。

《教育部办公厅关于推荐 2018—2022 年教育部高等学校教学指导委员会委员的通知》（教高厅函〔2018〕13 号）提出，教指委应就高等学校的专业建设、教材建设、课程建设和教学改革等工作向教育部提出咨询意见和建议。为贯彻落实相关指导精神，中国建筑出版传媒有限公司（中国建筑工业出版社）将住房和城乡建设部"十二五""十三五""十四五"规划教材以及原"高等学校工程管理专业教学指导委员会规划推荐教材"进行梳理、遴选，将其整理为 67 项，118 种申请纳入"教育部高等学校工程管理和工程造价专业教学指导分委员会规划推荐教材"，以便教指委统一管理，更好地为广大高校相关专业师生提供服务。这些教材选题涵盖了工程管理、工程造价、房地产开发与管理和物业管理专业主要的基础和核心课程。

这批遴选的规划教材具有较强的专业性、系统性和权威性，教材编写密切结合建设领域发展实际，创新性、实践性和应用性强。教材的内容、结构和编排满足高等学校工程管理和工程造价专业相关课程要求，部分教材已经多次修订再版，得到了全国各地高校师生的好评。我们希望这批教材的出版，有助于进一步提高高等学校工程管理和工程造价本科专业的教学质量和人才培养成效，促进教学改革与创新。

教育部高等学校工程管理和工程造价专业教学指导分委员会
2023 年 7 月

第 三 版 前 言

本书自出版发行以来，得到了大量读者的肯定与认可，对此我们颇感欣慰。

合同依据法律而签订，是明确经济活动当事人权利义务、规范当事人行为的依据。工程建设是历经较长的时间周期，投入大量人力、资金、材料经过设计施工等活动形成住宅、基础设施等固定资产的过程。其中建设单位、勘察、设计、施工、监理等相关方除了遵行法律法规的程序性规定以外，主要依据合同来履行各自的权利义务和管理责任。因此合同管理已成为工程建设行业的一项基本制度，与项目法人制、招标投标制等一同为工程建设行业的有序运行发挥着重要作用。

自 1999 年 3 月全国人大第九届二次会议颁布《中华人民共和国合同法》以来，我国的合同法律及管理体系不断完善。其中建设工程合同作为一类专门的合同，由《合同法》专章规定，有着严格的形式和内容要求。为细化工程合同订立、权利义务、违约责任等相关内容，住房和城乡建设部、国家工商行政管理总局制定发布了《建设工程设计合同》《建设工程施工合同》等示范文本。国际上 FIDIC（国际咨询工程师联合会）也制定了海外工程普遍采用的各类工程合同条件。这些合同法律法规和国内外示范文本为工程合同管理提供了明确、详细的依据和指南。

随着工程建设行业持续发展，工程规模、技术特点、组织方式等变化，EPC 工程总承包模式等新型模式推广应用，工程合同法律法规和国内外示范文本也相应更新。尤其是 2021 年 1 月起施行的《中华人民共和国民法典》，将原来施行的与工程合同管理密切相关的《中华人民共和国合同法》纳入其中成为《合同篇》，并进行了必要的修改和调整，这对工程合同管理影响较大。与此同时，国内《建设工程施工合同》、国际上 FIDIC《施工合同条件》等示范文本也更新到 2017 版。在此过程中工程合同的法律原则和核心内容并没有太大变化，但当事人的具体权利义务有了与行业形势相适应的调整。基于这些情况，我们对《工程合同管理》中相应的内容进行了更新和修改。

由于编者水平有限，书中难免有谬误之处，敬请读者批评。

2025 年 3 月

第 二 版 前 言

近年来，随着改革的深入和社会的进步，依法治国的理念已深入人心。一切依法办事已成为社会的共识。与此同时，由于合同与法律之间的天然联系，在社会经济生活中，一切依合同办事的认识也得到广泛的认同。国内外不少学者都认为，从本质上讲，合同就是当事人之间共同签署的"法律"。合同一旦生效，对合同当事人就具有了法律的约束力，任何一方如不履行合同，就要承担相应法律责任，受到法律的惩罚。所以，合同管理在社会经济生活中的重要性也愈来愈显著。

为完善社会主义市场经济体制，进一步规范建筑市场，近年来我国又颁布了不少工程建设领域的法律法规，并且在全社会大力提倡"契约精神"，而新的信息技术在工程建设中也得到越来越广泛的应用，这些都对工程合同管理提出了更新更高的要求。为满足广大读者更加全面、更为准确地了解工程合同管理相关知识的需要，本书作者对原书进行了相应修订，并增加了一些 BIM 的基本知识。

西南石油大学刘红勇教授、云南大学何琴老师分别参加了第 8 章和第 4 章的修订工作。

由于编者水平有限，书中难免有谬误之处，敬请读者批评指正。

2018 年 1 月

第 一 版 前 言

市场经济就是竞争经济。为保证竞争的公平，政府已不能对微观经济活动进行干预。市场主体间的经济活动主要靠合同来调节。权力必须摒弃于微观经济之外，因此，在市场经济体制下，合同已成为正常、有序地进行经济活动的主要依据之一。随着我国市场经济的逐步完善，人们越来越注重用合同来规范各类经济活动，从而有效地保护自身的合法利益。在合同的签订和履行过程中，双方处于平等、自愿的地位，通过协商双方意愿可以达成最大程度的一致；通过明确约定各自的权利义务、违约责任和争议解决方式等，从而有效约束双方行为，使预期目标得到实现。

建设工程合同，无疑是规范建筑活动的有力工具。工程项目投资大、持续时间长、参与主体多、经济关系错综复杂，还容易受到地质、气候、政治、金融等各方面因素的影响，因此实施项目管理的难度很大。如果不事先将各方的权利义务明确，使各项工作合理安排、分配并按部就班地实施，要想获得工程质量、成本、工期、安全等多方面的良好控制，是不可能的。目前合同管理已经成为工程项目管理的一个重要部分。且合同管理也已大大超越了纸面上的合同条款及条款中的内容，它已覆盖了合同策划、签订、实施、争议解决、风险管理、索赔及信息管理等多个方面。例如，合同规定了争议解决的途径，它不仅包括了如何解决争议，更是包含了对项目管理者如何去避免争议、分散风险的具体指导。因此，全面了解和掌握工程合同管理的知识和内容，提高工程合同管理的认识和水平，是每一个从事工程建设活动的人都必须解决的问题。

本书在全面介绍和分析工程合同管理相关内容的基础上，也对工程合同管理中最新成果作了必要的介绍，以使读者对工程合同管理的现状有更全面的了解。

由于编者水平有限，书中难免有谬误之处，敬请读者批评。

2006 年 2 月

目　　录

1.1　工程合同

建筑业的生产活动与其他行业相比具有参与主体多、建设周期长、过程复杂等特点，其管理也具有较高的难度。随着市场经济体制的建立和完善，建设单位、施工单位、勘察设计单位也采取相应的手段来保护自身的权利，约束对方的行为，保证生产活动的顺利进行。这种手段一般就是合同管理，即明确各方的权利义务关系，便于合同义务的履行；若出现哪一方不履行合同义务的情况，则追究其违约责任，从而对各方的履约行为产生较强的约束力。

合同管理以法律为保障，结合科学的项目管理理念，在实际应用中取得了良好的效果，因此在建筑业内得到了普遍推广。加入 WTO 以来，建筑业面临的竞争更加激烈，使得改进管理水平、提高企业竞争力成了各企业发展的主题。

1.1.1　工程合同的概念

根据《中华人民共和国民法典》合同编第 464 条：合同是民事主体之间设立、变更、终止民事法律关系的协议。依次类推，工程合同是指工程建设中的各个主体之间，为达到一定的目标而明确各自权利义务关系的协议。

对于工程合同，可有广义和狭义的两种不同的理解。广义的工程合同并不是一项独立的合同，而是一个合同体系，是一项工程项目实施过程中所有与建筑活动有关的合同的总和，包括勘察设计合同、施工合同、监理合同、咨询合同、材料供应合同、贷款合同、工程担保合同等，其合同主体包括业主、勘察设计单位、施工单位、监理单位、中介机构、材料设备供应商、保险公司等。众多合同互相依存，互相约束，共同促使工程建设的顺利开展。狭义的工程合同仅指施工合同，即业主与施工承包商就施工任务的完成签订的协议。施工阶段是工程建设中工作量最大、耗时最长、最复杂的部分，他们能否认真履约是工程顺利进行的关键。

1.1 工程合同

为了叙述方便，本书第1、2章采用的是广义的工程合同概念，而从第3章起便都采用狭义的工程合同概念。

广义的工程合同定义包括以下三个要点：

（1）合同主体，即直接参与一定的工程建设任务，并订立相应内容的合同的单位。例如，业主、施工单位之间可以订立施工合同，业主与勘察设计单位之间可订立勘察设计合同，而监理单位、材料供应商、设备租赁商、招投标代理机构等也可以作为某种工程合同的主体。

（2）工程合同具体的目标。总的说来，所有工程合同的目标都是为了工程建设任务的圆满完成，即在合理期限内以合理成本竣工，并满足规定的质量标准。对于某一项合同，随主体不同，这一目标也将逐步分解，如设计单位的目标是完整的施工图设计方案；施工单位的目标是实行质量、成本、工期的综合控制，依图完成施工任务；监理单位的目标则是协调业主与施工单位的关系，监督各方的履约行为。

（3）工程合同的核心内容，即各方主体之间的权利义务。如建筑施工合同规定的是业主和施工单位的权利义务，建设监理合同规定的是业主和监理单位之间的权利义务，建筑材料供应合同规定的是业主或承包商与材料供应商之间的权利义务。这种权利义务关系应尽量保证公平、公正，只有公平的合同，才能顺利地实施。

1.1.2　工程合同的作用

在工程项目的建设管理中，合同管理发挥着重大作用，许多行业专家和企业管理者已将它作为一项基本制度纳入工程项目管理中，并将这种制度称为合同管理制。合同管理在工程项目管理中发挥了重要的作用。可以说，一个工程项目的成败与合同管理的成败休戚相关。合同管理水平高，则项目成功；合同管理水平低，项目则有可能失败。具体地说，工程合同具有以下几项功能：

1. 确立了工程实施和管理的主要目标

合同在工程实施前签订，它确定了工程所要达到的目标以及和目标相关的所有主要的以及一些细节的问题。合同确定的工程目标主要有三个方面：

（1）工程质量及工程规模、功能等基本属性的要求。这些要求应是十分详细、具体，便于直接实施的，例如建筑材料、设计、施工等质量标准、技术规范、建筑面积、项目要达到的生产能力等。这些要求一般在合同条件、图纸、规范、工程量表、供应单中予以规定。

（2）工程价格。包括工程总价格，各分项工程的单价和总价等。这些价格一般在工程量报价单、中标函或合同协议书中规定。工程价格的计算形式有多种，包括总价合同、单价合同、成本加酬金合同等，根据工程的具体情况和业主、承包商的习惯可采用不同的计算方式。但无论采取哪种方式，依照该约定取得合理报酬都是承包商最主要的权利，也是业主应履行的最基本义务。

（3）工期要求。包括工程开始、工程结束以及一些主要工序的实施日期。在施工组织设计中，对于主要路径上的工序日期控制更是工期控制的重点。这些日期一般在合同协议书、总工期计划、双方一致同意的详细的进度计划中规定。

2. 明确了双方的权利义务关系

合同一经签订，合同双方结成了一定的经济关系，由此顺带引发了一系列的权利与义务的分配。权利与义务是相辅相成的，又是紧密对应的。一方所享有的权利，往往就是对方所应承担的义务，而一方在享有一定权利的同时，也必须履行一定的义务，认真遵守这些关系才能确保各方的合法利益。

从根本上，合同双方的利益是一致的，都想尽快尽好地完成工程，但在具体目标上又是不一致的。以施工合同为例，业主希望以尽可能少的费用完成尽可能多的、质量尽可能高的工程，承包商则希望尽可能多地取得工程利润，增加收益，降低成本。由于目标的不一致，导致工程过程中的利益冲突，造成在工程实施和管理中双方行为的不一致和不协调。很自然，合同双方常常都从各自利益出发考虑和分析问题，采用一些策略手段和措施达到自己的目的。但合同双方的权利和义务是互为条件的，这一切又必然影响和损害对方利益，妨碍工程顺利实施。

合同是协调各方利益分配、调整利益冲突的主要手段。首先合同为各方明确了责、权、利，减少了利益冲突发生的可能性，其次合同中的违约责任使得合同双方不敢轻易违反约定，有利于合同的履行。

3. 制定了双方行为的法律准则

工程过程中的一切活动都在合同中进行了详细的规定，工程建设的过程就是各方履行合同义务的过程。

合同一经签订，只要合同合法，双方必须全面地完成合同规定的责任和义务。若某一方不认真履行自己的责任和义务，甚至单方撕毁合同，则必须接受经济的、甚至法律的处罚。除了特殊情况（如不可抗力因素等）使合同不能实施外，合同当事人即使亏损甚至破产，也不能摆脱这种法律约束力。

4. 联系起工程建设各方主体

随着社会化大生产中专业分工的细化，一个工程往往有几个甚至几十个参与单位。专业分工越细，工程参加者越多，相互间的联系及关系的协调就越重要。

科学的合同管理可以协调和处理各方面的关系，使相关的各合同和合同规定的各工程活动之间不相矛盾，在内容上、技术上、组织上、时间上协调一致，形成一个完整的、周密的、有序的体系，以保证工程有秩序、按计划地实施。

5. 提供了双方解决争端的依据

由于双方经济利益不一致，在工程建设过程中发生冲突是普遍的。合同争端是经济利益冲突的表现，它可能起因于主观上的履约行为不当、合同执行的误解，也可能起因于客观环境的变化，使得某一方无法正确地履行合同。但无论由于哪一种，一旦出现争端，双方应争取尽快、尽量友好协商解决，否则将影响工程建设的继续进行。而合同条文中规定的双方权利义务及合同争端的解决方式的约定即可成为争端解决途径选择和各自应承担什么责任判定的依据。

1.1.3 工程合同的体系

一个工程项目的建设就是一个复杂的社会生产过程，包括大量复杂的经济关系。从阶段上说，一项建设工程要经历可行性研究、勘察、设计、施工、运行、维护等各阶段，而每一阶段也包括大量的工作,如施工阶段又包括房建、市政、土建、水电、机械设备、通信等专业设计和施工活动。此外,在建设过程中还需要各种材料、设备、资金和劳动力的供应。从主体上说,直接参与工程建设的单位有业主、施工单位、勘察设计单位、监理单位、咨询机构、材料设备供应商、运输公司等,与工程建设有关联的单位有银行、保险公司等,此外社会公众也可能与工程建设发生关系。

工程建设的主体多、过程复杂、技术难度高、周期长,各种错综复杂的经济关系显得十分杂乱,彼此之间的相互依赖和相互牵制使得管理的难度大大增加。但随着合同管理的出现,随着工程合同体系的建立和完善,使得工程项目管理井井有条。即使有十几个甚至上百个合同,只要逐一顺利实施,整个工程的建设就能按部就班地完成。

在工程建设的各阶段中,施工阶段是最主要的阶段,其中业主和承包商签订的施工合同也成为工程合同体系的主干。此外,业主向银行贷款、委托勘察设计等,产生一系列的经济合同关系;承包商获取材料供应、向银行办理履约担保、租赁设备、与运输公司签订运输协议等,也形成一系列经济合同关系。业主和承包商各自与其他主体所签订的相关经济合同就构成了合同体系的分支,如图 1-1 所示。

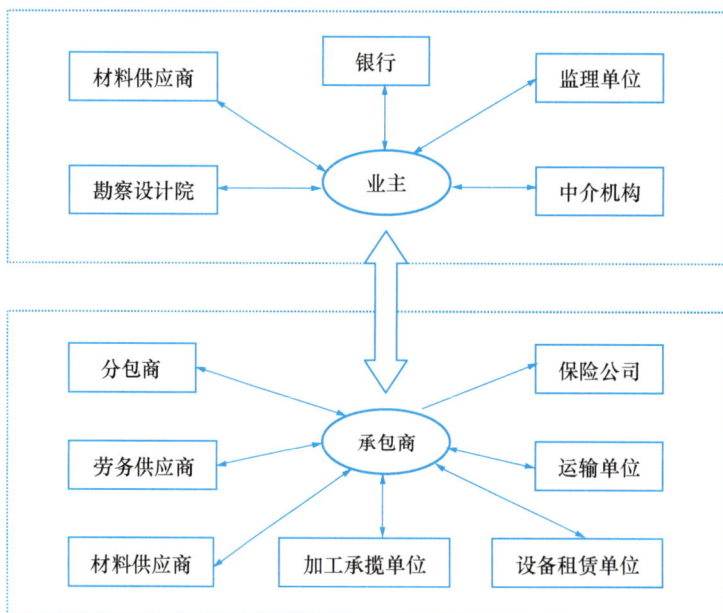

图 1-1　工程合同体系

（1）业主的主要合同关系

业主作为工程（或服务）的买方,是工程的所有者,它可能是政府机关、企业、其他投资者,或几个企业的组合,或政府与企业的组合（例如合资项目,BOT 项目的业主）。投资者出资建设一个项目,可以自己直接管理,充当业主,也可以委托代理人（或代表）以代业主的身份进行工程项目的管理。至于业主和代理业主,在工程项目管理中通常不区分,统一称为业主。

业主根据对工程的需求,确定工程项目的整体目标,这个目标是所有相关工程合同的核心。要实现该目标,业主必须将建筑工程的勘察设计、各专业施工、设备和材料供应等工作委托出去，必须与有关单位签订如下几种合同：

1）工程施工合同，即业主与施工承包商签订的施工承包合同。一个或几个承包商承包或分别承包工程的土建、机械安装、电气安装、装饰装修、通信等工程。

2）勘察设计合同，即业主与勘察设计单位签订的合同。勘察设计单位负责工程的地质勘察和技术设计工作。

3）监理合同，即业主与监理单位签订的合同。监理单位负责监督业主、承包商的履约行为，对工程建设的进度进行监控，并协调业主和承包商之间的关系。

4）材料、设备供应合同。若合同约定由业主负责提供某些材料和设备，业主将与有关材料和设备的供应单位签订供应合同。

5）贷款合同，即业主与金融机构签订的合同。后者向业主提供资金保证。按照资金来源的不同，有贷款合同、合资合同、BOT 合同、PPP 合同等。

在不同的项目中，业主的主要经济合同关系大概相似，但具体的合同形式和范围可能会有很大差别。业主与其他单位的经济关系既可以出现在同一份合同中，也可以在不同的合同中分别规定，例如业主可将施工、材料供应、设备安装等分别委托，也可以将它们合并委托，如将施工和设备安装委托给一家承包商。同样，在施工阶段，业主既可以与多个承包商就工程的各部分签订平行承包合同，也可以与一个承包商签订总承包合同，还可以签订一揽子承包合同，由该承包商负责整个工程的设计、供应、施工甚至管理等工作。

（2）承包商的主要合同关系

承包商是工程施工的具体实施者，是工程承包合同的执行者。承包商通过投标接受业主的委托，签订工程承包合同。工程承包合同和承包商是任何建筑工程中都不可缺少的。承包商要完成承包合同的责任，包括工程量表所确定的工程范围的施工、竣工和保修，为完成这些工程提供劳动力、施工设备、材料，有时也包括技术设计。任何承包商不可能也不必具备所有的专业工程的施工能力、材料和设备的生产和供应能力，它同样必须将各类专业工作委托出去，所以承包商也有着复杂的合同关系。

1）分包合同，即承包商把从业主处承包的工程任务中的某些分项工作分包给另一承包商，并与该分包商签订的合同。对于一些大的工程，承包商往往无力独自承担合同，而必须与其他承包商合作才能完成总包合同责任。

2）材料、设备供应合同，即承包商为工程建设进行必要的材料、设备采购，而与供应商签订的供应合同。

3）运输合同，即承包商为解决材料和设备的运输问题，而与运输单位签订的合同。

4）加工合同，即承包商将建筑构配件、特殊构件加工任务委托给加工承揽单位而签订的合同。

5）租赁合同，即承包商与设备租赁公司签订的租用设备的合同。在建筑工程中承包商常需要施工设备、运输设备、周转材料，当有些设备、周转材料在现场使用率较低，或自己购置需要大量资金投入而又不具备这个经济实力时，可以采用租赁方式。租赁有着非常好的经济效果。

6）劳务供应合同，即承包商与劳务供应商之间签订的合同，由劳务供应商向工程提供劳务。

7）保险合同，即承包商按合同要求对工程进行保险，与保险公司签订保险合同。

在实际工程中，还可能有如下情况：

1）设计单位、各供应单位也可能存在各种形式的分包。

2）承包商有时也承担工程（或部分工程）的设计，所以有时也必须委托设计单位。

3）如果工程付款条件苛刻，要求承包商垫资承包，它就必须借款，与金融机构签订借（贷）款合同。

4）在许多大工程中，尤其是在业主要求全包的工程中，承包商经常是几个企业合伙，即合伙承包。合伙承包是指若干家承包商（最常见的是设备供应商、土建承包商、安装承包商、勘察设计单位）联合投标，共同承接工程，他们之间订立合伙合同。合伙承包已成为许多承包商的经营战略之一，国内外工程中都很常见。

5）在一些大工程中，分包商还可能将自己承包的工程或工作的一部分再分包出去。他也需要材料和设备的供应，也可能租赁设备、委托加工，需要材料和设备的运输，需要劳务。所以它也有复杂的合同关系。

以业主、承包商之间的施工合同为主干，业主、承包商分别与其他单位的经济合同关系为分支，形成不同的层次、不同的种类，最终构成了工程合同体系，如图 1-2 所示。

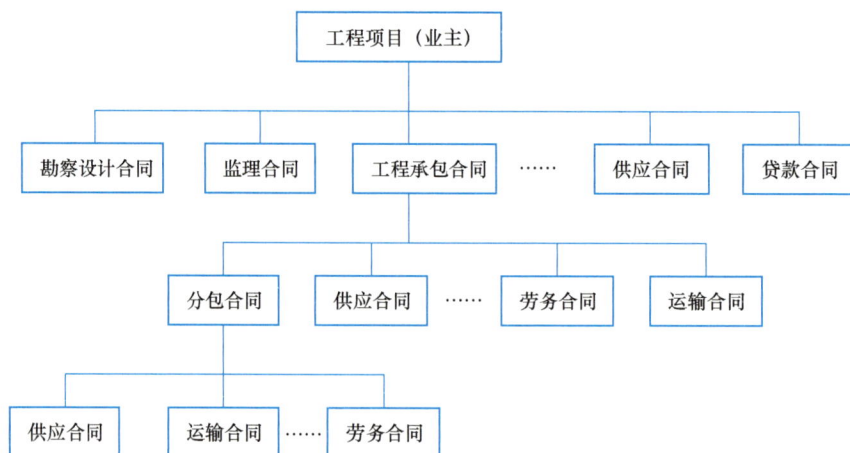

图 1-2   工程合同体系

1.2   工程合同管理

1.2.1   工程合同管理的概念

工程合同管理，是指各级工商行政管理机关、建设行政主管部门和金融机构，以及业主、承包商、监理单位依据法律和行政法规、规章制度，采取法律的、行政的手段，对建设工程合同关系进行组织、指导、协调及监督，保护施工合同当事人的合法权益，处理施工合同纠纷，防止和制裁违法行为，保证施工合同的贯彻实施等一系列活动。

工程合同管理，既包括各级工商行政管理机关、建设行政主管机关、金融机构对建设工程合同的管理，也包括发包单位、监理单位、承包单位对建设工程合同的管理。可将这些管理划分为两个层次：第一层次是政府部门及金融机构对建设工程合同的管理，即合同的外部管理；第二层次则是建设工程合同的当事人及监理单位对建设工程合同的管理，即合同的内部管理，如图 1-3 所示。其中，外部管理侧重于宏观的管理，而内部管理则是关于合同策划、订立、实施的具体管理。本书讲述的是业主、承包商、监理单位对工程合同的内部管理。

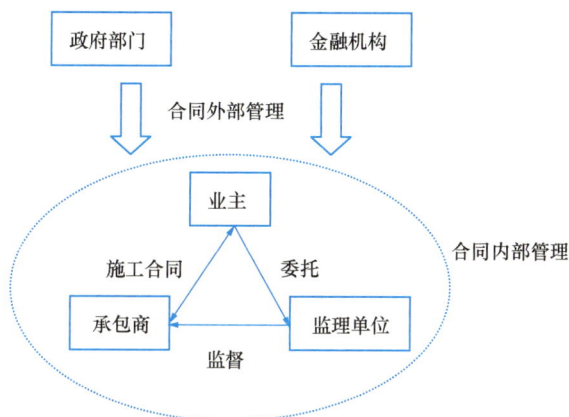

图 1-3 工程合同管理层次

1.2.2 工程合同管理的目标

在工程建设中实行合同管理，是为了工程建设的顺利进行。如何衡量顺利进行，主要用质量、成本、工期三个因素来评判，此外使得业主、承包商、监理工程师保持良好的合作关系，便于日后的继续合作和业务开展，也是合同管理的目标之一。

1. 质量控制

质量控制一向是工程项目管理中的重点，因为质量不合格意味着生产资源的浪费，甚至意味着生产活动的失败。对于建筑产品更是如此。由于建筑活动耗费资金巨大、持续时间长，一旦出现质量问题，将导致建成物部分或全部失效，造成财力、人力资源的极大浪费。建筑活动中的质量又往往与安全紧密联系在一起，不合格的建筑物可能会对人的生命健康造成危害。

工程合同管理必须将质量控制作为目标之一，并为之制定详细的保证计划。

2. 成本控制

在自由竞争的市场经济中，降低成本是增强企业竞争力的主要措施之一。在成本控制这个问题上，业主与承包商是既有冲突，又必须协调的。合理的工程价款为成本控制奠定基础，是合同中的核心条款。此外，为了成本控制制定具体的方案、措施，也是合同的重要内容。

3. 工期控制

工期是工程项目管理的重要方面，也是工程项目管理的难点。工程项目涉及的流程复杂、消耗人力物力多，再加上一些不可预见因素，都为工期控制增加了难度。

施工组织计划对于工期控制十分重要。承包商应将制定详细的施工组织计划，并报业主备案。一旦出现变更导致工期拖延，应及时与业主、监理协商。各方协调对各个环节、各个工序进行控制，最终圆满完成项目目标。

4. 各方保持良好关系

业主、承包商和监理三方的工作都是为了工程建设的顺利实施，因此三方有着共同的目标。但在具体实施过程中，各方又都有着自己的利益，不可避免要发生冲突。在这种情况下，各方都应尽量与其他各方协调关系，确保工程建设的顺利进行；即使发生争端，也要本着互利互让、顾全大局的原则，力争形成对各方都有利的局面。

与业主和监理工程师保持良好关系，对于承包商更显重要。只有努力做好每一个项目，树立良好的企业形象，获得适当的利润，才能继续开拓市场业务，使企业不断发展壮大。

1.2.3 工程合同管理的原则

合同管理是法律手段与市场经济调解手段的结合体，是工程项目管理的有效方法。合同管理制自提出、试用至推广，如今已经十分成熟。合同管理具有很强的原则性、权威性和可执行性，这也是合同管理能真正发挥效力的关键。一般说来，合同管理应遵循以下几项基本原则：

1. 合同权威性原则

在市场经济体制下，人们已习惯于用合同的形式来约定各自的权利义务。在工程建设中，合同更是具有权威性的，是双方的最高行为准则。工程合同规定和协调双方的权利、义务，约束各方的经济行为，确保工程建设的顺利进行；一方出现争端，应首先按合同解决，只有当法律判定合同无效，或争执超过合同范围时才借助于法律途径。

在任何国家，法律只是规定经济活动中各主体行为准则的基本框架，而具体行为的细节则由合同来规定。例如 FIDIC 合同条件在国际范围内通用，可适用于各类国家，包括法律健全的或不健全的，但对它的解释却比较统一。许多国际工程专家告诫，承包商应注意签订一个有利的和完备的合同，并圆满地执行合同，这无论是对于工程的实施，还是对于各方权益的保护都是很重要的。

2. 合同自由性原则

合同自由原则是在当合同只涉及当事人利益，不涉及社会公共利益时所运用的原则，它是市场经济运行的基本原则之一，也是一般国家的法律准则。合同自由体现在：

（1）合同签订前，双方在平等自由的条件下进行商讨：双方自由表达意见，自己决定签订与否，自己对自己的行为负责。任何人不得对对方进行胁迫，利用权力、暴力或其他手段签订违背对方意愿的合同。

（2）合同自由构成。合同的形式、内容、范围由双方商定；合同的签订、修改、变更、补充、解除，以及合同争端的解决等由双方商定，只要双方一致同意即可。合同双方各自对自己的行为负责，国家一般不介入，也不允许他人干涉合法合同的签订和实施。

3. 合同合法性原则

合同的合法性原则体现在：

（1）合同不能违反法律，合同不能与法律相抵触，否则无效。这是对合同有效性的控制。

合同自由原则受合同法律原则的限制，所以工程实施和合同管理必须在法律所限定的范围内进行。超越这个范围，触犯法律，会导致合同无效，经济活动失败，甚至会带来承担法律责任的后果。

（2）合同不能违反社会公众利益。合同双方不能为了自身利益，而签订损害社会公众利益的合同，例如不能为了降低工程成本而不采取必要的安全防护措施，不设置必要的安全警示标志，不采取降低噪声、防止环境污染的措施等。

（3）法律对合法的合同提供充分保护。合同一经依法签订，合同以及双方的权益即受到法律保护。如果合同一方不履行或不正确地履行合同，致使对方受到损害，则必须赔偿对方的经济损失。

4. 诚实信用原则

合同是在双方诚实信用基础上签订的，工程合同目标的实现必须依靠合同双方及相关各方的真诚合作。

（1）双方互相了解并尽力让对方了解己方的要求、意图、情况。业主应尽可能地提供详细的工程资料、信息，并尽可能详细地解答承包商的问题；承包商应提供真实可靠的资格预审文件，各种报价文件、实施方案、技术组织措施文件。

（2）提供真实信息，对所提供信息的正确性承担责任，任何一方有权相信对方提供的信息是真实、正确的。

（3）不欺诈不误导。承包商按照自己的实际能力和情况正确报价，不盲目压价，明白业主的意图和自己的工程责任。

（4）双方真诚合作。承包商正确全面完成合同责任，积极施工，遭到干扰应尽力避免业主损失，防止损失的发生和扩大。

5. 公平合理原则

经济合同调节合同双方经济关系，应不偏不倚，维持合同双方在工程中一种公平合理的关系，这反映在如下几个方面：

（1）承包商提供的工程（或服务）与业主支付的价格之间应体现公平，这种公平通常以当时的市场价格为依据。

（2）合同中的权利和义务应平衡，任何一方在享有某一项权利的同时必须履行对应的义务；反之在承担某项义务的同时也应享有对应的权利。应禁止在合同中出现规定单方面权利或单方面义务的条款。

（3）风险的分担应合理。由于工程建设中一些客观条件的不可预见性，以及临时出现的特殊情况，不可能避免会产生一些事故或意外事件，使得业主或承包商遭受损失。工程建设是业主和承包商合力完成的任务，风险也应由双方合力承担，而且这种风险的分担应尽量保证公平合理，应与双方的责权利相对应。

（4）工程合同应体现出工程惯例。工程惯例指工程中通常采用的做法，一般比较公平合理，如果合同中的规定或条款严重违反惯例，往往就违反了公平合理原则。

1.2.4 工程合同管理的模式

工程合同管理是一个动态的过程，从合同策划、合同订立到合同实施，及实施过程中的索赔，可分为不同的阶段进行管理。

1. 合同策划阶段

策划阶段的管理是项目管理的重要组成部分，是在项目实施前对整个项目合同管理方案预先作出科学合理的安排和设计，从合同管理组织、方法、制度、内容等方面预先作出计划的方案，以保证项目所有合同的圆满履行，减少合同争议和纠纷，从而保证整个项目目标的实现。合同策划大致包括以下内容：

(1) 项目合同管理组织机构及人员配备；

(2) 项目合同管理责任及其分解体系；

(3) 项目合同管理方案设计，具体包括以下几个方面：

1) 项目发包模式选择；

2) 合同类型选择；

3) 项目分解结构及编码体系；

4) 合同结构体系（合同分解、标段划分）；

5) 招标方案设计；

6) 招标文件设计；

7) 合同文件设计；

8) 主要合同管理流程设计，包括投资控制流程、工期控制流程、质量控制流程、设计变更流程、支付与结算管理流程、竣工验收流程、合同索赔流程、合同争议处理流程等。

2. 合同签订阶段

在一般的买卖合同或服务合同中，只要交易双方就权利义务达成一致，合同即成立。而建设工程却并非如此。建设工程的合同签订首先要经过招投标，选定合适的承包商；在确定中标单位之后，还必须通过合同谈判，将双方在招投标过程中达成的协议具体化或作某些增补或删减，对价格等所有合同条款进行法律认证，最终订立一份对双方均有法律约束力的合同文件。此时，合同签订才算完毕。根据我国《招标投标法》，发包人和承包人必须在中标通知书发出之日起 30 日内签订合同。可见，建设工程的合同签订也要遵循严格的程序，不能一蹴而就。

合同签订阶段一般包括四个基本阶段：招标投标、合同审查、合同谈判、合同订立。

3. 合同实施阶段

工程合同的履行，是指工程建设项目的发包方和承包方根据合同规定的时间、地点、方式、内容及标准等要求，各自完成合同义务的行为。

对于发包方来说，履行建设工程合同最主要的义务是按约定支付合同价款，而承包方最主要的义务是按约定交付工作成果。但是，当事人双方的义务都不是单一的最后交付行为，而是一系列义务的总和。例如，对工程设计合同来说，发包方不仅要按约定支付设计报酬，还要及时提供设计所需要的地质勘探等工程材料，并根据约定给设计人员提供必要的工作条件等；而承包方除了按约定提供设计资料外，还要参加图纸会审、地基验槽等工作。对施工合同来说，发包方不仅要按时支付工程备料款、进度款，还要按约定按时提供现场施工条件，及时参加隐蔽工程验收等；而承包方义务的多样性则表现为工程质量必须达到合同约定标准，施工进度不能超过合同工期等。

总之，建设工程合同的实施，内容丰富，持续时间长，是其他合同不能比拟的，因此也可将建设工程合同的实施分为几个方面：合同分析、合同控制、合同变更管理、合同信息管理。

4. 索赔管理

在市场经济条件下，工程索赔在工程建设市场中是一种正常的现象。工程索赔在国际工程建设市场上是合同当事人保护自身正当权益、弥补工程损失、提高经济效益的重要的、有效的手段。许多国际工程项目，承包人通过成功的索赔能使工程收入增加额达到工程造价的 10%～20%，有些工程的索赔额甚至超过了合同额本身。为维护自身利益，获得应得的报酬，承包人对索赔管理都高度重视。但在我国，由于工程索赔处于起步阶段，对工程索赔的认识尚不够全面、正确，在土木工程施工中，还存在业主忌讳索赔、承包人索赔意识不强、监理工程师不懂如何处理索赔的现象。因此，应加强对索赔理论和方法的研究，认真对待和搞好土木工程索赔。

工程索赔，通常是指在工程合同履行过程中，合同当事人一方因非自身责任或对方不履行或未能正确履行合同和受到经济损失或权利损害时，通过一定的合法程序向对方提出经济或时间补偿的要求。索赔是一种正当的权利要求，它是发包人、工程师和承包人之间一项正常的、大量发生而且普遍存在的合同管理业务，是一种以法律和合同为依据的、合情合理的行为。关于索赔，在本书后续章节中将会有详细论述。

1.3 工程合同各方的权利、义务

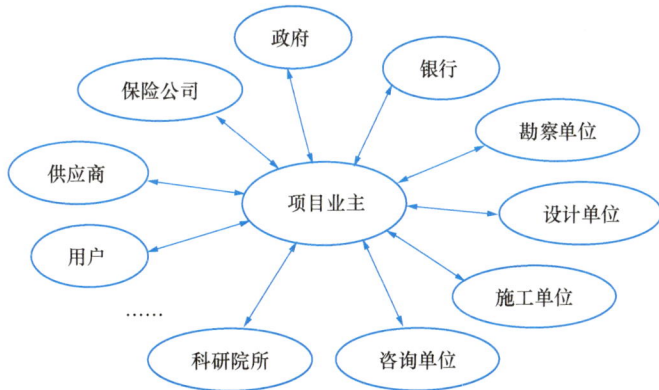

1.3.1 工程合同各方的地位

建设工程合同中最重要的主体是业主、承包商、监理。其中，业主处于总负责的地位，监理协助业主对工程项目的质量、工期、进度等各方面进行监督控制，承包商则是工程项目的实施方。此外还有政府部门、银行、材料设备供应商、咨询公司、中介机构等主体，虽是在工程建设中起辅助作用，但也对于合同的顺利履行有着重要的意义，如图 1-4 所示。

1.3 工程合同各方的权利、义务

图 1-4　建设项目全寿命周期中涉及的合同主体

1. 业主：全过程全方位的总负责人

在建设项目全寿命周期中，项目业主将参与项目全过程或主要过程，与来自不同国家、地区、城市的其他各方发生经济关系。而且在法律上，业主将对项目建设的成败负总责任；相应地，业主也要对工程建设的整个过程进行管理，包括前期阶段和项目实施阶段，此外业主还要针对项目中可能存在的风险进行风险管理。

（1）业主对项目前期阶段的管理

工程项目前期阶段（有时称为投资前阶段）的各项管理工作十分重要。项目前期阶段的工作一般包括地区开发、行业发展规划、项目选定阶段的机会研究、预可行性研究以及可行性研究，最后通过项目评估来确定项目。做好上述工作的关键有两点：一是选择高水平的咨询公司来从事这些投资前的各项工作，以便得到一份符合实际的可行性研究报告；二是业主应该客观地、实事求是地根据评估结果和自己融资能力来决定项目是否立项；三是在立项后，要选择适合于项目情况的实施方式和承包商。

（2）业主方对项目实施期的管理

一个工程项目在评估立项之后，即进入实施期。实施期一般指项目的勘测、设计、专题研究、招标投标、施工设备采购及安装，直至调试竣工验收。在项目实施阶段，业主的管理职责又可分为设计阶段和施工阶段。

在设计阶段，业主需做好以下工作：

1）委托咨询设计公司进行工程设计，包括有关的勘测及专题研究工作；

2）对咨询设计公司提出的设计方案进行审查、选择和确定；

3）对咨询设计公司编制的招标文件进行审查和批准；

4）选择在项目施工期实行施工管理的方式，选定施工单位和监理公司，或业主代表等；

5）进行项目施工前期的各项准备工作，如征地拆迁、进场道路修建、水和电的供应。

在施工阶段，现场具体的监督和管理工作有很大部分交给监理工程师负责。但业主也应与承包商和监理工程师保持密切联系，处理工程建设中的有关具体事宜。对于一些重要的问题，如工程的变更、支付、工期延长等，都应得到业主的审批。

（3）业主的风险管理

业主方的风险管理是很重要的，只有通过风险管理才能为项目的实施创造一个稳定的环境，最大限度地减少或消除对项目实施的干扰，降低工程的总成本，保证质量和工期，使项目按要求施工，不但保证项目产生良好的效益，且使效益得到稳定的增长。

业主的风险管理可分为风险预防、风险降低、风险转移和风险自留四方面。其中，风险预防主要指业主在工程项目立项决策时，认真分析风险，对于风险发生频率高、可能造成严重损失的项目不予批准，或采用其他替代方案。对已发现的风险苗头采取及时的预防措施。风险降低是指通过修改原设计方案，或是增加合作者和入股人来降低和分散风险。风险转移是当风险难以控制时业主采用的策略，一般有两种。一是通过签订协议书或合同将风险转移给设计方或承包商。二是向保险公司投保。风险自留主要是针对不可预见的风险。对于这部分风险，业主只能采用在预算中自留风险费的办法，以应付不测事件。

2. 承包商：合同实施者

承包商是工程建设的实施者。从获取合同到实施合同，承包商都要组织大量人力、物力实施建设工作。承包商的工作可分为合同签订阶段和施工阶段，此外承包商也要针对项目实施中的风险进行管理。

（1）合同签订阶段

承包商在合同签订前的两项主要任务是：争取中标和通过谈判签订一份比较理想的合同，这两项任务都非易事。

承包商要注意获取市场信息、注重开发和调研；一旦发现合适的项目，应编制高质量的标书，报出合理的低价，尽量展示自己的实力。在如愿中标之后，应谨慎准备与业主的谈判，制定谈判策略，根据项目实际情况争取于己有利的方案。

（2）项目实施阶段

在合同实施阶段，承包商的中心任务就是按照合同的要求，认真负责地、保证质量地按规定的工期完成工程并负责维修。在这一阶段，承包商应履行的职责包括：按时提交各类保证金；按时开工；提交施工进度实施计划；保证工程质量；施工详图设计；投保；保证质量和安全等。

（3）承包商的风险管理

在工程建设市场上，承包商以低报价争取中标，拿到项目的过程竞争激烈。一个承包商如果拿不到项目，就无利润可谈；如果拿到项目，但标价过低或招标文件中有许多不利于承包商的条款，或由于不可预见因素导致工程变更，承包商就会遭受损失。按理说，业主在编制招标文件时应努力做到风险合理分担，但实际上能做到这一点的业主很少。因此承包商在中标后将承担大部分风险，风险管理的任务很重。

与业主风险管理相似，承包商的风险管理也分为四个部分：风险分析、风险降低、风险转移、风险自留，但在具体内容上有区别。

（4）承包商的索赔管理

承包商的索赔管理是一项十分重要的工作，它关系到承包商的经济利益、进度和质量管理，甚至项目的成败。一个承包商既要面对业主，又要面对众多的分包商、供应商，彼此之间都有一个向对方索赔和研究处理对方的索赔要求的问题。因此索赔管理从一开始就应列入重要议事日程，使全体管理人员都具有索赔意识。

3. 监理工程师：代理业主进行项目管理

监理受聘于业主，为业主监理工程，进行合同管理，它是业主与承包商之外的第三方，是独立的法人单位。

监理工程师对合同的监督管理与承包商在实施工程时的管理方法和要求都不一样。承包商是工程的具体实施者，他需要制定详细的施工进度和施工方法，研究人力、机械的配合和调度，安排各个部位施工的先后次序以及按照合同要求进行质量管理，以保证高速优质地完成工程。监理工程师则不去具体地安排施工和研究如何保证质量的具体措施，而是宏观上控制施工进度，按承包商在开工时提交的进度计划以及月计划、周计划进行检查督促，对施工质量则是按照合同中技术规范、图纸内的要求去进行检查验收。监理工程师可以向承包商提出建议，但并不对保证质量责任负责，监理工程师提出的建议是否采纳由承包商自己决定，因为是承包商对工程质量和进度负责。对于成本问题，承包商要精心研究如何去降低成本，提高利润率。而监理工程师主要是按照合同规定，特别是工程量表的规定，严格地为业主把住支付这一关，并且防止承包商的不合理的索赔要求。

总的说来，监理工程师的具体职责是在合同条件中规定的，如果业主要对监理工程师的某些职权作出限制，应在合同专用条件中作出明确规定。

监理工程师的职责包括"三控制一协调"。三控制包括进度控制、质量控制和投资控制，一协调指的是协调业主与承包商的关系。

1.3.2　业主与承包商的关系

工程项目实施阶段是一个很大的过程，这期间合同双方都应密切协作：业主和承包商应根据合同的要求，尽到本方的主要职责和义务，正确处理与对方的关系，减少矛盾和冲突，加强相互之间的理解、配合和协作；监理工程师则应积极协调业主与承包商之间的关系，监督控制工程项目的进行。这对于顺利地实施合同管理，高质量地按期完成工程项目并成功地进行投资控制与成本管理，保证施工过程中人员的安全，是十分重要的。

从合同管理的角度看，业主、监理工程师及承包商的权利、义务不同，但目标是一致的，都是为了工程项目的顺利完成。各方的职责对比如表 1-1 所示。

业主、监理工程师、承包商在合同管理中的主要职责对比　　　　表 1-1

合同内容	业　主	监理工程师	承包商
1. 总的要求	(1) 项目的立项、选定、融资和施工前期准备 (2) 项目的合同方式与组织(选择承包商、监理等) (3) 决定监理职责权限	受业主聘用，按业主和承包商签订的合同中授予的职责、权限对合同实施监督管理	按合同要求，全面负责工程项目的具体实施、竣工和维修
2. 进度管理	(1) 进度管理主要依靠监理，但对开工、暂停、复工，特别是延期和工期索赔要审批 (2) 可将较短的工期变更和索赔交由监理决定，报业主备案	(1) 按承包商开工后送交的总进度计划，以及季、月、周进度计划，检查督促 (2) 下开工令，下令暂停、复工、延期，对工期索赔提出具体建议报业主批准	(1) 制定具体进度计划，研究各工程部位的施工安排，工种、机械的配合调度，以保证施工进度 (2) 根据实际情况提交工期索赔报告
3. 质量管理	(1) 定期了解检查工程质量，对重大事故进行研究 (2) 平日主要依靠监理管理和检查工程质量	(1) 审查承包商的重大施工方案并提出建议，但保证质量措施由承包商决定 (2) 拟定或批准质量检查办法 (3) 严格对每道工序、每个部位、设备、材料的质量进行检查和检验，不合格的下令返工	按规范要求拟定具体施工方案和措施，保证工程质量，对质量问题全面负责
4. 造价管理	(1) 审批监理审核后上报的支付表 (2) 与监理讨论并批复有关索赔问题 (3) 可将较少数额的支付或索赔交由监理决定，报业主备案	(1) 按照合同规定特别是工程量表的规定严把支付关，审核后报业主审批 (2) 研究索赔内容、计算索赔数额上报业主审批	(1) 拟定具体措施，从人工、材料采购、机械使用以及内部管理等方面采取措施降低成本，提高利润率 (2) 设立索赔组，适时申报索赔

续表

合同内容	业　主	监理工程师	承包商
5. 风险管理	注意研究重大风险的防范	替业主把好风险关，进行经常性的风险分析，研究防范措施	注意风险管理，做好风险防范
6. 变更	（1）加强前期设计管理，尽量减少变更 （2）慎重确定必要的变更项目以及研究变更对工期价格的影响	提出或审批变更建议，计算出对工期、价格的影响，报业主审批	（1）在需要时，向业主或监理工程师提出变更建议 （2）执行监理工程师的变更命令 （3）抓紧落实变更时的索赔

在工程项目实施中，引起业主与承包商之间争端的原因一般有以下几种：

（1）业主不具备足够的支付能力和出资能力；

（2）合同条款对承包商不利，而承包商没有承担这种风险的能力；

（3）合同条件模糊不清；

（4）承包商的投标价过低；

（5）项目有关各方之间交流太少；

（6）总承包商的管理、监督和协作不力；

（7）项目参与各方不愿意及时地处理变更和意外事故；

（8）项目参与各方缺少团队精神；

（9）项目中某些或全部当事人之间有敌对倾向；

（10）合同管理者想避免做出棘手的决定而将问题转给组织内部更高的权力机构或律师，而不是在项目这一级范围内主动解决问题。

为了解决这些可能的矛盾和争端，业主应解决以下几个问题：

（1）业主应准备好一份高水平的招标文件（相当于合同草案），除了要做到系统、完整、准确，确保合同文件中各方职责分明、程序严谨之外，最主要的即是要做到风险合理分担，也就是将项目风险分配给最有能力管理或控制风险的一方。

（2）业主应认识到，承包商虽然是为自己服务的，但在合同面前应该是平等的伙伴，双方都必须按合同规定办事。

（3）业主应该恪守自己的职责，尽到自己的义务，其中最主要的义务即是按时地、合情合理地向承包商支付合同价款（包括索赔支付）。

（4）业主应主动协调与承包商的关系，在合理范围内，积极支持承包商的工作，应该认识到承包商按时保质地完成项目的最大受益者是业主；如果双方之间矛盾重重致使项目质量不好或延误竣工时间，损失最大的也将是业主。

承包商应解决以下问题：

（1）承包商在投标阶段要认真细致地调查市场情况，研究招标文件有关的各种资料以及现场情况，使自己的投标基于在投标价范围内能够完成项目任务的基础上。

（2）承包商在投标时要认真地进行风险分析，首先是要研究业主的项目资金来源是否可靠，研究合同中的各项支付条款是否合理，合同中有关风险分配是否合理、是否明确，有哪些隐含的风险，以便确定风险度以及考虑风险费和其他风险管理措施。

(3) 承包商应认识到自己最重要的义务即是按时(或提前)向业主交付一个质量符合合同要求的工程，也就是要想尽一切办法以确保工期和质量。这也是取得业主和监理工程师的信任并和他们建立良好关系的基础。

(4) 影响承包商、业主及监理工程师关系的因素除了认真地完成工程之外，就是如何处理索赔。索赔是承包商维护自己权益的一种措施，也是一种权利，但小题大做，漫天要价甚至欺骗式的索赔会损害自己的形象，影响与业主和监理工程师的关系，这将导致彼此之间缺乏信任感，也必将影响以后的索赔工作。因此应提倡依照合同，注意证据，实事求是的索赔。

在项目实施的过程中，业主与承包商应尽量保持"伙伴关系"。也就是说，为了完成工程项目这一共同目标，双方应尽可能密切配合，相互支持，相互谅解、友好地解决矛盾与争端，使工程项目能按时保质地完成。一旦出现争端，双方也应尽量友好地协商解决，这将有利于工程项目的下一步履行。

1.3.3　业主与监理的关系

在工程项目实施的过程中，业主与承包商虽然有着共同的目标，但由于各自不同的利益驱使，往往有很多冲突。而业主与监理工程师不仅有共同的目标，也没有大的利益冲突，二者之间的冲突较少，信任的程度更高。

监理工程师受聘于业主，但监理工程师在受业主之托进行项目管理时，主要依据的是法律以及业主和承包商之间的合同。监理工程师应在合同规定的职责和权限范围之内尽职尽责地做好工作。

监理工程师不属于业主和承包商合同中的任何一方，而是独立的、公正的第三方。独立的含义是独立于业主和承包商之外的独立法人单位，也不能和承包商、分包商、供应商等合同实施单位有任何经济关系。公正指的是在处理一切问题的时候应该严肃认真地按照有关法律和合同中的各项规定，根据实际情况，在充分听取业主和承包商双方的意见之后，作出自己的决定。合同中的各项规定和要求体现了业主的利益，因而按合同办事就体现了保护业主的利益。同时也应按照合同保护承包商的正当利益，因为合同中规定的承包商的利益是业主同意的。

监理工程师要充分发挥协调作用，在业主和承包商之间起一个润滑剂作用，应努力避免扩大矛盾，而应尽量把矛盾和争端及时解决。但监理工程师不仅仅是和事佬，而是要直接参与工程建设的管理和控制。监理工程师在工程建设监管中的权限大小在业主与监理之间的监理委托合同中规定，随业主的委托范围不同而不同。有的业主自己负责一些工程建设管理工作，授予监理的权限较小；有的业主则赋予监理工程师较大的权限，此时监理工程师在很大程度上相当于业主的代理人。总的说来，监理的法律地位是基于业主与监理的合同确定的，监理是接受业主的委托，由业主支付报酬，因此监理更倾向于保护业主的利益。但由于工程建设的任务必须由业主和承包商通力合作来完成，尽量保证双方的利益也十分重要的。如果过分维护业主，也势必会损害承包商的利益，从而对工程建设产生阻碍作用，最终使双方的利益都受到损害，造成"双输"的后果。业主、承包商及监理工程师应认识到这种相互依存的利害关系，而监理工程师也应尽量照顾双方的利益，尽量保持公正立场，使得合同顺利履行。

1.4 契约精神

1.4 契约精神

　　合同管理是市场经济运行、市场主体之间经济行为采用的重要手段。市场经济重视契约精神，重视诚实守信，防范交易风险，追求交易效率和质量。契约精神作为一个法律意义上的概念，近年来受到各行业的广泛推崇和倡导。工程项目由于建设规模大、投资额度高、实施周期长、参与主体多、影响因素复杂等特殊性，在实施过程中一旦出现相关主体不讲诚信、违背规则等行为，将对工程项目和其他参与方的利益造成严重损失。因此本节专门阐述契约精神的概念、内涵及其在合同管理、工程合同管理中的重要意义。

1.4.1 契约与契约精神

　　中国是世界上契约关系发展最早的国家之一。早在西周时，就有了一些对契约的界定，如《周礼》中就有"六曰听取予以书契""七曰听卖买以质剂"（《周官·小宰》）。在西方世界，契约的概念源于古希腊哲学和罗马法，是商品经济的产物，本质上属于经济关系的范畴。自从罗马法以后，契约这一概念在其漫长的历史演变中，逐渐和各种现代观念混合起来。16～18世纪，古典自然法学派的思想家又将契约观念由经济观念发展为一种社会的和政治的观念，并成为近代资产阶级革命的重要思想武器。

　　我国在引入大陆法系以前，民法著述中大都用"契约"一词，而非"合同"。直至20世纪70年代，"合同"一词才在我国得到广泛承认、使用，"契约"一词则多在学术研究及日常生活中偶尔使用。而实际上，现行立法中已经淘汰了"契约"的称谓，例如2021年1月1日起施行的《中华人民共和国民法典》（后简称《民法典》）合同编。但近年来，随着国际交流及西方经典译著的增多，"契约"一词又开始被广泛应用于各种场合。"契约"和"合同"两个概念虽有细微区分，但一般来说认为是等同的、可相互替换的。因此，在合同法理论中，合同也称为契约。

　　顾名思义，契约精神是指契约中所蕴含和体现出来的精神品格及思想价值观念。具体而言，一般是指存在于商品经济社会并由此派生的契约关系与内在原则，是一种自由、平等、守信的精神，它要求社会中的每个人都要受自己诺言的约束，信守约定。这既是古老的道德原则，也是现代法治精神的要求。

1.4.2 契约精神的内容

　　契约精神本体上存在四个重要内容，即契约自由精神、契约平等精神、契约信守精神以及契约救济精神，具体内容如下：

　　（1）契约自由精神主要表现在私法领域，包含三个方面的内容——选择缔约者的自由、决定缔约的内容以及决定契约方式的自由。

　　（2）契约平等精神是指缔结契约的主体的地位是平等的，缔约双方平等的享有权利履行义务，互为对待给付，无人有超出契约的特权。

（3）契约信守精神是契约精神的核心精神，也是契约从习惯上升为精神的伦理基础，诚实信用作为民法的"帝王条款"和"君临全法域之基本原则"。约者内心之中存在契约守信精神，缔约双方基于守信，在订约时不欺诈、不隐瞒真实情况、不恶意缔约、履行契约时完全履行，同时尽必要的善良管理人，照顾、保管等附随义务。

（4）契约救济精神是一种救济的精神，在商品交易中人们通过契约来实现对自己的损失的救济。当缔约方因缔约方的行为遭受损害时，提起违约之诉，从而使自己的利益得到最终的保护，上升至公法领域公民与国家订立契约，即宪法。当公民的私权益受到公权力的侵害时，依然可以通过与国家订立的契约而得到救济。

1.4.3 契约精神在《民法典》合同编中的体现

1. 契约自由精神在《民法典》合同编的体现

契约自由在《民法典》合同编中具体表现有几个方面：一是当事人有签订合同的自由；二是当事人有选择相对人与之签订合同的自由；三是当事人有决定合同内容的自由；四是当事人有通过协商变更和解除合同的自由；五是当事人有选择合同方式的自由；六是当事人有选择解决合同争议方式的自由。

《民法典》颁布后，原《合同法》关于合同订立的自愿原则相关内容被合并到"总则编"部分。其中第 134 条规定："民事法律行为可以基于双方或者多方的意思表示一致成立，也可以基于单方的意思表示成立"。第 146 条规定："行为人与相对人以虚假的意思表示实施的民事行为无效。以虚假的意思表示隐藏的民事法律行为的效力，依照有关法律规定处理"。该条款中的民事法律行为包括合同订立、履行等行为，都需要遵循当事人的真实意思表示。也就是说，自然人、法人和其他组织在是否订立合同、同谁订立合同、订立什么样的合同以及变更转让合同和选择解决合同纠纷的方式时，完全由他们自己决定，任何单位和个人不得非法干涉。但自愿原则并不意味着当事人可以随心所欲地订立合同而不受任何约束，它必须是在法律规定范围内的自愿。

2. 契约平等精神在《民法典》合同编的体现

契约平等精神贯彻于合同的全部过程中，在《民法典》合同编相关条款中，公平原则也是契约平等精神的集中体现。它要求合同当事人以平等、协商的方式，设立、变更或消灭合同关系，避免一方将自己的意志强加于对方的情况发生。

《民法典》合同编第 490 条规定："当事人以合同书形式订立合同的，自当事人均签名、盖章或者按指印时合同成立。在签名、盖章或者按指印之前，当事人一方已经履行主要义务，对方接受时，该合同成立"。同时在第 497 条规定，提供格式条款一方不合理地免除或者减轻其责任、加重对方责任、限制对方主要权利，或提供格式条款一方排除对方主要权利的，该格式条款无效。这就是公平原则在格式条款订立中的一种体现。

可见，公平原则是合同法领域中确定的基本原则。合同的公平原则要求合同双方当事人之间的权利义务要基本平衡，其具体要求为：（1）在订立合同时，应当根据公平原则确定双方的权利和义务，不得欺诈，不得滥用权利，不得假借订立合同恶意进行磋商；（2）根据公平原则确定风险的合理分配；（3）根据公平原则对合同作出解释，确定违约责任。

3. 契约信守精神在《民法典》合同编的体现

我国《民法典》合同编明确的一个重要原则是"当事人行使权利，履行义务，应当遵循诚实信用原则"，具体有如下条款的规定。

《民法典》合同编第 500 条规定："当事人在订立合同过程中有下列情形之一，给对方造成损失的，应当承担损害赔偿责任：（1）假借订立合同，恶意进行磋商；（2）故意隐瞒与订立合同有关的重要事实或者提供虚假情况；（3）有其他违背诚实信用原则的行为。"

《民法典》总则编第 147～150 条规定了受欺诈人、受损害人、受胁迫人等有权请求人民法院或者仲裁机构撤销对方行为的 5 种情况：

（1）基于重大误解实施的民事法律行为；

（2）一方以欺诈手段，使对方在违背真实意思的情况下实施的民事法律行为；

（3）第三人实施欺诈行为，使一方在违背真实意思的情况下实施的民事法律行为，对方知道或者应当知道该欺诈行为的；

（4）一方或第三人以胁迫手段，使对方在违背真实意思的情况下实施的民事法律行为；

（5）一方利用对方处于危困状态、缺乏判断能力等情形，致使民事法律行为成立时显失公平的。

上述民事法律行为也包括订立合同。在这些情况下订立的合同，可以申请人民法院或仲裁机构撤销，被撤销的合同关系不复存在。

《民法典》合同编第 509 条规定："当事人应当按照约定全面履行自己的义务。当事人应当遵循诚实信用原则，根据合同的性质、目的和交易习惯履行通知、协助、保密等义务。"

上述法律条款说明我国《民法典》合同编规定合同的签订、履行都要遵守诚实信用原则，这与契约精神中的信守精神是不谋而合的。

4. 契约救济精神在《民法典》合同编的体现

契约订立的本质在于实现契约目的，须契约双方按照条款规定全面善意地履行。一般而言，一个正常的缔约者是愿意履行和遵守自己的约定的，并希望对方同样如此。但由于现实情况的变化性、复杂性，违约情况也时有发生。对于违约及其损失情况的发生，我国《民法典》合同编中制定了相应规则来应对，部分条款如下：

《民法典》合同编第 577 条规定："当事人一方不履行合同义务或者履行合同义务不符合约定的，应当承担继续履行、采取补救措施或者赔偿损失等违约责任。"

《民法典》合同编第 578 条规定："当事人一方明确表示或者以自己的行为表明不履行合同义务的，对方可以在履行期限届满之前要求其承担违约责任。"

《民法典》合同编第 583 条规定："当事人一方不履行合同义务或者履行合同义务不符合约定的，在履行义务或者采取补救措施后，对方还有其他损失的，应当赔偿损失"。

《民法典》合同编第 592 条规定："当事人双方都违反合同的，应当各自承担相应的责任。"

当合同履行过程中发生违约行为时，上述《民法典》中法律条款违约责任分配作了原则上的规定，有效保障了合同订立双方通过合同来实现己方损失救济的可行性，是契约精神中救济精神的重要体现。

1.4.4 工程合同管理亟须回归契约精神

在我国工程建设领域，契约精神缺失的直接体现是合同纠纷案件的增多。工程建设过程中，因建设工程合同双方当事人契约精神缺失导致的纠纷不断，建设工程合同纠纷案件屡见不鲜，且短期内无下降趋势。建设工程合同纠纷案件的缘由也是五花八门，可归纳但不限于以下几点：

（1）承包人资质不合格、挂靠现象常见。挂靠是指不具备资质条件的单位或个人以赢利为目的，以某一具备资质条件的建筑企业的名义承揽施工任务的行为，为法律禁止行为，但在建筑工程合同纠纷中屡见不鲜。鉴于建设工程具有投资大、周期长、质量要求高、技术要求强、关乎国计民生等特殊性，《建筑法》《建设工程管理条例》等法律、行政法规及大量的规定，承包人必须具备相应的资质等级，并在资质等级范围内承包工程，否则将导致建设工程合同的无效。挂靠者以追逐利润为目的，但在生产活动中，一方面被收取高额管理费用（即挂靠费），利润空间被极大压缩；另外，挂靠是违法行为，挂靠者和被挂靠者的责、权、利均无对应法律保护。这两方面因素促使挂靠者普遍力求降低成本和质量标准，甚至偷工减料，以高风险换取高回报，极易导致合同纠纷案件，严重扰乱了建筑市场的正常秩序。

（2）"阴阳合同"屡禁不止。"阴阳合同"是指在建设工程施工招标投标过程中，发包人与中标单位除了公开签订的施工合同外，还私下签订合同。这两份合同的标的物虽然完全一样，但在具体的价款、酬金、履行期限和方式、工期、质量等实质内容方面则有较大差异。在双方私下签订的合同中，业主往往强迫中标单位垫资、带资承包、压低工程款等，签订这种阴阳合同的主观动机大多是为了应付某种检查和监管或规避法律。那份公开的、对外的、在相关行政主管部门备过案或按照招投标文件内容所签订的合同，其内容和程序均合法，称为阳合同。而那份私下签订的合同，对阳合同具体的价款、酬金、履行期限和方式、工期、质量等实质性内容进行了更改，只为当事人所知并实际履行的合同，一般在内容和程序方面均有违法之处。

（3）承包人未遵循强制性规定、合同约定进行施工，造成质量、安全隐患，甚至引发质量、安全事故。由于工程建设本身的复杂性，造成工程质量、安全问题的原因往往是多方面的，最根本的是参与工程建设的单位或企业对法律、行政法规、部门规章以及国家技术标准规范等强制性规定和合同约定的质量方面的义务的违反。在工程项目实施的过程中，业主方和承包方都各自选择满足自身效益最大化的经济目标，工程质量、工程安全就成为业主方与承包方矛盾冲突的焦点。保证工程施工的质量、安全必然要提高工程项目的成本，偷工减料、减少安全措施费用实际投入等必然导致建设工程项目质量的降低、安全风险的提高。

（4）发包人拖欠承包人工程款。我国建筑领域工程款拖欠情况十分严重，后经过国务院和住房和城乡建设部连续出台建筑市场治理、建立诚信体系、维护劳动者权益等一系列政策措施，最高人民法院也颁发关于审理建筑工程合同纠纷的司法解释，使拖欠工程款现象有所缓解。目前各级住建部门仍较为频繁通报和整治工程款拖欠案件，可见工程款拖欠解决的情况不容乐观。从业主到总承包商、分包商，再到项目经理、施工队，层层拖欠，形成了一个复杂的"债务"连环套。任何一个环节的失信行为都可能引发连锁反应，而业主违反合同拖欠工程款的失信行为正是这个连环套的死结。愈演愈烈的拖欠工程款问题，严重影响了工程建设的顺利实施，扰乱建筑市场的正常秩序，恶化社会信用环境，甚至威胁社会安定团结。

（5）承包人违法分包、非法转包。《建筑法》第 28 条规定："禁止承包单位将其承包的全部建筑工程转包给他人，禁止承包单位将其承包的全部建筑工程肢解以后以分包的名义分别转包给他人"。但是，很多施工单位出于种种原因，或者由于工程标价压得太低，自主施工无利可图；或者是因为施工现场协调难度大，额外的隐性费用较多，自主经营得不偿失；或者工程标量小，机械设备调遣远，费用开支过大，就随意把中标工程肢解后转包或违法分包。工程经层层转包、违法分包，层层盘剥，一方面导致实际投入项目中的资金大大缩水，实际用于工程建设的费用远远低于最初的施工合同的约定，导致工程偷工减料现象大量存在；另一方面，层层转包、违法分包后，责、权、利主体关系变得复杂、不明朗，一旦出现问题，很难追查责任，所以以极易诱发信用危机，为工程质量事故埋下隐患，危及社会公共利益和人民群众的生命财产安全。

以上各类合同纠纷案件之所以发生，建筑工程合同双方地位不对等、建设工程合同的不完全性、工程合同双方缺乏重复博弈机制、建筑工程行业契约信用制度尚未建立等均是重要间接原因，而究其根本在于建筑工程行业契约精神的缺失。要预防各类合同纠纷案件的发生，工程合同管理亟需回归契约精神。

培育契约精神是一项复杂的系统工程，需要政府和社会（包括行业协会、从业单位和个人等）的共同努力，主要可通过以下措施来实现。

（1）强化理论研究，依托高校、科研院所、咨询公司等研究机构，结合我国社会体制和经济发展现状，针对建设工程行业的特殊性，研究判断契约精神的产生的环境和现有内涵，使得契约精神理论能在宏观上指导和引导人们有更清醒的认识。

（2）重视教育引导。培养合乎契约精神的公民意识。高等教育中与工程建设相关专业的培养计划中应重点突出契约精神的培育。对于已进入工程建设行业的从业人员，主管部门、行业协会应有计划、有针对性地开展职业道德教育、专业知识技能的再教育。

（3）营造诚信环境。通过政府主管部门、行业管理协会以及社会媒体，在整个工程建设行业乃至全社会范围内开展对契约精神的广泛宣传，开发和应用企业和从业人员诚信管理平台，激励诚信企业和个人，惩戒淘汰失信者，营造良好的行业发展环境。

（4）完善制度建设。从法律上完善契约制度，使得违反契约精神的行为受到法律的禁锢和惩处。健全监督体系，公检法等政府部门、媒体以及社会公众都应成为监督体系的组成部分，对工程建设行业企业和个人的经营活动是否违反契约精神、是否违法进行监督。

复习思考题

1. 广义工程合同与狭义工程合同的定义分别是什么？
2. 工程合同最主要的条款包括哪些？
3. 合同权威性是否意味着合同的条款一定有法律效力，在任何情况下都必须遵从？
4. 工程合同管理包括哪两个层次，分别是什么内容？

5. 工程合同管理包括哪几个阶段，主要内容分别是什么？

6. 业主是项目的所有权者，而承包商是工程项目的具体实施者，那么到底应由哪一方对项目的实施总负责？

7. 有人说监理单位受业主聘请，因而有着偏袒业主的倾向，不可能是真正独立、自主的第三方。如何看待这种说法？

8. 业主、承包商和监理单位是工程合同体系中最主要的。一旦项目失败，三方各自应根据什么原则承担法律责任？

9. 工程合同管理中哪些负面现象是缺乏契约精神的体现？

2.1 概述

2.1.1 合同总体策划的基本概念

工程合同总体策划是确定对整个工程项目有重大影响的，带根本性和方向性的合同问题，是确定合同的战略问题。它们对整个项目的计划、组织、控制有决定性的影响。在项目的开始阶段，业主（有时是企业的战略管理层）必须就如下合同问题作出决策：

（1）承发包模式的策划，即将整个项目工作分解成几个独立的合同，并确定每个合同的工程范围。合同的承发包模式决定了工程项目的合同体系。

（2）合同种类和合同条件选择。

（3）合同的主要条款和管理模式的策划。

（4）工程项目相关的各个合同在内容上、时间上、组织上、技术上的协调等。

2.1.2 合同总体策划的重要性

在工程项目中，业主是通过合同分解项目目标，委托项目任务，并实施对项目的控制。合同总体策划确定了对工程项目有重大影响的合同问题。它对整个项目的顺利实施有重大作用：

（1）合同总体策划决定着项目的组织结构及管理体制，决定合同各方面责任，权利和工作的划分，所以对整个项目管理产生根本性的影响。

（2）合同总体策划是起草招标文件和合同文件的依据。策划的结果具体地通过合同文件体现出来。

（3）通过合同总体策划摆正工程过程中各方面的重大关系，防止由于这些重大问题的不协调或矛盾造成工作上的障碍，造成重大的损失。

（4）合同是实施项目的手段。正确的合同总体策划能够保证圆满地履行各个合同，促使各个合同达到完善的协调，减少矛盾和争执，并顺利地实现工程项目的整体目标。

2.1.3　合同总体策划的依据

（1）工程方面：工程项目的类型、总目标、工程项目的范围和分解结构（WBS），工程规模、特点，技术复杂程度，工程技术设计准确程度、工程质量要求和工程范围的确定性、计划程度，招标时间和工期的限制，项目的盈利性，工程风险程度，工程资源（如资金，材料，设备等）供应及限制条件等。

（2）业主方面：业主的资信、资金供应能力、管理风格、管理水平和具有的管理力量，业主的目标以及目标的确定性，业主的实施策略，业主的融资模式和管理模式，期望对工程管理的介入深度，业主对工程师和承包商的信任程度等。

（3）承包商方面：承包商的能力、资信、企业规模、管理风格和水平，在本项目中的目标与动机，目前经营状况、过去同类工程经验、企业经营战略、长期动机，承包商承受和抗御风险的能力等。

（4）环境方面：工程所处的法律环境，建筑市场竞争激烈程度，物价的稳定性，地质、气候、自然、现场条件的确定性，资源供应的保证程度，获得额外资源的可能性，工程的市场方式（即流行的工程承发包方式和交易习惯），工程惯例（如标准合同文本）等。

以上诸方面是考虑和确定合同总体策划问题的基本点。

2.1.4　合同总体策划的要求

（1）合同总体策划的目的是通过合同保证项目总目标的实现。它必须反映工程项目的实施战略和企业战略。

（2）合同总体策划要符合合同法基本原则，保证合同的签订和实施符合法律的要求，保证实现合同的自愿、公平、公正原则。

（3）应有系统性和协调性。通过合同总体策划保证整个项目计划和各项工作全面落实，保证各个合同所定义的工程活动和管理活动能够形成一个有机的高效率的整体。

（4）能够发挥各方面的积极性和创造性，保证各方面能够高效率地完成工程。

（5）在工程承包市场上最重要的主体——业主和承包商之间，业主是工程承包市场的主导，是工程承包市场的动力。由于业主处于主导地位，他的合同总体策划对整个工程有很大的影响。在合同总体策划、发包，合同签订中业主是主要方面，对工程有导向作用。

业主要有理性思维，要有追求工程项目最终总体的综合效率的内在动力。作为理性的业主，应认识到：合同总体策划的目的不是为自己，而是为项目的总目标。

（1）业主要从确保项目的成功和各方面的互利合作的角度处理合同问题。

（2）业主不能希望通过签订对承包商单方面约束性合同把承包商捆死，希望压低合同价格，不给承包商利润。否则最终不仅损害承包商的利益，恶化工程承包市场环境，而且最终损害项目总目标。

（3）业主应该有理性地决定工期、质量、价格的三者关系，追求三者的平衡。

合同总体策划的可行性和有效性只有在工程的实施中体现出来。在项目过程中，开始准备每一个合同招标时，以及准备签订每一份合同，以及在工程结束阶段都应对合同总体策划再做一次评价。

2.1.5　合同总体策划过程

通过合同总体策划，确定工程合同的一些重大问题。它对工程项目的顺利实施、对项目总目标的实现有决定性作用。投资者、业主、企业管理层对它应有足够的重视。合同总体策划过程如下：

（1）研究企业战略和项目战略，确定企业和项目对合同的要求。由于合同是实现项目目标和企业目标的手段，所以它必须体现和服从企业及项目战略。项目的总的管理模式对合同策划有很大的影响，例如业主全权委托监理工程师，或业主任命业主代表全权管理，或业主代表与监理工程师共同管理。一个项目不同的组织形式，不同的项目管理体制，则有不同的项目任务的分解方式，需要不同的合同类型。

（2）确定合同的总体原则和目标。

（3）分层次、分对象对合同的一些重大问题进行研究，列出可能的各种选择，按照上述策划的依据，综合分析各种选择的利弊得失。

（4）对合同的各个重大问题作出决策和安排，提出合同措施。在合同策划中有时要采用各种预测、决策方法，风险分析方法，技术经济分析方法。例如专家咨询法、头脑风暴法、因素分析法、决策树、价值工程等。

（5）在项目过程中，开始准备每一个合同招标时，以及准备签订每一份合同时都应对合同策划再做一次评价。

2.2　工程合同体系策划

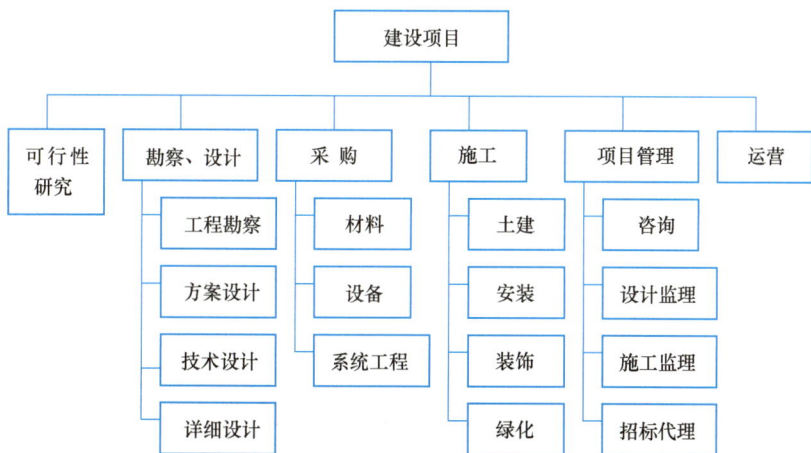

2.2.1　工程项目分解结构的概念

工程项目的合同体系是由项目的分解结构和承发包模式决定的。业主在项目初期将工程项目进行结构分解，得到工程项目分解结构图（图 2-1）。工程项目分解结构应是完备的，它应包括工程项目所有的工程活动。这是

2.2 工程合同
体系策划

图 2-1　工程项目分解结构图

项目合同策划科学性和完备性的保证。

2.2.2　工程承发包模式策划

由于工程项目分解结构图中的工程活动都必须通过合同委托出去，形成项目的合同体系。业主必须决定，对项目分解结构图中的活动如何进行组合，以形成一个个合同。根据业主不同的项目实施策略，上述工程活动可以采用不同的方式进行组合，即采用不同的承发包模式。业主也可以将整个工程项目分阶段（设计、采购、施工等），分专业（土建工程、安装工程、装饰工程等）委托，将材料和设备供应分别委托，也可能将上述工作以各种形式合并委托，甚至可以采用"设计-采购-建造"总承包。

上述活动不同的组合，就可以得到不同的承发包模式和合同体系图式。所以一个工程项目的承发包是多样性的。

1. 分专业分阶段分散平行承包

即业主将设计、设备供应、土建、电器安装、机械安装、装饰等工程施工分别委托给不同的承包商。各承包商分别与业主签订合同，向业主负责。各承包商之间没有合同关系。这种方式的特点有：

（1）业主有大量的管理工作，有许多次招标，作比较精细的计划及控制，因此项目前期需要比较充裕的时间。

（2）在工程中，业主必须负责各承包商之间的协调，对各承包商之间互相干扰造成的问题承担责任。在整个项目的责任体系中会存在着责任的"盲区"。例如由于设计承包商拖延造成施工现场图纸延误，土建和设备安装承包商向业主提出工期和费用索赔。而设计承包商又不承担，或承担很少的赔偿责任。所以这类工程合同争执较多，工程过程中的索赔较多，工期比较长。

（3）对这样的项目业主管理和控制比较细，需要对出现的各种工程问题作中间决策，必须具备较强的项目管理能力。当然业主可以委托监理工程师进行工程管理。

（4）在大型工程项目中，采用这种方式业主将面对很多承包商（包括设计单位、供应单位、施工单位），直接管理承包商的数量太多，管理跨度太大，容易造成项目协调的困难，造成工程中的混乱和项目失控现象。业主管理费用增加，最终导致总投资的增加和工期的延长。

（5）通过分散平行承包，业主可以分阶段进行招标，可以通过协调和项目管理加强对工程的干预。同时承包商之间存在着一定的制衡，如各专业设计、设备供应、专业工程施工之间存在制约关系。

（6）使用这种承包方式，项目的计划和设计必须周全、准确、细致。这样各承包商的工程范围容易确定，责任界限比较清楚。否则极容易造成项目实施中的混乱状态。

如果业主不是项目管理专家，或没有聘请优秀的咨询（监理）工程师进行全过程的项目管理，则不能将项目分解太细。

2. 全包

全包又称为统包，一揽子承包，"设计—采购—建造"及交钥匙工程承包这是一种最完全的工程承包形式。即由一个承包商承包建筑工程项目的全部工作，包括设计、供应、各专业工程的施工，甚至包括项目前期筹划、方案选择、可行性研究和项目建设后的运营管理。承包商向业主承担全部工程责任。当然总承包商可以将全部工程范围内的部分工程或工作分包出去。

这种承包方式的特点有：

（1）通过全包可以减少业主面对的承包商的数量，这给业主带来很大的方便。业主事务性管理工作较少，例如仅需要一次招标。在工程中业主责任较小，主要提出工程的总体要求（如工程的功能要求、设计标准、材料标准的说明），作宏观控制，验收结果，一般不干涉承包商的工程实施过程和项目管理工作，所以合同争执和索赔很少。

（2）这使得承包商能将整个项目管理形成一个统一的系统，避免多头领导，降低管理费用；方便协调和控制，减少大量的重复的管理工作，减少花费，使得信息沟通方便、快捷、不失真；它有利于施工现场的管理，减少中间检查和交接环节和手续，避免由此引起的工程拖延，从而工期（招标投标和建设期）大大缩短。

（3）对业主来说，项目的责任体系是完备的。无论是设计与施工，与供应之间的互相干扰，还是不同专业之间的干扰，都由总承包商负责，业主不承担任何责任。所以全包工程对双方都有利，工程整体效益高。目前这种承包方式在国际上受到普遍欢迎。国际上有人建议，对大型工业建设项目，业主应尽量减少他所面对的现场承包商的数目（当然，最少是一个，即采用全包方式）。

（4）在全包工程中业主必须加强对承包商的宏观控制，选择资信好、实力强、适应全方位工作的承包商。承包商不仅需要具备各专业工程施工力量，而且需要很强的设计能力，管理能力，供应能力，甚至很强的项目策划能力和融资能力。据统计，在国际工程中，国际上最大的承包商所承接的工程项目大多数都是采用全包形式。

由于全包对承包商的要求很高，对业主来说，承包商资信风险很大。业主可以让几个承包商联营投标，通过法律规定联营成员之间的连带责任"抓住"联营各方。这在国际上一些大型的和特大型的工程中是十分常见的。

3. 其他形式

当然业主也可以采用介于上述两者之间的承发包方式，即以不同的方式组合发包。在现代工程中，在分散平行承包和"设计－采购－施工"（EPC）总承包之间还有许多中间形式：

（1）将工程的整个设计委托给一个设计承包商，将全部工程的施工（包括土建、安装、装饰）委托给一个施工总承包商，将整个设备的采购委托给一个供应商。这种方式在工程中是极为常见的。

（2）"设计——施工"（DB）总承包。即由一个承包商负责整个工程项目的设计和施工。

（3）"设计——采购"（EP）总承包：承包商对工程的设计和采购进行承包，还可能在施工阶段向业主提供咨询服务，或负责施工管理。工程施工再由业主委托给其他承包商完成。

（4）"设计——管理"承包：由一个承包商承包设计和工程管理。工程的供应和施工由业主委托其他承包商承担。

（5）项目管理承包（PMC）：承包商代表业主对工程项目进行全过程、全方位的项目管理，包括进行工程的整体规划、项目定义、工程招标，选择设计、施工、供应承包商，并对设计、采购、施工过程进行全面管理。

（6）其他工程总承包的变体形式，如"采购-施工"（PC）总承包、设计-采购-施工监理承包（EPCs）模式等。

所以工程承包方式有很大的灵活性，不必追求唯一的模式，应根据工程的特殊性、业主状况和要求、市场条件、承包商的资信和能力等作出选择。

2.3   工程合同类型和文本的选择

2.3.1   合同种类的选择

2.3 工程合同类型和文本的选择

在实际工程中，合同计价方式丰富多彩，有近20种。以后还会有新的计价方式出现。不同种类的合同，有不同的应用条件，有不同的权利和责任的分配，有不同的付款方式，对合同双方有不同的风险。应按具体情况选择合同类型。有时在一个工程承包合同中，不同的工程分项采用不同的计价方式。现代工程中最典型的合同类型有：

1. 单价合同

这是最常见的合同种类，适用范围广，如 FIDIC 施工合同。我国的建设工程施工合同也主要是这一类合同。在这种合同中，承包商仅按合同规定承担报价的风险，即对报价（主要为单价）的正确性和适宜性承担责任；而工程量变化的风险由业主承担。由于风险分配比较合理，能够适应大多数工程，能调动承包商和业主双方的管理积极性。单价合同又分为固定单价和可调单价等形式。

单价合同的特点是单价优先，例如 FIDIC 施工合同，业主给出的工程量表中的工程量是参考数字，而实际合同价款按实际完成的工程量和承包商所报的单价计算。虽然在投标报价、评标、签订合同中，人们常常注重合同总价格，但在工程款结算中单价优先，所以单价是不能错的。对于投标书中明显的数字计算的错误，业主有权先作修改后再评标。例如在一单价合同的报价单中，承包商报价出现笔误如下：

序号	工程分项	单位	数量	单价（元/单位）	合价（元）
1.					
2.					
.					
.					
.					
i	钢筋混凝土	m³	1000	300	30000
.					
.					
.					
总报价					8100000

由于单价优先，实际上承包商钢筋混凝土的合价（业主以后实际支付）应为 300000元，所以评标时应将总报价修正。承包商的正确报价应为

$$8100000＋（300000－30000）＝8370000 元。$$

而如果实际施工中承包商按图纸要求完成了 2000m³ 钢筋混凝土（由于业主的工作量表是错的，或业主指令增加工程量），则实际钢筋混凝土的价格应为：

$$300 \text{元/m}^3 \times 2000\text{m}^3 = 600000 \text{元}$$

单价风险由承包商负承担，如果承包商将 300 元/m³ 误写成 30 元/m³，则实际工程中就按 30 元/m³ 结算。在单价合同中应明确编制工程量清单的方法和工程计量方法。

单价合同还可以分为：

（1）可调单价合同，即单价可以随市场物价指数的变化进行调整。对此合同应该规定合同单价的调整条件、调整的依据、调整的方法（如调整计算公式）。则物价上涨在合同规定的调整范围内作为业主风险。

（2）固定单价合同。即合同单价是固定的，不因物价变动而调整。则承包商承担物价上涨风险。

2. 总价合同

总价合同分为可调总价合同和固定总价合同。固定总价合同是最典型的合同类型。

（1）固定总价合同以一次包死的总价格委托，价格不因环境的变化和工程量增减而变化。所以在这类合同中承包商承担了全部的工作量和价格风险。除了业主要求（工程范围或设计）有重大变更，一般不允许调整合同价格。在现代工程中，特别在合资项目中，业主喜欢采用这种合同形式，因为：

1）工程中双方结算方式较为简单，比较省事。

2）在固定总价合同的执行中，承包商的索赔机会较少（但不可能根除索赔）。在正常情况下，可以免除业主由于要追加合同价款、追加投资带来的需上级，如董事会、甚至股东大会审批的麻烦。

但由于承包商承担了全部风险，报价中不可预见风险费用较高。承包商报价的确定必须考虑施工期间物价变化以及工程量变化带来的影响。在这种合同的实施中，由于业主没有风险，所以他干预工程的权力较小，只管总的目标和要求。

（2）固定总价合同的应用前提。在以前很长时间中，固定总价合同的应用范围很小：

1）工程范围必须清楚明确，报价的工程量应准确而不是估计数字，对此承包商必须认真复核。

2）工程设计较细，图纸完整、详细、清楚。

3）工程量小、工期短，估计在工程过程中环境因素（特别是物价）变化小，工程条件稳定并合理。

4）工程结构、技术简单，风险小，报价估算方便。

5）工程投标期相对宽裕，承包商可以详细作现场调查、复核工作量，分析招标文件，拟定计划。

6）合同条件完备，双方的权利和义务十分清楚。

但现在在国内外的工程中，固定总价合同的使用范围有扩大的趋势，用得比较多。甚至一些大型的全包工程，工业项目也使用总价合同。有些工程中业主只用初步设计资料招标，却要求承包商以固定总价合同承包，这个风险非常大。

（3）固定总价合同的计价有如下形式：

1）招标文件中有工作量表。业主为了方便承包商投标，给出工程量表，但业主对工程量表中的数量不承担责任，承包商必须复核。承包商报出每一个分项工程的固定总价。它们之和即为整个工程的价格。

2) 招标文件中没有给出工程量清单，而由承包商制定。工程量表仅仅作为付款文件，而不属于合同规定的工程资料，不作为承包商完成工程或设计的全部内容。

合同价款总额由每一分项工程的包干价款（固定总价）构成。承包商必须自己根据工程信息计算工程量。如果承包商分项工程量有漏项或计算不正确，则被认为已包括在整个合同总价中。

由于国际通用的工程量计算规则适用于业主提供全部设计文件的单价合同（我国的工程量计算规则也有这个问题），采用这种合同类型时要注意应对工程量计算规则作出详细说明、修改或用专门的计量方法：

1) 承包商的工程责任范围扩大，通用规则的划分难以包容。例如由承包商承担大量的设计，在投标时承包商无法计算工程量。工程量清单的编制应考虑到这些情况。

2) 通常合同采用阶段付款。如果工程分项在工程量表中已经被定义，只有在该工程分项完成后承包商才能得到相应付款。则工程量表的划分应与工程的施工阶段相对应，必须与施工进度一致，否则会导致付款困难。同时工程量划分应注意承包商的现金流量，如设立搭设临时工程、材料采购、设计等分项，这样可以及早付款。

(4) 固定总价合同和单价合同有时在形式上很相似。例如在有的总价合同的招标文件中也有工作量表，也要求承包商提出各分项的报价。但它们是性质上完全不同的合同类型。

固定总价合同是总价优先，承包商报总价，双方商讨并确定合同总价，最终按总价结算。通常只有设计变更，或合同中规定的调价条件，例如法律变化，才允许调整合同价格。

固定总价合同在招标投标中就与单价合同的处理有区别。下面的案例具有典型性。

某建筑工程采用邀请招标方式。业主在招标文件中要求：

1) 项目在 21 个月内完成；

2) 采用固定总价合同；

3) 无调价条款。

承包商投标报价 364000 美元，工期 24 个月。在投标书中承包商使用保留条款，要求取消固定价格条款，采用浮动价格。

但业主在未同承包商谈判的情况下发出中标函，同时指出：

1) 经审核发现投标书中有计算错误，共多算了 7730 美元。业主要求在合同总价中减去这个差额，将报价改为 356270（即 364000－7730）美元。

2) 同意 24 个月工期。

3) 坚持采用固定价格。

承包商答复为：

1) 如业主坚持固定价格条款，则承包商在原报价的基础上再增加 75000 美元。

2) 既然为固定总价合同，则总价优先，计算错误 7730 美元不应从总价中减去。则合同总价应为 439000（即 364000＋75000）美元。

在工程中由于工程变更，使合同工程量又增加了 70863 美元。工程最终在 24 个月内完成。最终结算，业主坚持按照改正后的总价 356270 美元并加上的工程量增加的部分结算，即最终合同总价为 427133 美元。

而承包商坚持总结算价款为 509863（即 364000＋75000＋70863）美元。最终经中间人调解，业主接受承包商的要求。

案例分析：

1）对承包商保留条款，业主可以在招标文件，或合同条件中规定不接受任何保留条款，则承包商保留说明无效。否则业主应在定标前与承包商就投标书中的保留条款进行具体商谈，作出确认或否认。不然会引起合同执行过程中的争执。

2）对单价合同，业主是可以对报价单中数字计算错误进行修正的，而且在招标文件中应规定业主的修正权，并要求承包商对修正后的价格的认可。但对固定总价合同，一般不能修正，因为总价优先，业主是确认总价。

3）当双方对合同的范围和条款的理解明显存在不一致时，业主应在中标函发出前进行澄清，而不能留在中标后商谈。如果先发出中标函，再谈修改方案或合同条件，承包商要价就会较高，业主十分被动。而在中标函发出前进行商谈，一般承包商为了中标比较容易接受业主的要求。也许由于本工程比较紧急，业主急于签订合同，实施项目，所以没来得及与承包商在签订合同前进行认真的澄清和合同谈判。

（5）对于固定总价合同，承包商要承担两个方面的风险：

1）价格风险。包括：

① 报价计算错误。

② 漏报项目。例如在某国际工程中，工程范围为一政府的办公楼建筑群，采用固定总价合同。承包商算标时遗漏了其中的一座做景观用的亭阁。这一项使承包商损失了上百万美元。

③ 工程过程中由于物价和人工费涨价所带来的风险。

2）工作量风险：

① 工作量计算的错误。对固定总价合同，业主有时也给工作量清单，有时仅给图纸、规范让承包商算标。则承包商必须对工作量作认真复核和计算。如果工作量有错误，由承包商负责。

② 由于工程范围不确定或预算时工程项目未列全造成的损失。例如在某固定总价合同中，工程范围条款为："合同价款所定义的工程范围包括工作量表中列出的，以及工作量表中未列出的但为本工程安全、稳定、高效率运行所必需的工程和供应。"在该工程中，业主指令增加了许多新的分项工程，但设计并未变更，所以承包商得不到相应的付款。

③ 又如某国际工程分包合同采用总价合同形式，工程变更条款为："总包指令的工程变更及其相应的费用补偿仅限于对重大的变更，而且仅按每单个建筑物和设施地平以上外部体积的增加量计算补偿。"在合同实施中，总承包商指定分包商大量增加地平以下建筑工程量，而不给分包商任何补偿。

④ 由于投标报价时设计深度不够所造成的工程量计算误差。对固定总价合同，如果业主用初步设计文件招标，让承包商计算工作量报价，或尽管施工图设计已经完成，但做标期太短，承包商无法详细核算，通常只有按经验或统计资料估算工作量。这时承包商处于两难的境地：工作量算高了，报价没有竞争力，不易中标；算低了，自己要承担风险和亏损。在实际工程中，这是一个用固定总价合同带来的普遍性的问题。在这方面承包商的

损失常常是很大的。

某工程采用固定总价合同。在工程中承包商与业主就设计变更影响产生争执。最终实际批准的混凝土工作量为 66000m³。对此双方没有争执，但承包商坚持原合同工程量为 40000m³，则增加了 65%，共 26000m³；而业主认为原合同工程量为 56000m³，则增加了 17.9%，共 10000m³。双方对合同工程量差异产生的原因在于：

承包商报价时业主仅给了初步设计文件，没有详细的截面尺寸。同时由于做标期较短，承包商没有时间细算。承包商就按经验匡算了一下，估计为 40000m³。合同签订后详细施工图出来，再细算一下，混凝土量为 56000m³。当然作为固定总价合同，这个 16000m³ 的差额（即 56000m³ － 40000m³）最终就作为承包商的报价失误，由他自己承担。

同样的问题出现在我国的一大型商业网点开发项目中。本项目为中外合资项目，我国一承包商用固定总价合同承包土建工程。由于工程巨大，设计图纸简单，做标期短，承包商无法精确核算。对钢筋工程，承包商报出的工作量为 1.2 万 t，而实际使用量达到 2.5 万 t 以上。仅此一项承包商损失超过 600 万美元。

3. 成本加酬金合同

这是与固定总价合同截然相反的合同类型。工程最终合同价格按承包商的实际成本加一定比率的酬金（间接费）计算。在合同签订时不能确定一个具体的合同价格，只能确定酬金的比率。由于合同价格按承包商的实际成本结算，所以在这类合同中，承包商不承担任何风险，而业主承担了全部工作量和价格风险，所以承包商在工程中没有成本控制的积极性，常常不仅不愿意压缩成本，相反期望提高成本以提高他自己的工程经济效益。这样会损害工程的整体效益。所以这类合同的使用应受到严格限制，通常应用于如下情况：

（1）投标阶段依据不准，工程的范围无法界定，无法准确估价，缺少工程的详细说明。

（2）工程特别复杂，工程技术、结构方案不能预先确定。它们可能按工程中出现的新的情况确定。例如在国外这一类合同经常被用于一些带研究、开发性质的工程中。

（3）时间特别紧急，要求尽快开工。如抢救、抢险工程，人们无法详细地计划和商谈。

为了克服成本加酬金合同的缺点，扩大它的使用范围，人们对该种合同又作了许多改进，以调动承包商成本控制的积极性，例如：

（1）事先确定目标成本，实际成本在目标成本范围内按比例支付酬金，如果超过目标成本，酬金不再增加；

（2）如果实际成本低于目标成本，除支付合同规定的酬金外，另给承包商一定比例的奖励；

（3）成本加固定额度的酬金，即酬金是定值，不随实际成本数量的变化而变化等。

在这种合同中，合同条款应十分严格。由于业主承担全部的成本风险，所以他应加强对工程的控制，参与工程方案（如施工方案、采购、分包等）的选择和决策，否则容易造成不应有的损失。同时，合同中应明确规定成本的开支和间接费范围，规定业主有权对成本开支作决策、监督和审查。

使用本合同的招标文件应说明中标的依据。一般授标的标准为间接费率和作为成本组成的各项费率。

本合同也应规定开工日和竣工日，以假设的合同工程量为基础，否则工期罚款的条款就不适用。

4. 目标合同

在一些发达国家，目标合同广泛使用于工业项目、研究和开发项目，军事工程项目中。它是固定总价合同和成本加酬金合同的结合和改进形式。在这些项目中承包商在项目可行性研究阶段，甚至在目标设计阶段就介入工程，并以全包的形式承包工程。

目标合同也有许多种形式。通常合同规定承包商对工程建成后的生产能力（或使用功能），工程总成本（或总价格），工期目标承担责任。如果工程投产后一定时间内达不到预定的生产能力，则按一定的比例扣减合同价格；如果工期拖延，则承包商承担工期拖延违约金。如果实际总成本低于预定总成本，则节约的部分按预定的比例给承包商奖励；反之，超支的部分由承包商按比例承担。

目标合同能够最大限度地发挥承包商工程管理的积极性，适用于工程范围没有完全界定或预测风险较大的情况。

目标合同工程计价方法：

（1）承包商以合同价款总额的形式报出目标价格，包括估算的直接成本、其他成本、间接费（现场管理费、企业管理费和利润），确定间接费率。由于业主原因导致工程变更，工期拖延或业主要求赶工等造成承包商实际成本增加，应修改目标价格。

（2）通常目标合同也用分项工程表（或工程量表）决定目标价格（合同价款总额），合同价款为每一分项工程的包干价款总和。而该分项工程表的制定并非以付款为目的，它仅用于索赔事件发生时，调整合同价款总额和承包商应分担的份额。合同实施中给承包商的付款为：

已完工程总价（即承包商应得到的）＝承包商实际成本（一拒付费用）＋间接费

（3）合同结束时，业主对合同价款总额和已完工程总价进行审核。如果已完工程总价高于合同价款总额，按高出的百分比数，承包商承担相应的部分；如果低于，则按低于的百分比承包商获得规定比例的奖励。这种奖励和处罚以累进的形式计算。

承包商应保留实际成本账单和各种记录，以供业主审核。

通常如果业主认可承包商的合理化建议，变更工程使实际成本减少，合同价款总额不予减少。

2.3.2 合同条件的选择

1. 合同条件选择应注意的问题

合同协议书和合同条件是合同文件中最重要的部分。在实际工程中，业主可以按照需要自己（通常委托咨询公司）起草合同协议书（包括合同条款），也可以选择标准的合同条件。在具体应用时，可以按照自己的需要通过特殊条款对标准的文本作修改、限定或补充。当然，作为合同双方都尽量使用标准的合同条件。

对一个工程，有时会有几个同类型的合同条件供选择，特别在国际工程中。合同条件的选择应注意如下问题：

（1）大家从主观上都希望使用严密的、完备的合同条件。但合同条件应该与双方的管理水平相配套。双方的管理水平很低，而使用十分完备、周密，同时规定又十分严格的合同条件，则这种合同条件没有可执行性。将我国的原示范文本与 FIDIC 合同相比较就会发现，我国施工合同在许多条款中的时间限定严格得多。这说明在工程中如果使用我国的施工合同，则合同双方要比使用 FIDIC 合同有更高的管理水平，更快的信息反馈速度。发包人、承包人、项目经理、监理工程师的决策过程必须很快。但实际上做不到，所以在我国的承包工程中常常双方都不能准确执行合同。

（2）最好选用双方都熟悉的合同条件，这样能较好地执行。如果双方来自不同的国家，选用合同条件时应更多地考虑承包商的因素，使用承包商熟悉的合同条件，由于承包商是工程合同的具体实施者，所以应更多地偏向他，而不能仅从业主自身的角度考虑这个问题。当然在实际工程中，许多业主都选择自己熟悉的合同条件，以保证自己在工程管理中有利的地位和主动权。结果工程不能顺利进行。

例如在国内某合资项目中，业主为英国人，承包商为中国的一个建筑公司，工程范围为一个工厂的土建施工，合同工期 7 个月。业主不顾承包商的要求，坚持用 ICE 合同条件，而承包商未承接过国际工程。承包商从做报价开始，在整个工程施工过程中一直不顺利，对自己的责任范围，对工程施工中许多问题的处理方法和程序不了解，业主代表和承包商代表之间对工程问题的处理差异很大。

最终当然承包商受到很大损失，许多索赔未能得到解决。而业主的工程质量很差，工期拖延了一年多。由于工程迟迟不能交付使用，业主不得已又委托其他承包商进场施工，对工程的整体效益产生极大的影响。

（3）合同条件的使用应注意到其他方面的制约。例如我国工程估价有一整套定额和取费标准，这是与我国所采用的施工合同文本相配套的。如果在我国工程中使用 FIDIC 合同条件，或在使用我国标准的施工合同条件时，业主要求对合同双方的责权利关系作重大的调整，则必须让承包商自由报价，不能使用定额和规定取费标准；而如果要求承包商按定额和取费标准计价，则不能随便修改标准的合同条件。

2. 国内外主要的标准工程合同条件

（1）我国建设工程合同范本。近 20 多年来，我国在工程合同的标准化方面做了许多工作，颁布了一些合同范本。其中最重要，也最典型的是 1991 年颁布的《建设工程施工合同示范文本（GF—91—0201）》。它作为在我国国内工程中使用最广的施工合同标准文本。经过 10 年的使用，人们已积累了丰富的经验。在此基础上经过修改，于 1999 年以后我国陆续颁布了如下文本，后于 2013 年、2017 年又多次进行修订：

《建设工程施工合同（示范文本）》；

《建设工程施工专业分包合同（示范文本）》；

《建设工程施工劳务分包合同（示范文本）》。

这些文本反映我国建设工程合同法律制度和工程惯例，更符合我国的国情。

（2）FIDIC 合同条件

1）"FIDIC" 词义解释。"FIDIC" 是国际咨询工程师联合会（法文 FEDERATION INTERNATIONALE DES INGENIEURS—CONSEILS）的缩写。在国际工程中普遍采用的标准文本是 FIDIC 合同条件。FIDIC 合同条件是在长期的国际工程实践中形成并逐渐发展和成熟起来的国际工程惯例。它是国际工程中通用的、标准化的、典型的合同文件。任何要进入国际承包市场，参加国际投标竞争的承包商和工程师，以及面向国际招标的工程的业主，都必须精通和掌握 FIDIC 合同条件。

FIDIC 条件的标准文本由英语写成。它不仅适用于国际工程，对它稍加修改即可适用国内工程。由于它在国际工程中被广泛承认和采用，所以，"FIDIC"一词也被各种语言接受，并赋予统一的、特指的意义。

2）FIDIC 合同条件的历史演变。FIDIC 条件经历了漫长的发展过程。

FIDIC 合同条件第一版在 1957 年颁布。由于当时国际承包工程迅速发展，需要一个统一的、标准的土木工程施工合同条件。FIDIC 合同第一版是以英国土木工程施工合同条件（ICE）的格式为蓝本，所以它反映出来的传统、法律制度和语言表达都具有英国特色。

1963 年，FIDIC 第二版问世。它没有改变第一版所包含的条件，仅对通用条款作了一些具体变动，同时在第一版的基础上增加了疏浚和填筑工程的合同条件作为第三部分。

1977 年，FIDIC 合同条件作了再次修改，同时配套出版了一本解释性文件，即"土木工程合同文件注释"。

1987 年颁发了 FIDIC 第四版，并于 1989 年出版了《土木工程施工合同条件应用指南》。该应用指南不仅包括对 FIDIC 第四版合同条件每一条款的应用解释和说明，而且介绍了按国际惯例进行招标投标、直到授予合同的程序和各方面的主要工作，介绍了招标文件、投标文件的主要内容，FIDIC 条件中业主、工程师和承包商的主要责权利关系。

直到 1999 年以前，该联合会共制定和颁布了在国际工程中广泛使用的《土木工程施工合同条件》《电气和机械工程施工合同条件》《业主和咨询工程师协议书国际通用规则》《设计—建造与交钥匙工程合同条件》《工程施工分包合同条件》等合同系列。1999 年 FIDIC 又将这些合同体系作了重大修改，以新的第一版的形式颁布了如下几个合同条件文本：工程施工合同条件；EPC（设计—采购—施工）交钥匙项目合同条件；永久设备和设计—建造合同条件等。

2017 年 FIDIC 针对十余年来建设工程行业的发展和管理模式更新，颁布了新型合同体系的第二版，包括 5 个合同条件：《施工合同条件》《生产设备和设计-施工合同条件》《设计采购施工（EPC）/交钥匙工程合同条件》《简明合同格式》和《FIDIC 合同指南》。

人们便将这些合同条件称为"FIDIC 合同条件"或"FIDIC 条件"。在上述几个文件中，《施工合同条件》最有名，是唯一在世界范围内发行并推广的施工合同条件。

3）FIDIC 条件的特点。FIDIC 条件经过 40 多年的使用和几次修改，已逐渐形成了一个非常科学的、严密的体系。它有如下特点：

① 科学地反映了国际工程中的一些普遍做法，反映了最新的工程管理程序和方法，有普遍的适应性。所以，许多国家起草自己的合同条件通常都以 FIDIC 合同作为蓝本。

② 条款齐全，内容完整，对工程施工中可能遇到的各种情况都作了描述和规定。对一些问题的处理方法都规定得非常具体和详细，如保函的出具和批准，风险的分配，工程量方程序，工程进度款支付程序，完工结算和最终结算程序，索赔程序，争执解决程序等。

③ 它所确定的工作程序和方法已十分严密和科学；文本条理清楚、详细并实用；语言更加现代化，更容易被工程人员理解。

④ 适用范围广。FIDIC 作为国际工程惯例，具有普遍的适用性。它不仅适用于国际

工程，稍加修改后即可适用于国内工程。在许多工程中，业主即使不使用标准的合同条件，自己按需要起草合同文本，但在起草过程中通常都以 FIDIC 作为参照本。

⑤ 公正性，合理性，比较科学地公正地反映合同双方的经济责权利关系：合理地分配合同范围内工程施工的工作和责任，使合同双方能公平地运用合同有效地、有利地协调，这样能高效率地完成工程任务，能提高工程的整体效益；合理地分配工程风险和义务，例如明确规定了业主和承包商各自的风险范围，业主和承包商各自的违约责任等，承包商的索赔权等。

（1）ICE 文本。ICE（Conditions Institution of Civil Engineers Conditions of Contract）为英国土木工程师学会（The Institution of Civil Engineers），它是英国土木工程师学会设于英国的国际性组织，拥有英国及 140 多个国家和地区的会员，创立于 1818 年。1945 年 ICE 和土木工程承包商联合会颁布 ICE 合同条件第一版。它主要在英国和其他英联邦以及历史上与英国关系密切的国家的土木工程中使用特别适用于大型的比较复杂的工程，特别是土方工程以及需要大量设备和临时设施的工程。

该文本虽在 1954 年正式颁布，但它的风险分摊的原则和大部分的条款在 19 世纪 60 年代就出现了，并一直在一些公共工程中应用。ICE 合同条件经历过多次修订，作为 FIDIC 合同条件编制的依据。ICE 合同使用的要求：

① 有工程量表；

② 咨询工程师的作用；

③ 承包商不承担主要设计；

④ 承包商投标时要求价格固定不变。

（2）NEC 合同。1993 年由英国土木工程师学会颁布 ECC 合同，它是一个形式、内容和结构都很新颖的工程合同。它在工程合同的形式的变更方面又向前进了一步。它在全面研究目前工程中的一些主要合同类型的结构基础上，将它们相同的部分提取出来，构成核心条款，将各个类型的合同的独特的部分保留作为主要选项条款和次要选项条款。合同报价的依据作为成本组成表及组成简表等组成。它的结构形式如图 2-2 所示。

图 2-2　NEC 合同结构形式

这种结构形式像搭积木，通过不同部分的组合形成不同种类的合同，使 ECC 合同有非常广泛的适用面。它能够实现用一个统一的文本表示不同的合同类型。

1）按计价方式可适用单价、总价、成本加酬金、目标合同；

2）按照专业和承包范围不同可适用工程施工、安装、"设计＋施工＋供应"总承包、管理承包；

3）可以由承包商编制工程量表或由业主提出工程量清单。

（3）其他常用的合同条件

1）JCT合同条件。JCT合同条件为英国合同联合仲裁委员会（Joint Contracts Tribunal）制定的标准合同文本。它主要在英联邦国家的私人工程和一些地方政府工程中使用，主要适用于房屋建筑工程的施工。

2）AIA合同条件。美国建筑师学会（The American Institute of Architects AIA）作为建筑师的专业社团，已有近170年的历史。该结构致力于提高建筑师的专业水平，促进其事业的成功并通过改善其居住环境提高大众的生活水准。AIA出版的系列合同文件在美国建筑业界及国际工程承包界特别是在美洲地区具有较高的权威性。

2.4 工程合同中重要条款和管理程序的确定

2.4.1 重要合同条款的确定

业主应理性地对待合同，应通过合同制约承包商，但不是打倒承包商，或捆住承包商。合同要求应合理，但不苛刻。由于是业主起草招标文件，业主居于合同的主导地位，所以业主要确定一些重要的合同条款。例如：

2.4 工程合同中重要条款和管理程序的确定

1. 适用于合同关系的法律，以及合同争执仲裁的地点、程序等。

（1）通常在我国实施的工程合同，必须以我国的法律作为合同的法律基础。而在国际工程中，一般在招标文件中规定，以业主所在国的法律适用于合同关系。这样保证他在法律上的有利地位。

（2）合同必须明确规定争执仲裁的地点和程序。在国际工程中，为了保证公平性和减少将争执提交仲裁，通常规定在被诉方仲裁。即如果业主提出仲裁，则在承包商所在地，或由承包商指定的地点仲裁；反之，如果承包商提出仲裁，就在业主所在地，或业主指定的地点仲裁。

2. 付款方式。如采用进度付款、分期付款、预付款或由承包商垫资承包。这由业主的资金来源保证情况等因素决定。让承包商在工程上过多地垫资，会对承包商的风险、财务状况、报价和履约积极性有直接影响。当然如果业主超过实际进度预付工程款，在承包商没有出具保函的情况下，又会给业主带来风险。

3. 合同价格的调整条件、范围、调整方法，特别是由于物价上涨、汇率变化、法律变化、海关税变化等对合同价格调整的规定。

这是一个重要条款，决定承包商对物价的风险承担程度。

4. 合同双方风险的分担。即将工程风险在业主和承包商之间合理分配。基本原则是，通过风险分配激励承包商努力控制三大目标、控制风险，达到最好的工程经济效益。

5. 对承包商的激励措施。在国外一些高科技的开发型工程项目中奖励合同用得比较

多。这些项目规模大、周期长、风险高，采用奖励合同能调动双方的积极性，更有利于项目的目标控制和风险管理，合同双方都欢迎，收到很好的效果。各种合同中都可以订立奖励条款。恰当地采用奖励措施可以鼓励承包商缩短工期、提高质量、降低成本，激发承包商的工程管理积极性。通常的奖励措施有：

（1）提前竣工的奖励。这是最常见的，通常合同明文规定工期每提前一天业主给承包商奖励的金额。

（2）提前竣工，将项目提前投产实现的盈利在合同双方之间按一定比例分成。

（3）承包商如果能提出新的设计方案、新技术，使业主节约投资，则按一定比例分成。

（4）奖励型成本加酬金合同。对具体的工程范围和工程要求，在成本加酬金合同中，确定一个目标成本额度，并规定，如果实际成本低于这个额度，则业主将节约的部分按一定比例给承包商奖励。

（5）质量奖。这在我国用得较多。合同规定，如工程质量达全优（或优良），业主另外支付一笔奖励金。

2.4.2　重要的工程合同管理程序的确定

设计合同所定义的管理机制，通过合同保证对工程的控制权力。业主在工程施工中对工程的控制是通过合同实现的，在合同中必须设计完备的控制措施，例如变更工程的权力；对进度计划审批权力，对实际进度监督的权力；当承包商进度不能保证工程进度时，指令加速的权力；对工程质量的绝对的检查权；对工程付款的控制权力；在特殊情况下，在承包商不履行合同责任时，业主的处置权力，例如在不解除承包商责任的条件下将承包商逐出现场。

为了保证诚实信用原则的实现，必须有相应的合同措施。如果没有这些措施，或措施不完备，则难以形成诚实信用的氛围。例如要业主信任承包商，业主必须采取如下措施"抓"住承包商：

（1）工程中的保函、保留金和其他担保措施。

（2）承包商的材料和设备进入施工现场，则作为业主的财产，没有业主（或工程师）的同意不得移出现场。

（3）合同中对违约行为的处罚规定和仲裁条款。例如在国际工程中，在承包商严重违约情况下，业主可以将承包商逐出现场，而不解除他的合同责任，让其他承包商来完成合同，费用由违约的承包商承担。

2.5　工程项目合同体系的协调

2.5 工程项目
合同体系的协调

从上述分析可见，业主为了实现工程总目标，必须签订许多主合同；承包商为了完成他的承包合同责任也必须订立许多分合同。这些合同从宏观上构成项目的合同体系，从微观上每个合同都定义并安排了一些工程活动，共同构成项目的实施过程。在这个合同体系中，相关的同级合同之间，以及主合同和分合同之间存在着复杂的关系，在国外人们又把这个合同体系称为合同网络。在工程项目中这个合同网络的建立和协调是十分重要的。要保证项目顺利实施，就必须对此作出周密的计划和安排。在实际工作中由于这几方面的不协调而造成的工程失误是很多的。合同之间关系的安排及协调是合同策划的重要内容。

1. 工程和工作内容的完整性

业主的所有合同确定的工程或工作范围应能涵盖项目的所有工作，即只要完成各个合同，就可实现项目总目标；承包商的各个分包合同与拟由自己完成的工程（或工作）一起应能涵盖总承包合同责任。在工作内容上不应有缺陷或遗漏。在实际工程中，这种缺陷会带来设计的修改、新的附加工程、计划的修改、施工现场的停工、缓工，导致双方的争执。

为了防止缺陷和遗漏，应做好如下工作：

（1）在招标前认真地进行总项目的系统分析，确定总项目的系统范围。

（2）系统地进行项目的结构分解，在详细的项目结构分解的基础上列出各个合同的工程量表。实质上，将整个项目任务分解成几个独立的合同，每个合同中又有一个完整的工程量表，这都是项目结构分解的结果。

（3）进行项目任务（各个合同或各个承包单位，或项目单元）之间的界面分析。划定各个界面上的工作责任、成本、工期、质量的定义。工程实践证明，许多遗漏和缺陷常常都发生在界面上。

2. 技术上的协调

这里包括极其复杂的内容，例如：

（1）几个主合同之间设计标准的一致性，如土建、设备、材料、安装等应有统一的质量、技术标准和要求。各专业工程之间，如建筑、结构、水、电、通信之间应有很好的协调。在建设项目中建筑师常常作为技术协调的中心。

（2）分包合同必须按照总承包合同的条件订立，全面反映总合同相关内容。采购合同的技术要求必须符合承包合同中的技术规范。总包合同风险要反映在分包合同中，由相关的分包商承担。为了保证总承包合同不折不扣地完成，分包合同一般比总承包合同条款更为严格、周密和具体，对分包单位提出更为严格的要求，所以对分包商的风险更大。

（3）各合同所定义的专业工程之间应有明确的界面和合理的搭接。例如供应合同与运输合同，土建承包合同和安装合同，安装合同和设备供应合同之间存在责任界面和搭接。界面上的工作容易遗漏，容易产生争执。

各合同只有在技术上协调，才能共同构成符合总目标的工程技术系统。

3. 价格上的协调

一般在总承包合同估价前，就应向各分包商（供应商）询价，或进行洽商，在分包报价的基础上考虑到管理费等因素，作为总包报价，所以分包报价水平常常又直接影响总包报价水平和竞争力。

（1）对大的分包（或供应）工程如果时间来得及，也应进行招标，通过竞争降低价格。

（2）作为总承包商，周围最好要有一批长期合作的分包商和供应商作为忠实的伙伴。这是有战略意义的。可以确定一些合作原则和价格水准，这样可以保证分包价格的稳定性。

（3）对承包商来说，由于与业主的承包合同先订，而与分包商和供应商的合同后订，一般在订承包合同前先向分包商和供应商询价；待承包合同签订后，再签订分包合同和供应合同。则要防止在询价时分包商（供应商）报低价，而承包商中标后又报高价，特别是当询价时对合同条件（采购条件）未来得及细谈，分包商（供应商）有时找一些理由提高价格。一般可先订分包（或供应）意向书，既要确定价格，又要留有活口，防止总合同不能签订。

4. 时间上的协调

由各个合同所确定的工程活动不仅要求与项目计划（或总合同）的时间一致，而且它们之间时间上要协调好，即各种工程活动形成一个有序的，有计划的实施过程。例如设计图纸供应与施工，设备、材料供应与运输，土建和安装施工，工程交付与运行等之间应合理搭接。

每一个合同都定义了许多工程活动，形成各自的子网络。它们又一起形成一个项目的总网络。常见的设计图纸拖延，材料、设备供应脱节等都是这种不协调的表现。

例如某工程，主楼基础工程施工尚未开始，而供热的锅炉设备已提前到货，要在现场停放两年才能安装。这样不仅要占用大量资金，占用现场场地，增加保管费，而且超过设备的保修期，再出现设备质量问题供应商将不再负责。从中可以看出，签订各份合同要有统一的时间的安排。要解决这种协调的一个比较简单的手段是在一张横道图或网络图上标示出相关合同所定义的里程碑事件和它们的逻辑关系。这样便于计划、协调和控制。

5. 合同管理的组织协调

在实际工程中，由于工程合同体系中的各个合同并不是同时签订的，执行时间也不一致，而且常常也不是由一个部门统一管理的，所以它们的协调更为重要。这个协调不仅在签约阶段，而且在工程施工阶段都要重视；不仅是合同内容的协调，而且是职能部门管理过程的协调。

例如承包商对一份供应合同，必须在总承包合同技术文件分析后提出供应的数量和质量要求，向供应商询价，或签订意向书；供应时间按总合同施工计划确定；付款方式和付款时间应与财务人员商量；供应合同签订前或后，应就运输等合同作出安排，并报财务备案，作资金计划或划拨款项；施工现场应就材料的进场和储存作出安排。这样形成一个有序的管理过程。

复习思考题

1. 为什么说合同总体策划对整个项目管理有重大影响？
2. 工程项目的结构分解对合同总体策划和合同体系有哪些影响？
3. 在我国许多业主都喜欢将工程分专业分阶段平行发包。问：这对项目的实施和业主的项目管理产生什么影响？它会带来什么问题？
4. "固定总价合同由承包商承担全部风险，则采用固定总价合同对业主最有利"你觉得这样说对吗？为什么？
5. "起草者可以将对自己有利的条款放进去，而对方常常不易发现，所以业主应使用自己起草的合同条件。"这样说对吗？为什么？
6. 试分析在FIDIC土木工程施工合同中，业主如何通过合同实施对项目的控制？
7. 如果一个工程采用固定总价合同，做标期很短，招标时仅仅提供初步设计文件，采用国外的技术规范，承包商会承担哪些风险？

工程合同风险管理

3

3.1 概述

3.1.1 工程项目风险的概念

工程项目的构思、目标设计、可行性研究、设计和计划都是基于对将来情况（政治、经济、社会、自然等）预测基础上的，基于正常的、理想的技术、管理和组织之上的。而在项目实施以及运行过程中，这些因素都有可能会产生变化，在各个方面都存在着不确定性。这些变化会使得原定的计划、方案受到干扰，使原定的目标不能实现。这些事先不能确定的内部和外部的干扰因素，人们将它们称之为风险。风险是项目系统中的不可靠因素。

工程中常见的风险有如下几类：

1. 外界环境的风险

由于环境的变化使实际成本的风险和工期风险加大。

（1）在国际工程中，工程所在国政治环境的变化，如发生战争、禁运、罢工、社会动乱等造成工程中断或终止。

（2）经济环境的变化，如通货膨胀、汇率调整、工资和物价上涨。物价和货币风险在工程中经常出现，而且影响非常大。

（3）合同所依据的法律的变化，如新的法律颁布，国家调整税率或增加新税种，新的外汇管理政策等。在国际工程中，以工程所在国的法律作为合同的法律基础，这本身对承包商就有很大的风险。

（4）自然环境的变化，如百年未遇的洪水、地震、台风等，以及工程水文、地质条件存在不确定性，复杂且恶劣的气候天气条件和现场条件，可能存在其他方面对项目的干扰等。

环境风险是工程项目中的其他风险的根源。

2. 工程的技术和实施方法等方面的风险

现代工程规模大，系统复杂，功能要求高，施工技术难度大，需要新技术，特殊的工艺，特殊的施工设备。

3. 项目组织成员资信和能力风险

（1）业主（包括投资者）资信与能力风险。例如：

业主企业的经营状况恶化，濒于倒闭，支付能力差，资信不好，恶意拖欠工程款，撤走资金，或改变投资方向，改变项目目标；

业主为了达到不支付，或少支付工程款的目的，在工程中苛刻刁难承包商，滥用权力，施行罚款或扣款，或对承包商的合理的索赔要求不作答复，或拒不支付；

业主经常随便改变主意，如改变设计方案、实施方案，打乱工程施工秩序，发布错误的指令，非程序地干预工程，但又不愿意给承包商以补偿等；

业主不能完成他的合同责任，如不及时供应他负责的设备、材料，不及时交付场地，不及时支付工程款。在国内的许多工程中，拖欠工程款已成为承包商最大的风险之一，妨碍施工企业正常生产经营的主要原因之一；

业主的工作人员存在私心和其他不正之风等。

（2）承包商（分包商、供应商）资信和能力风险。承包商是工程的实施者，是业主的最重要的合作者。承包商的资信和能力情况对业主的工程总目标的实现有决定性影响。属于承包商能力和资信风险的有如下几方面：

承包商的技术能力、施工力量、装备水平和管理能力不足，没有适合的技术专家和项目经理，不能积极地履行合同；

财务状况恶化，企业处于破产境地，无力采购和支付工资，工程被迫中止；

承包商的信誉差，不诚实，在投标报价和工程采购、施工中有欺诈行为；

设计单位设计错误，工程技术系统之间不协调、设计文件不完备、不能及时交付图纸，或无力完成设计工作；

在国际工程中还常常出现对当地法律、语言不熟悉，对技术文件、工程说明和规范理解不正确或出错的现象；

承包商的工作人员、分包商、供应商不积极的履行合同责任，罢工、抗议或软抵抗等。

（3）项目管理者（如工程师）的信誉和能力风险。例如：

工程师没有与本工程相适应的管理能力、组织能力和经验；

他的工作热情和积极性、职业道德、公正性差；

他的管理风格、文化偏见导致他不正确地执行合同，在工程中苛刻要求承包商。

（4）其他方面。例如中介人的资信、可靠性差；政府机关工作人员、城市公共供应部门（如水、电等部门）的干预、苛求和个人需求；项目周边或涉及的居民或单位的干预、抗议或苛刻的要求等。

4. 管理过程风险

（1）业主的项目决策错误，工程相关的产品和服务的市场分析错误。进而造成项目目标设计错误。业主发投资预算、质量要求、工期限制得太紧，无法按时按质按量完成项目。

（2）对环境调查和预测的风险。

（3）在工程中起草错误的招标文件、合同条件。合同条款不严密、错误、二义性，过于苛刻的单方面约束性的、不完备的条款。工程范围和标准存在不确定性。

（4）承包商错误的选择投标工程，错误的投标策略，错误理解业主意图和招标文件，导致实施方案错误，报价失误等。

（5）承包商的技术设计、施工方案、施工计划和组织措施存在缺陷和漏洞，计划不周。

（6）实施控制中的风险。例如：

合同未履行，合同伙伴争执，责任不明，产生索赔要求；

没有得力的措施来保证进度，安全和质量要求；

由于分包层次太多，造成计划执行和调整、实施控制的困难；

工程师下达错误的指令等。

3.1.2　合同风险的概念

合同风险是指合同中的以及由合同引起的不确定性。工程合同风险可能有如下几种：

1. 由合同种类所定义的风险

合同风险首先与所签订的合同的类型有关。如果签订的是固定总价合同，则承包商承担全部物价和工作量变化的风险；而对成本加酬金合同，承包商不承担任何风险；对常见的单价合同，风险由双方共同承担。

2. 合同中明确规定的应由一方承担的风险

即对上述列举的工程中的几类风险，通过合同定义和分配，明确规定或隐含的风险承担者，则成为合同风险。

（1）工程承包合同明确规定业主风险，如工程变更的范围，承包商的索赔，业主风险和不可抗力等条款。

（2）承包商风险。工程施工合同中，关于承包商的风险的规定比较具体。通常包括：

1）承包商对现场以及周围环境调查负责，并已取得对影响投标报价的风险、意外事件和其他情况的所有资料。承包商对环境条件应有一个合理预测，只有出现有经验的承包商（在投标时承包商总是申明他是"有经验的"）不能预测的情况，才能对他免责。

2）承包商是经过认真阅读和研究招标文件，并全面、正确地理解了合同精神，明确了自己的责任和义务，对招标文件的理解自行负责。

3）承包商对投标书以及报价的正确性、完备性满意。这报价已包括了他完成全部合同责任的花费。如果出现报价问题，如错报、漏报，则均由他自己负责。

4）合同规定的其他承包商风险。业主为了转嫁风险提出单方面约束性的、过于苛刻的、责权利不平衡的合同条款。这在合同中经常表现为："业主对……不负任何责任"，或"在……情况下不得调整合同价格"，或"在……情况下，一切损失由承包商负责"。

业主对任何潜在的问题，如工期拖延、施工缺陷、付款不及时等所引起的损失不负责；

业主对招标文件中所提供的地质资料、试验数据、工程环境资料的准确性不负责；

业主对工程实施中发生的不可预见风险不负责；

业主对由于第三方干扰造成的工期拖延不负责等。

例如某合同规定："乙方无权以任何理由要求增加合同价格，如市场物价上涨，货币价格浮动，生活费用提高，工资的基限提高，调整税法，关税，国家增加新的赋税等"。

例如，某分包合同规定，"对总承包商因管理失误造成的违约责任，仅当这种违约造成分包商人员和物品的损害时，总承包商才给分包商以赔偿，而其他情况不予赔偿"。这样，总承包商管理失误造成分包商成本和费用的增加不在赔偿之内。

有时有些特殊的规定应注意。例如某承包合同规定，合同变更的补偿仅对重大的变更，且仅按单个建筑物和设施地坪以上体积变化量计算补偿。这实质上排除了工程变更索赔的可能。在这种情况下承包商的风险很大。

例如，某合同中地质资料说明，地下为普通地质，砂土。合同条件规定，"如果出现岩石地质，则应根据商定的价格调整合同价"。

在实际工程中地下出现建筑垃圾和淤泥，造成施工的困难，造成承包商费用的增加和工期的延长，则为承包商的风险。因为只有"岩石地质"才能索赔，而对于出现"普通砂土地质"和"岩石地质"之间的其他地质情况，则不会按本合同条件规定，由承包商承担风险。

3. 合同缺陷导致的风险

(1) 条文不全面，不完整，没有将合同双方的责权利关系全面表达清楚，没有预计到合同实施过程中可能发生的各种情况。这样导致合同过程中的激烈争执，最终导致损失。

例如缺少工期拖延违约金的最高限额的条款或限额太高；缺少工期提前的奖励条款；缺少业主拖欠工程款的处罚条款。

又如，对工程量变更、通货膨胀、汇率变化等引起的合同价格的调整没有具体规定调整方法，计算公式，计算基础等；对材料价差的调整没有具体说明是否对所有的材料，是否对所有相关费用（包括基价、运输费、税收、采购保管费等）作调整，以及价差支付时间。

合同中缺少对承包商权益的保护条款，如在工程受到外界干扰情况下的工期和费用的索赔权等。

在某国际工程施工合同中遗漏工程价款的外汇额度条款，结果承包商无法获得已商定好的外汇款额。

由于没有具体规定，如果发生这些情况，业主完全可以以"合同中没有明确规定"为理由，推卸自己的合同责任，使承包商受到损失。

(2) 合同表达不清晰，不细致，不严密，有错误，矛盾，二义性。

(3) 合同签订、合同实施控制中的问题。对合同内容理解错误，不完善的沟通和不适宜的合同管理等导致的损失。

招标文件的语言表达方式，表达能力，承包商的外语水平，专业理解能力或工作细致程度，以及做标期和评标期的长短等原因都可能导致合同风险。

3.1.3 合同风险的特性

(1) 合同风险事件，可能发生，也可能不发生；但一经发生就会给业主或承包商带来损失，给工程的实施带来影响。每个风险事件发生都有相关连并不可避免的费用，且这些费用必须在过程中由某一方承担。风险的对立面是机会，它会带来收益。

风险事件在工程实施过程中常常不能立即或者正确预计到，不能事先识别，甚至是一个有经验的承包商也不能合理预见的。

但在一个具体的环境中，双方签订一个确定种类和内容的合同，实施一个确定规模和技术要求的工程，则合同风险有一定的范围，它的发生和影响有一定的规律性。

（2）合同风险是相对的，可以通过合同条文定义风险及其承担者。在工程中，如果风险成为现实，则由承担者主要负责风险控制，并承担相应损失责任。所以对风险的定义属于双方责任划分问题，不同的表达，则有不同的风险，有不同的风险承担者。

如在某合同中规定：

"第二条，……乙方无权以任何理由要求增加合同价格，如……国家调整海关税……"。

"第三十九条，……乙方所用进口材料，机械设备的海关税和其他相关的费用都由乙方负责交纳……"。

则国家对海关税的调整完全是承包商的风险，如果国家提高海关税率，则承包商要蒙受经济损失。

而如果在第三十九条中规定，进口材料和机械设备的海关税由业主交纳，乙方报价中不包括海关税，则这对承包商已不再是风险，海关税风险已被转嫁给业主。

而如果按国家规定，该工程进口材料和机械设备免收海关税，则不存在海关税风险。

3.2　工程合同风险分配原则

3.2.1　风险分配的重要性

合同风险如何负担是决定合同形式的主要影响因素之一。合同的起草和谈判实质上很大程度上是风险的分配问题。作为一份完备的公平的合同，不仅应对风险有全面地预测和定义，而且应全面地落实风险责任，在合同双方之间公平合理地分配风险。

3.2 工程合同
风险分配原则

对合同双方来说，如何对待风险是个战略问题。由于业主起草招标文件、合同条件，确定合同类型，承包商必须按业主要求投标，所以对风险的分配业主起主导作用，有更大的主动权与责任。但业主不能随心所欲地不顾主客观条件，任意在合同中加上对承包商的单方面约束性条款和对自己的免责条款，把风险全部推给对方。所以要理性分配风险：

（1）积极的风险分摊，合同文本要使风险归属清楚，责任明确，而不是躲避、推卸。明确索赔事件，能使承包商放心报价。

（2）灵活性的风险分摊策略，以适宜具体的情况。

（3）通过合理的合同风险的分配鼓励各方面积极的控制，促使各方积极工作。特别能使理性、诚实的和有能力的承包商易于中标，通过努力获得利润。不鼓励投机和冒险。

要实现合同管理的目标，在签订和实施合同时必须考虑到双方的利益，达到公平合理。风险与承包商的管理积极性相关。让承包商承担尽可能多的风险以调动他的积极性，但不能让承包商冒险，使其负担过重。

如果风险分配使业主状况改善而使承包商的状况恶化，会给整个工程带来损害。危害性大的风险不能分配给承包商。

（4）保护双方利益。不应该仅仅考虑保护业主利益，应该更多考虑如何使工程高效率，低成本获得成功。

风险分配不存在统一的评价尺度，即不存在最好的风险分配方法。每一种分配方法都有它的问题和不足。所以它需要可行性和艺术性。合同风险分配核心是适度，应防止两种倾向：

（1）在合同中过于迁就和宽容承包商，不让承包商承担任何风险，承包商常会得寸进尺，会利用合同赋予的权力推卸工程责任或进行索赔，最终工程整体效益不可能好。例如订立成本加酬金合同，承包商没有成本控制积极性，不仅不努力降低成本，反而积极提高成本以争取自己的收益；如果承包商不承担报价和对招标文件理解的风险，则丧失了报价和评标的起码尺度，各承包商投标之间没有公平可言。

（2）如果业主在合同中过于推卸风险，压低价格，用不平等的单方面约束性条款对待承包商，例如采用固定总价合同让承包商承担所有风险，则通常承包商报价中的不可预见风险费加大，业主也会有损失。

现在由于买方市场而产生的傲慢心理，以及对承包商的不信任心理，业主在合同文件起草、合同谈判及合同执行中，常常不能公平地对待承包商。这可能产生如下后果：

（1）如果业主不承担风险，则他也缺乏工程控制的积极性和内在动力，工程也不能顺利。

（2）如果由于合同不平等，承包商没有合理的利润，不可预见的风险太大，则会对工程缺乏信心和缺乏履约的积极性。如果风险发生，不可预见风险费又不足以弥补承包商的损失，则他通常要想办法弥补损失，或减少开支。例如偷工减料、减少工作量、降低材料设备和施工的质量标准以降低成本，甚至放慢施工速度，或停工要求业主给予额外补偿。最终影响工程的整体效益。

（3）如果合同所定义的风险没有发生，则业主多支付了报价中的不可预见风险费，承包商取得了超额利润。

所以合理地分配风险有如下好处：

（1）业主可以得到一个合理的报价，承包商报价中的不可预见风险费较少；

（2）减少合同的不确定性，承包商可以准确地计划和安排工程施工；

（3）可以最大限度发挥合同双方风险控制和履约的积极性；

（4）从整个工程的角度，使工程的产出效益最好。

国际工程专家告诫：业主应公平合理地善待承包商，公平合理地分担风险责任。一个苛刻的、责权力关系严重不平衡的合同往往是一个"两面刃"，不仅伤害承包商，而且最终会损害工程的整体利益，伤害业主自己。

3.2.2 合同风险的分配原则

风险应该按照效率原则和公平原则进行分配。

1. 从工程整体效益的角度出发，最大限度地发挥双方的积极性

风险的分配必须按照有利于项目成功的可能性最大来分配。则从项目整体来说，风险承担者的风险损失低于其他方的因风险的收益，在收益方赔偿损失方的损失后仍然获利，这样的分配是合理的。

从这个角度出发分配风险的原则是：

谁能最有效地（有能力和经验）预测、防止和控制风险，或能够有效地降低风险损失，或能将风险转移给其他方面，则应由他承担相应的风险责任；

承担者控制相关风险是经济的，即能够以最低的成本来承担风险损失，同时他的管理风险的成本、自我防范和市场保险费用最低；同时又是有效的、方便的、可行的；

通过风险分配，加强责任，能更好地计划，发挥双方管理的和技术革新的积极性等。

2. 公平合理，责权利平衡

对工程合同，风险分配必须符合公平原则。它具体体现在：

（1）承包商提供的工程（或服务）与业主支付的价格之间应体现公平，这种公平通常以当地当时的市场价格为依据。

（2）风险责任与权力之间应平衡。风险作为一项责任，它应与权力相平衡。任何一方有一项责任则必须有相应的权力；反之有权力，就必须有相应的责任。防止单方面权力或单方面义务条款。例如：

业主起草招标文件，则应对它的正确性（风险）承担责任；

业主指定工程师，指定分包商，则应承担相应的风险；

承包商对施工方案负责，则他应有权决定施工方案，并有权采用更为经济和合理的施工方案的权力；

如采用成本加酬金合同，业主承担全部风险，则他就有权选择施工方案，干预施工过程；而采用固定总价合同，承包商承担全部风险，则承包商就应有相应的权力，业主不应多干预施工过程。

（3）风险责任与机会对等，即风险承担者同时应能享有风险控制获得的收益和机会收益。例如承包商承担工期风险，拖延要支付违约金；反之若由于工期控制使工期提前应有奖励；如果承包商承担物价上涨的风险，则物价下跌带来的收益也应归他所有，即承担费用以及从中获利的一方。

（4）承担的可能性和合理性，即给风险承担者以风险预测、计划、控制的条件和可能性。风险承担者应能最有效地控制导致风险的事件，能通过一些手段（如保险、分包）转移风险；一旦风险发生，他能进行有效的处理；能够通过风险责任发挥他的工作计划、工程控制的积极性和创造性；风险的损失能由于他的作用而减少。

例如承包商承担报价风险、环境调查风险，施工方案风险和对招标文件理解风险，则他应有合理的做标时间，业主应能提供一定详细程度的工程技术文件和工程环境文件（如水文地质资料）。如果没有这些条件，则他不能承担这些风险（最好用成本加酬金合同）。

合理的可预见性风险分配方法。即一个有经验的承包商可以预见的风险，就应该分配给他承担，否则不行。其界限是以合理性和"经验"为依据。

但让承包商承担不确定性风险也有优点，对大型的承包商他的风险保险能力，以及抗风险能力远远高于业主。但承包商收益应该很高。如果不利的条件风险太大，承包商会加大不可预见风险费，使中标的可能降低，使严肃的、有经验的承包商不能中标，而没有经验的承包商，或草率的、过于乐观的或索赔能力和技巧很好的承包商，价格低，倒容易中标，对业主不利。

3. 在风险分配中要考虑现代工程管理理念和理论的应用

如双方伙伴关系、风险共担，达到双赢的目的等。在国外一些新的合同中，将许多不可预见的风险由双方共同承担，如不可抗力，恶劣的气候条件，汇率、政府行为、政府稳定性，环境限制和适应性等。

4. 符合工程惯例，即符合通常的工程处理方法

一方面，惯例一般比较公平合理，较好反映双方的要求；另一方面，合同双方对惯例都很熟悉，工程更容易顺利实施。如果合同中的规定严重违反惯例，往往就违反了公平合理原则。

按照惯例，承包商承担对招标文件理解，环境调查风险；报价的完备性和正确性风险；施工方案的安全性、正确性、完备性、效率的风险；材料和设备采购风险；自己的分包商、供应商、雇用的工作人员的风险；工程进度和质量风险等。

业主承担的风险：招标文件及所提供资料的正确性；工程量变动、合同缺陷（设计错误、图纸修改、合同条款矛盾、二义性等）风险；国家法律变更风险；一个有经验的承包商不能预测的情况的风险；不可抗力因素作用；业主雇用的工程师和其他承包商风险等。

而物价风险的分担比较灵活，可由一方承担，也可划定范围双方共同承担。

公平的合同能使双方都愉快合作，而显失公平的合同会导致合同的失败，进而损害工程的整体利益。

但在实际工程中，公平合理往往难以评价和衡量。尽管合同法规定显失公平的合同无效，但实际工作中难以判定一份合同的公平程度（除了极端情况外）。这是因为：

（1）即使采用固定总价合同，让承包商承担全部风险，也是正常的。因为在理论上，承包商自由报价，可以按风险程度调整价格。

（2）建筑市场是买方市场，业主占据主导地位。业主在起草招标文件时经常提出一些苛刻的不公平的合同条款，使业主权力大，责任小，风险分配不合理。但双方自由商签合同，承包商自由报价，可以不接收业主的条件。这又是公平的。

（3）由招标投标确定的工程价格是动态的，市场价格没有十分明确的标准。

（4）承包合同规定承包商必须对报价的正确性承担责任，如果承包商报价失误，造成漏报、错报或出于经营策略降低报价，这属于承包商的风险。这类报价有效，不违反公平合理原则。在国际工程中，对单价合同，有时单价错了一个小数点，差了10倍，如我国某承包商在国外的一个房建工程中，因招标文件理解有误，门窗报价仅为合理报价的1.9%。这类价格仍然是有效的。

3.3   工程合同风险的对策

对于合同双方，在任何一份工程合同中，问题和风险总是存在的，没有不承担风险，绝对完美的合同。对分析出来的合同风险必须进行认真的对策研究。这常常关系到一个工程的成败，任何人都不能忽视这个问题。对合同风险一般有如下几种对策：

3.3.1   经济措施

3.3 工程合同
风险的对策

1. 业主在投资预算中考虑

（1）业主在投资预算中考虑可能的风险，留有一定的风险准备金。由于业主通过合同委托工程设计、施工、采购、项目管理任务，预算价格不等于合同价格，合同价格也不等于工程最终结算价格。所以在投资预算时要留有一定的余地。

（2）在单价合同中专门列"暂定金额"项，以考虑在本合同实施中可能有的遗漏的或不确定的工作费用。

2. 承包商在报价中考虑

（1）提高报价中的不可预见风险费。对风险大的合同，承包商可以提高报价中的风险附加费，为风险作资金准备，以弥补风险发生所带来的部分损失，使合同价格与风险责任相平衡。风险附加费的数量一般根据风险发生的概率和风险一经发生承包商将要受到的损失量确定。所以风险越大，风险附加费就越高。但这受到很大限制，风险附加费太高对双方都不利：业主必须支付较高的合同价格；承包商的报价太高，失去竞争力，难以中标。

（2）采取一些报价策略。许多承包商采用一些报价策略，以降低、避免或转移风险。例如：

1）开口升级报价：将工程中的一些风险大、花钱多的分项工程或工作抛开，仅在报价单中注明，由双方再度商讨决定。这样大大降低了总报价，用最低价吸引业主，取得与业主商谈的机会，而在议价谈判和合同谈判中逐渐提高报价。

2）多方案报价：在报价单中注明，如果业主修改某些苛刻的，对承包商不利的风险大的条款，则可以降低报价。按不同的情况，分别提出多个报价供业主选择。这在合同谈判（标后谈判）中用得较多。

3）在报价单中，建议将一些花费大、风险大的分项工程按成本加酬金的方式结算。

但由于业主和工程师管理水平的提高，招标程序的规范化和招标规则的健全，这些策略的应用余地和作用已经很小，弄得不好承包商会丧失承包工程资格或造成报价失误。

（3）在法律和招标文件允许的条件下，在投标书中使用保留条件、附加或补充说明，这样可以给合同谈判和索赔留下伏笔。

但现在在许多招标文件中，特别在合同条件中，不允许承包商提出保留条件或附加说明。例如某合同规定："甲乙双方一致认为，乙方已放弃他在投标文件中所提出的保留意见，以及他在投标会议上提出的附加条件……"

业主利用这一条保证各投标人有统一的条件，减少了评标的困难和不一致，也减少了将来的麻烦。

3.3.2　合同措施

1. 合同中的保全措施

业主除了通过合同严格规定承包商风险，设置科学的管理程序以控制工程，而且可以设置一些保全措施，以防止承包商风险。如：

（1）保留金。随着工程的进展，业主按照合同规定的保留金比例保留承包商的工程款，在工程竣工时，业主将保留金的一半归还给承包商。在工程保修期结束后再归还另一半。

（2）承包商材料进入现场就作为业主的财产，承包商不得再调出。当承包商严重违约情况下，业主在向承包商发出通知后，可以进驻现场，在不解除承包商的合同义务与责任，不影响业主或工程师合同权利和权力的情况下，终止对承包商的雇用。业主可自己完成该工程，或另雇他人去完成工程。在其中业主有权使用承包商的设备、临时工程和材料。

当承包商的设备因需要维修临时调出现场时，业主可要求承包商提交相应的保函。

（3）工程担保。为了解决承包商的诚实信用问题，减少承包商风险，业主采取担保措施。在工程合同的实施中，常见的担保有：

1）投标保函。

2）预付款保函。即如果合同规定业主给承包商预付款，则在业主拨付预付款之前要求承包商提交等额的预付款担保。

3）履约保函。

2. 承包商通过谈判，完善合同条文，合理分担风险

合同双方都希望签认一个有利的，风险较少的合同。但在工程过程中许多风险是客观存在的，问题是由谁来承担。减少或避免风险，是承包合同谈判的重点。合同双方都希望推卸和转嫁风险，所以在合同谈判中常常几经磋商，有许多讨价还价。

通过合同谈判，完善合同条文，使合同能体现双方责权利关系的平衡和公平合理。这是在实际工作中使用最广泛，也是最有效的对策。

1）充分考虑合同实施过程中可能发生的各种情况，在合同中予以详细、具体的规定，防止意外风险。所以，合同谈判的目标，首先是对合同条文拾遗补缺，使之完整。

2）使风险型条款合理化，力争对责权利不平衡条款，单方面约束性条款作修改或限定，防止独立承担风险。例如合同规定，承包商应按合同工期交付工程，否则，必须支付相应的违约罚款。合同同时应规定，业主应及时交付图纸，交付施工场地、行驶道路，支付已完工程款等，否则工期应予以顺延。

对不符合工程惯例的单方面约束性条款，在谈判中可列举工程惯例，如 FIDIC 条件的规定，劝说业主取消，或修改。

3）将一些风险较大的合同责任推给业主，以减少风险。当然，常常也相应地减少收益（如管理费和利润的收益）机会。例如，让业主负责提供价格变动大，供应渠道难以保证的材料；由业主支付海关税，并完成材料、机械设备的入关手续；让业主承担业主的工程管理人员的现场办公设施、办公用品、交通工具、食宿等方面的费用。

4）通过合同谈判争取在合同条款中增加对承包商权益的保护性条款。

3.3.3　购买保险

工程保险是业主和承包商转移风险的一种重要手段。当出现保险范围内的风险，造成财务损失时，承包商可以向保险公司索赔，以获得一定数量的赔偿。

一般在合同文件中，业主都已指定承包商投保的种类，并在工程开工后就承包商的保险作出审查和批准。通常承包工程保险有工程一切险，施工设备保险，第三方责任险，人身伤亡保险等。

现代工程采取较为灵活的保险策略。即保险范围、投保人和保险责任可以在业主和承包商之间灵活的确定。

承包商应充分了解这些保险所保的风险范围、保险金计算、赔偿方法、程序、赔偿额等详细情况，以作出正确的保险决策。

3.3.4　采取技术的和组织的措施

在承包合同的签订和实施过程中，采取技术的和组织的措施，以提高应变能力和对风险的抵抗能力。例如：组织最得力的投标班子，进行详细的招标文件分析，作详细的环境调查，通过周密的计划和组织，作精细的报价以降低投标风险；对技术复杂的工程，采用新的，同时又是成熟的工艺，设备和施工方法；对风险大的工程派遣最得力的项目经理、技术人员、合同管理人员等，组成精干的项目管理小组；选择资信好，能力强，能够圆满完成合同责任的承（分）包商，设计单位和供应商；施工企业对风险大的工程，在技术力量、机械装备、材料供应、资金供应、劳务安排等方面予以特殊对待，全力保证该合同实施；对风险大的工程，应作更周密的计划，采取有效的检查、监督和控制手段；风险大的工程应该作为施工企业的各职能部门管理工作的重点，从各个方面予以保证。

3.3.5 在工程过程中加强索赔管理

用索赔和反索赔来弥补或减少损失，这是一个很好的，也是被广泛采用的对策。通过索赔可以提高合同价格，增加工程收益，补偿由风险造成的损失。

许多有经验的承包商在分析招标文件时就考虑其中的漏洞、矛盾和不完善的地方，考虑到可能的索赔，甚至在报价和合同谈判中为将来的索赔留下伏笔，人们把它称为"合同签订前索赔"。但这本身常常又会有很大的风险。

3.3.6 采取合作措施，与其他方面共同承担风险

在总承包合同投标前，承包商必须就如何完成合同范围的工程作出决定。因为任何承包商都不可能自己独立完成全部工程（即使是最大的公司），一方面没有这个能力，另一方面也不经济。通过与其他企业合作不仅可以提高工程实施的效率，而且可以通过充分发挥各自的技术、管理、财力的优势，各方面核心竞争力的优势互补降低风险。

在工程承包合同范围内可以采取不同的合作方式。合作方式不同，各方面风险的分担不同。

1. 分包

分包在工程中最为常见。分包常常出于如下原因：

（1）技术上需要。总承包商不可能，也不必具备总承包合同工程范围内的所有专业工程的施工能力。通过分包的形式可以弥补总承包商技术、人力、设备、资金等方面的不足。同时总承包商又可通过这种形式扩大经营范围，承接自己不能独立承担的工程。

（2）经济上的目的。对有些分项工程，如果总承包商自己承担会亏本，而将它分包出去，让报价低同时又有能力的分包商承担，总承包商不仅可以避免损失，而且可以取得一定的经济效益。

（3）转嫁或减少风险。通过分包，可以将总包合同的风险部分地转嫁给分包商。这样，大家共同承担总承包合同风险，提高工程经济效益。将一些风险大的分项工程分包出去，向分包商转嫁风险。

分包合同明确规定，分包商必须承担主合同规定的与分包工程相关的风险。

（4）业主的要求。业主指令总承包商将一些分项工程分包出去。通常有如下两种情况：

1）对于某些特殊专业或需要特殊技能的分项工程，业主仅对某专业承包商信任和放心，可要求或建议总承包商将这些工程分包给该专业承包商，即业主指定分包商。

2）在国际工程中，一些国家规定，外国总承包商承接工程后必须将一定量的工程分包给本国承包商，或工程只能由本国承包商承接，外国承包商只能分包。这是对本国企业的一种保护措施。

当然过多的分包，如专业分包过细、多级分包，会造成管理层次增加和协调的困难，业主会怀疑承包商自己的承包能力。这对合同双方来说都是极为不利的。

业主对分包商有较高的要求，也要对分包商作资格审查。没有工程师（业主代表）的同意，承包商不得随便分包工程。由于承包商向业主承担全部工程责任，分包商出现任何问题都由总包负责，所以分包商的选择要十分慎重。一般在总承包合同报价前就要确定分包商的报价，商谈分包合同的主要条件，甚至签订分包意向书。国际上许多大承包商都有一些分包商作为自己长期的合作伙伴，形成自己外围力量，以增强自己的经营实力。

2. 联营承包

联营承包是指两家或两家以上的承包商（最常见的为设计承包商、设备供应商、工程施工承包商）联合投标，共同承接工程。

（1）联营的优点。

1）承包商可通过联营进行联合，以承接工程量大、技术复杂、风险大、难以独家承揽的工程，使经营范围扩大。

2）在投标中发挥联营各方技术和经济的优势，珠联璧合，使报价有竞争力。而且联营通常都以全包的形式承接工程，各联营成员具有法律上的连带责任，业主比较欢迎和放心，容易中标。

3）在国际工程中，国外的承包商如果与当地的承包商联营投标，可以获得价格上的优惠。这样更能增加报价的竞争力。

4）在合同实施中，联营各方互相支持，取长补短，进行技术和经济的总合作。这样可以减少工程风险，增强承包商的应变能力，能取得较好的工程经济效果。

5）通常，联营仅在某一工程中进行。该工程结束，联营体解散，无其他牵挂。如果愿意，各方还可以继续寻求新的合作机会。所以它比合营、合资有更大的灵活性。合资成立一个具有法人地位的新公司通常费用较高，运行形式复杂，母公司仅承担有限责任，业主不信任。

联营承包已成为许多承包商的经营策略之一，在国内外工程中都较为常见。

（2）联营承包的形式。

联营承包是指几个承包商签订联营合同，组成联合体。每个承包商在联营关系上被称为联营成员。联合体与业主签订总承包合同，所以对外只有一个承包合同。外部联营合同关系如图 3-1。

在这里，联合体作为一个总体，有责任全面完成总承包合同确定的工程责任。每个联营成员作为业主的合同伙伴，不仅对联营合同规定的自己工程范围负有责任，而且与业主有合同法律关系，对其他联营成员有连带责任。所以，对联营成员有双重合同关系，即总承包合同和联营合同关系。

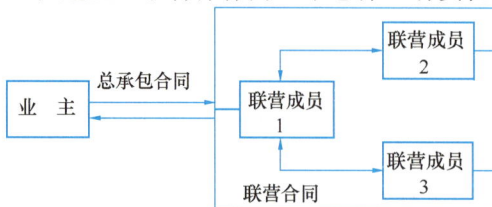

图 3-1　外部联营合同关系

联营成员之间的关系是平等的，按各

自完成的工程量进行工程款结算，按各自投入资金的比例分割利润。

在该合同的实施过程中，联营成员之间的沟通和工程管理组织，通常有两种形式：

1）在联营成员中产生一牵头的承包商为代言人，具体负责联营成员之间，以及联营体与业主之间的沟通和工程中的协调。

2）各联营成员派出代表组成一管理委员会，负责工程项目的管理工作，处理与业主及其他方面的各种合同关系。

（3）联营合同的特点。联营合同在实施和争执的解决等方面与承包合同有很大的区别。这往往被人们忽略，而容易带来不必要的损失和合同争执。联营合同有如下特点：

1）联营合同在性质上区别于承包合同。承包合同的目的是工程成果和报酬的交换；而联营合同的目的是合同双方（或各方）为了共同的经济目的和利益而联合。所以它属于一种社会契约。联营具有团体性，但它在性质上又区别于合资公司。它不是经济实体，没有法人资格。

所以，工程承包合同的法律原则和一般公司法律原则都不适用于联营合同关系，它的法律基础是民法中关于联营的法律条文。

2）联营合同的基本原则是，合同各方应有互相忠诚和互相信任的责任，在工程过程中共同承担风险，共享权益。

但"互相忠诚和互相信任"，往往难以具体地、准确地定义和责难。联营成员之间必须非常了解和信赖，真正能同舟共济，否则联营风险较大。

由于在工程中共同承担风险，则在总承包合同风险范围内的互相干扰和影响造成的损失是不能提出索赔的，所以联营成员之间索赔范围很小。这往往特别容易被人们忽略而引起合同争执。

3）联营各方在工程过程中，为了共同的利益，有责任互相帮助，进行技术和经济的总合作，可以互相提供劳务、机械、技术甚至资金，或为其他联营成员完成部分工程责任。但这些都应为有偿提供。则在联营合同中应明确区分各自的责任界限和利益界限，不能有"联营即为一家人"的思想。

4）联营合同受总承包合同关系的制约，属于它的一个从合同。通常联营合同先签订，但只有总承包合同签订，联营合同才有效；只有总承包合同结束，联营体才能解散。联营体必须完成它的总承包合同责任。

对于与业主的总承包合同，联营体各方具有连带责任，即任何一个联营成员因某一原因不能完成他的合同责任，或退出联营体，则其他联营成员必须共同完成整个总承包合同。

5）由于联营合同风险较大，承包商应争取平等的地位。如果自身有条件，应积极地争取领导权。这样在工程中更为主动。

3.4 合同风险对策措施的选择

在合同的形成和实施过程中，上述这些针对风险的措施的选择不仅有时间上的先后次序，而且有不同的优先级别。一般考虑这个问题的优先次序如下：

3.4 合同风险
对策措施的选择

（1）技术的和组织的措施。这是在合同签订前首先考虑的对待风险的措施。特别对地质条件风险，实施技术风险，以及报价的正确性、环境调查的正确性、实施方案的完备性、承包商的工作人员和分包商风险等。

（2）通过完善合同条件和在合同中采用保全措施防范风险。

（3）购买保险。这是由业主指定的。它不能排除风险，但可以部分地转移由保险合同限定的风险。

（4）采用合伙或分包措施，与其他企业共担风险。

（5）对承包商来说，报价中提高不可预见风险费。这里有两个方面问题：

1）上述几种措施都会对价格产生影响；

2）对于上述无法解决或包容的风险可以通过报价中的不可预见费考虑。但当然这会影响到报价的竞争力。

（6）通过合同谈判，修改合同条件。这主要有两个问题：

1）合同谈判是在投标后，签约前，在时间上比较滞后；

2）谈判的结果是不确定的，可能谈不成，可能双方都要作让步。而这主动权常常在于业主。所以在投标中不能对它寄予太高的期望。

（7）通过索赔弥补风险损失。但索赔本身是有很大风险的，而且在合同执行过程中进行，所以在合同签订前不能寄希望于索赔。

复习思考题

1. 在工程项目中有哪些主要的风险？

2. 工程项目中的合同风险表现在哪些方面？

3. 为什么要对合同风险进行分配？合同风险分配的原则是什么？

4. 试分析在使用 FIDIC 合同的工程项目中承包商所承担的风险的种类，对这些风险提出相应的对策措施。

5. 向保险公司了解工程中的保险的种类、范围、保险费用、赔偿条件、赔偿额度，以及相应保险合同的主要条款。

6. 如果一个工程采用固定总价合同，做标期很短，招标时仅仅提供初步设计文件，采用国外的技术规范，承包商会承担哪些风险？

7. 联营承包与分包有什么差别？

4.1　工程合同的订立程序与要求

工程合同的订立有两种方式，一种是遵循合同的一般订立程序，即通过要约——承诺订立，另一种是通过招标投标的方式订立，即通过招标公告或投标邀请（要约邀请）——投标（要约）——中标通知书（承诺）——签订书面工程合同四个阶段订立。

招标投标作为一种成熟的、市场化的竞争性交易机制和方式，在世界范围内的各种经济和贸易活动得到广泛推行和使用，已成为工程采购领域最普遍和最基本的交易方式。工程项目投资数额通常较大，通过招标方式可以使工程项目采购活动中的买方（业主）以相对较低的价格选择有竞争力的承包商，获得满意的工程产品，更有效地控制工程投资，实现预期的工程投资效益目标。工程项目的决策咨询、勘察设计、施工、监理、材料设备采购等许多方面都可以采用招标投标方式来优选承包商。

4.1.1　工程招标相关法律及管理机构

为有效规范招标投标行为，我国与世界上许多国家均制定了严格的法律规范。自1999年以来，国家先后颁布和实施了《中华人民共和国招标投标法》《中华人民共和国招标投标法实施条例》《中华人民共和国政府采购法》《中华人民共和国政府采购法实施条例》和10余部有关招标投标的部门规章，建立起了较为完整的招标投标法律体系，奠定了招标投标行为的法制基础，形成了较为完善的招标投标行为法治环境。同时，各级建设行政主管部门及其授权的招标投标管理机构对各地招标投标活动实行分级管理和严格监督。近年来，很多地方政府为加大对招标投标活动的监管力度专门成立了招标投标管理办公室、招标投标交易中心等部门和机构。

4.1.2　国家强制实施招标的工程范围

为有效维护国家利益、社会公共利益，确保政府和公共

工
程
合
同
订
立
阶
段
的
合
同
管
理

4

部门资金的使用效率，许多国家均强制性地规定了必须实行竞争性招标的工程范围。我国在相关法律、行为法规和部门规章中同样也对必须实施竞争性招标的工程范围作了强制性规定。

国家强制实施招标的工程范围包括：（1）关系社会公共利益、公众安全的基础设施项目和公用事业项目；（2）使用国有资金投资项目、国家融资项目；使用国际组织贷款或者外国政府资金的项目；（3）达到一定规模以上的项目；（4）按规定要求招标的其他项目。需要注意的是，上述性质的工程采取招标签订合同，它同时还必须达到国家规定的规模条件。如果工程较小，未达到相应规模，还采用招标方式签订合同，从经济和时间上来看，都很不值得，因此在这种情况下，工程不必招标。

对于涉及国家安全、国家秘密、抢险救灾或者属于利用扶贫资金实行以工代赈、需要使用农民工等特殊情况，不适宜进行招标的项目，按照国家有关规定可以不进行招标。除此之外，有下列情形之一的工程项目也可以不进行招标：（1）需要采用不可替代的专利或者专有技术；（2）采购人依法能够自行建设、生产或者提供；（3）已通过招标方式选定的特许经营项目投资人依法能够自行建设、生产或者提供；（4）需要向原中标人采购工程、货物或者服务，否则将影响施工或者功能配套要求；（5）国家规定的其他特殊情形。

4.1.3   工程招标方式

招标方式分为公开招标和邀请招标。两种招标方式有各自的特点、适用的范围。除法律、法规规定必须采用公开招标的工程项目和宜采用邀请招标的工程项目外，招标人或者业主可根据工程项目的具体情况，选择其中一种方式进行招标。

1. 公开招标

公开招标又称无限竞争性招标，是指招标人以招标公告的方式邀请非特定法人或者其他组织投标。这种招标方式的优点是招标人可以在较广的范围内选择承包商或供应商，投标竞争激烈，有利于招标人以比较合理的合同价格将工程建设任务交予可靠的承包商或供应商实施，同时也可以在较大程度上避免招标活动中的行贿受贿等违法行为。因此，国家强制招标范围内的大部分工程项目都要求必须采用公开招标方式。公开招标的缺点是招标准备、资格预审和评标的工作量大，招标时间长，费用高。

2. 邀请招标

邀请招标也称有限竞争性招标，是指招标人以投标邀请书的形式邀请特定的法人或者其他组织投标。根据国家相关规定，有下列情形之一的工程项目，经批准可以进行邀请招标：（1）技术复杂、有特殊要求，只有少量潜在投标人可供选择的；（2）受自然地域环境限制的；（3）涉及国家安全、国家秘密、抢险救灾，适宜招标但不适宜公开招标的；（4）采用公开招标方式的费用占工程合同金额的比例过大的；（5）法律、法规规定不宜公开招标的。

4.1.4   工程招标程序

工程招标作为一种工程采购工作程序，一般需经过发布招标公告或发出招标邀请、发售资格预审文件、发售招标文件、组织评标委员会评标、发出中标通知书、签订书面合同等过程。依工程招标涉及的具体内容和任务的不同，工程招标可分为工程勘察招标、工程

设计招标、工程施工招标、工程监理招标
等类型。不同类型的工程招标，其具体的
工作内容有所差别，但在招标程序及其所
包含的过程方面不存在实质性差异。由于
工程施工合同中当事人的权利义务关系最
为复杂，因此工程施工招标是包含工作内
容最多、最复杂的一类招标，其招标程序
是最具代表性的工程招标程序（鉴于此，
本章在陈述后续内容时除特别指明外，均
针对工程施工合同的订立）。下面对其程序
予以简要说明和分析（图 4-1）。

1. 发布招标公告或发出投标邀请书

招标前，招标人要先组建招标班子，
完成工程的各种审批手续，如规划、用地
许可的审批。需要政府招标投标管理部门
批准才能招标的，招标人还要办理招标申
请手续。如果招标人没有资格自行进行招
标的，则需要委托招标代理机构进行招标
工作。

发布招标公告或投标邀请书
↓
发售资格预审文件
↓
发售招标文件
↓
组织投标人现场踏勘
↓
组织标前会议
┄┄┄→ 投标人编制标书
截止日期前投标
↓
开标
↓
评标，组织澄清会议
↓
发出中标通知书
↓
签订书面合同

图 4-1　工程施工招标程序框图

招标人应遵守国家相关规定进行招标公告的发布工作。依法必须招标的工程进行公开
招标时，必须在国家指定的公共媒介上发布招标公告。招标公告或投标邀请应包含以下内
容：（1）招标人的名称和地址；（2）招标项目的内容、规模、资金来源；（3）招标项目的
实施地点和工期；（4）获取招标文件或者资格预审文件的地点和时间；（5）对招标文件或
者资格预审文件收取的费用；（6）对投标人的资质等级的要求。

如果采用邀请招标方式，则需要进行广泛、细致的市场调查，确定拟邀请的对象，并
且必须向三个以上具备承担招标工程施工任务的能力、资信良好的特定法人或者其他组织
发出投标邀请书。

2. 资格预审

招标人可根据项目具体情况及国家相关规定，确定项目是否需要进行资格预审。通过
资格预审，招标人可全面了解投标人的资信状况、企业经营管理状况以及工程建设经验、
合同履行能力和安全生产及管理能力等方面的情况，以确定投标人是否具有合同主体资
格、缔约资格和履行能力，对投标人进行初次筛选。

进行资格预审时，招标人不得以不合理的条件限制、排斥潜在投标人或者投标人，不
得对潜在投标人或者投标人实行歧视待遇。任何单位和个人不得以行政手段或者其他不合
理方式限制投标人的数量。资格预审结束后，招标人应当及时向资格预审申请人发出资格
预审结果通知书，未通过资格预审的申请人不具有投标资格。如果通过资格预审的申请人
少于三个，应当重新招标。

3. 发售招标文件

招标人根据工程合同总体策划工作的结果及相应决策、工程项目的具体情况编制招标

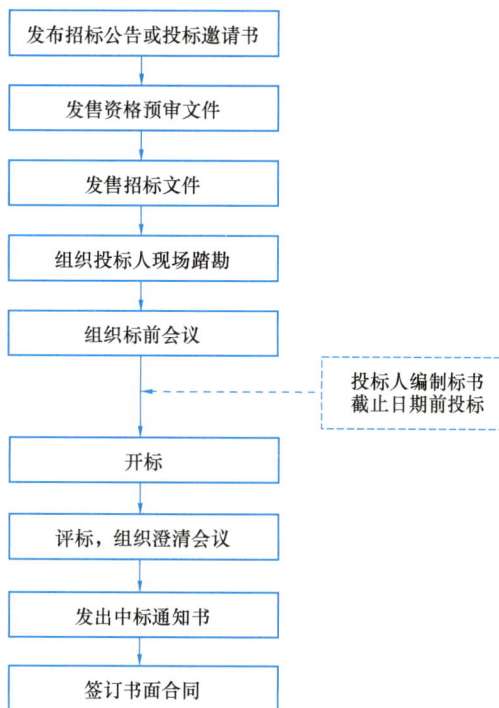

文件，或者聘请专业的工程咨询单位进行招标文件的编制工作。

招标人应按招标公告或投标邀请书约定的时间、地点发售招标文件。招标人发售资格预审文件、招标文件收取的费用应当限于补偿印刷、邮寄的成本支出，不得以营利为目的。对于图纸押金，也应以合理的金额为准，而且在投标人退还图纸等设计文件后，应当将押金退还给投标人。

在资格预审和发售招标文件两个步骤中，应注意以下事项：

（1）依法必须进行招标的项目的资格预审文件和招标文件，应使用国家有关部门制定的标准文本。招标人可以对已发出的资格预审文件或者招标文件进行必要的澄清或者修改。澄清或者修改内容可能影响资格预审文件或者投标文件编制的，为保证投标人有足够的时间进行相应的调整和修改，招标人应当在提交资格预审申请文件截止时间至少 3 日前，或者投标截止时间至少 15 日前，以书面形式通知所有获取资格预审文件或者招标文件的潜在投标人。

（2）招标人发售资格预审或招标文件的时间最短不得少于 5 日。依法必须进行招标的项目提交资格预审申请文件的时间，自资格预审文件停止发售之日起不得少于 5 日，自招标文件开始发出之日起至投标人提交投标文件截止之日止，最短不得少于 20 日。

（3）投标人对资格预审文件有异议的，应在提交资格预审申请文件截止时间 2 日前提出。投标人对资格预审文件或招标文件提出异议的，招标人应自收到异议之日起 3 日内作出答复，做出答复前，须暂停招标投标活动。

4. 组织现场踏勘

招标人组织所有潜在投标人对工程项目所在地踏勘，这是招标人必须进行的工作，目的在于使投标人了解项目现场的施工条件、自然条件以及周围环境等，从而做出更合理的投标报价和编制更完善的投标文件。同时，也避免了投标人以不了解现场情况为借口，在投标文件生效以后又提出修改或撤回，从而使招标人的经济利益受到损失。

5. 组织召开标前会议

标前会议是招标人和投标人的又一次重要的接触。投标人就招标文件和工程现场踏勘中的疑问，向招标人提出，由招标人统一解答，并形成书面文字向所有投标人发放，作为招标文件的组成部分。投标人还可在编制投标文件的过程中，向招标人就招标文件提出异议，招标人自收到异议之日起 3 日内作出答复。

投标人在详细分析招标文件和现场踏勘的基础上，编写投标文件，并在投标截止日期前递交投标文件。与此同时，应按招标文件的要求提交投标保证金。招标人设立投标保证金的目的是，在投标人出现缔约过失行为且对招标人造成损失时，招标人可将投标保证金作为补偿。根据国家相关规定，投标保证金不得超过招标项目估算价的 2%，其有效期应当与投标有效期一致。投标人撤回已提交的投标文件，招标人已收取投标保证金的，应当自收到投标人书面撤回通知之日起 5 日内退还。招标人最迟应当在书面合同签订后 5 日内向中标人和未中标的投标人退还投标保证金及银行同期存款利息。

6. 开标

开标应当在招标文件确定的提交投标文件截止时间的同一时间公开进行。招标人组织所有的投标人，在规定的地点举行开标会议。在投标人及有关方面的监督下，招标人向所有投标人公开所有合法有效的投标文件。首先要对投标文件进行检查，确定它们是否密封、完整，是否按要求提供了投标保证金，文件签署是否正确，以及是否按顺序编制等，剔除不合格的投标文件后，再当场拆开并宣读所有合格投标文件的报价、工期等重要指标。

7. 组织评标委员会评标，召开澄清会议

招标人组织评标委员会对投标文件进行全面分析。在投标文件分析中发现有疑问的地方，招标人可召开澄清会议，由投标人澄清相关问题。

评标委员会由招标人的代表和有关技术、经济等方面的专家组成，成员人数为5人以上单数，其中技术、经济等方面的专家不得少于成员总数的2/3。评标专家由招标人从专家库内的相关专业的专家名单中确定。一般招标项目可以采取随机抽取方式，特殊招标项目可以由招标人直接确定。与投标人有利害关系的人不得进入相关项目的评标委员会；已经进入的应当更换。评标委员会成员的名单在中标结果确定前应当保密。

8. 确定中标人，发出中标通知书

评标委员会完成评标后，应当向招标人提交书面评标报告，推荐中标候选人的人数应符合招标文件的要求，一般限定在1~3人，并标明排列顺序。依法必须进行招标的工程，招标人应当自收到评标报告之日起3日内公示中标候选人，公示期不得少于3日。公示期结束后，招标人要及时向中标人发出中标通知书，并在确定中标人之日起15日内，向有关行政监督部门提交招标投标情况的书面报告。

9. 签订书面合同

在发出中标通知书30日内，招标人和中标人应当签订书面合同，合同的标的、价款、质量、履行期限等主要条款应与招标文件和中标人的投标文件的内容一致，双方不得再行订立背离合同实质性内容的其他协议。

在上述招标程序中，需要注意的是，对技术复杂或者无法精确拟定技术规格的项目，招标人可以分两阶段进行招标：第一阶段，投标人按照招标公告或者投标邀请书的要求提交不带报价的技术建议，招标人根据投标人提交的技术建议确定技术标准和要求，编制招标文件；第二阶段，招标人向在第一阶段提交技术建议的投标人提供招标文件，投标人按照招标文件的要求提交包括最终技术方案和投标报价的投标文件。

4.1.5 工程电子招标流程

电子招标是根据招标投标相关法律法规规章，以数据电文为主要载体，应用信息技术完成招标投标活动的过程。我国《招标投标法实施条例》明确规定"国家鼓励利用信息网络进行电子招标投标"，此后国家出台了《电子招标投标办法》及附件《电子招标投标系统技术规范》，进一步确立了电子招标投标的法律地位，统一了技术规范。

工程电子招标相较于传统方式，有许多优势，主要体现在以下五个方面：（1）程序规范，信息公开透明，可以减少和避免传统方式中的"暗箱操作"；（2）实现无纸化办公，大幅减少招标投标过程中的交通费用、会务费用等支出，并且打破空间地域和时间的限制，有更多的投标人参与竞标，从而能够从更大范围内选择最佳承包商；（3）在工程电子招标投标交易平台上，对招标投标文件的编制、发布都将更便于修改、传递和确认，并且发送公告、中标通知和答疑、澄清均可以及时进行，不存在传递周期长、信息传递延误等问题；（4）评标过程中，对于电子化的工程投标文件可利用平台的信息技术进行初步的检

```
进入招标投标
交易平台  ----→ 注册登记

编制招标方案

编制资格预审
文件、招标文件

发布资格预审
公告、招标公告/  ----→ 将资格预审、招标
投标邀请书          文件传至平台

网上售标

资格预审

现场踏勘

标前答疑、  ----→ 通过平台进行，并将内
澄清、修改          容发给所有潜在投标人

评标专家库 ----→ 组建评标委员会

投标  ----→ 投标人在平台递
           交加密投标文件

招标人、投标 ----→ 开标
人在线解密

评标  ----→ 评标委员会
           在线评标

评标结果公示

          ----→ 网上质疑

中标结果公告

签订电子合同
```

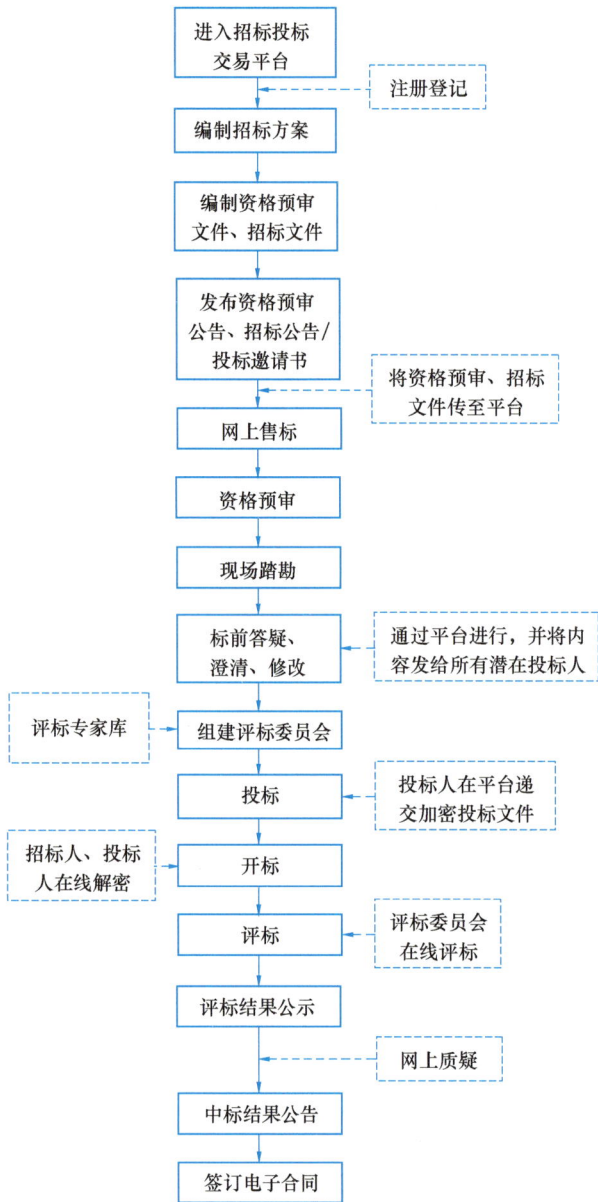

图 4-2 工程电子招标流程图

查，可以提高评标委员会的工作效率。(5)可以实现全面、便于监督机构管理。在工程电子招标投标交易平台上，工程招标投标工作全过程受到监督机构和社会公众全面、实时和透明的监督，监管力度加强，有助于防范腐败现象的发生。因为上述优点，电子招标已在工程招标领域中得到广泛应用。

工程电子招标流程建立在我国招标程序的基础之上，如图 4-2 所示。

4.1.6 国际工程招标程序与国内工程招标程序的区别

世界范围内，发达国家和地区对招标投标行为通常都制定了严格的法律规范。许多国际经济组织也针对招标投标行为制定了严格的行文规范，如世界银行(以下简称世行)。世行贷款项目的工程采购、货物采购及咨询服务的有关招标采购文件是国际上最通用的、传统管理模式的文件，也是典型的、权威性的文件。由于我国的工程公司在世界各地大量参加世行贷款项目的竞争性投标，在国内的世行贷款项目大部分为我国承包商和中外联营体中标并实施，因此学习研究世行编制的各种有关文件，对我国的工程建设队伍了解和熟悉工程采购的国际惯例，有着十分重要的意义。

世行规定的招标程序与国内招标程序都经过发布招标公告、资格预审、发售招标文件、评标、定标和签订合同等阶段，但两者仍然存在一定的区别，主要体现在法律法规依据和程序两个方面。世行贷款项目采购依据"采购指南"等法律文件，而国内是依据《招标投标法》《政府采购法》等法律文件。在实际工作中，具体细节上的区别主要有：标准招标文件范本、资格预审文件和招标文件的发售时间要求、编制资格预审申请文件和投标文件的时间要求、对通过资格预审投标人的数量限制、评标委员会的要求、投标文件的密封要求、投标人数量的要求、低于成本价投标和高于预算投标等方面的规定。

4.2　工程招标文件的编制

工程招标文件是工程招标投标过程中重要的法律文件，它不仅规定了工程招标投标活动中各项工作的程序和时间、拟订立的工程合同的主要内容，而且还提出了各项具体的工程技术标准和交易条件，是投标人编制工程投标文件和评标委员会评标的依据，也是订立工程合同的基础。因此，工程招标文件的编制质量直接影响到整个工程的招标投标活动，招标人应力求编制内容完备、用语规范准确的招标文件。

4.2 工程招标
文件的编制

4.2.1　工程招标文件的组成

工程勘察、设计、监理和施工招标由于具体招标内容和任务不同，因此招标文件的具体内容也有较大的差别。根据国家相关规定，工程勘察设计招标文件主要包括下列内容：投标须知、投标文件格式及主要合同条款、项目说明书（包括资金来源情况）、勘察设计范围、对勘察设计进度阶段和深度要求、勘察设计基础资料、勘察设计费用支付方式、对未中标人是否给予补偿及补偿标准、投标报价要求、对投标人资格审查的标准、评标标准和方法、投标有效期等。

工程施工招标文件相较于其他几种类型的招标，最为复杂，涉及内容最广。国家相关部门规章与示范性文本均对工程施工招标文件的组成进行了详细规定，这些规定虽不完全相同，但并不存在实质性差异。一般包括招标公告或投标邀请书、投标须知、评标标准与方法、合同条款、工程量清单、设计图纸、技术标准与要求、投标文件格式等。招标人可直接采用招标文件范本或在此基础上进行修改、增减。

1. 招标公告或投标邀请书

未经资格预审的招标项目在编制招标文件时应包含招标公告内容，实行邀请招标的项目应编制投标邀请书，即招标人向投标人发出邀请其参加投标的函件。

2. 投标人须知

投标人须知是招标人向投标人提供的、用以指导投标人正确地进行投标活动的文件。投标须知告知投标人所应遵循的各项规定，以及编制投标文件和进行投标时所应注意、考虑的问题，避免投标人疏忽或错误理解招标文件内容。投标须知所列条目应清晰，内容明确。投标须知内容包括：工程概况，招标范围，资格审查条件，工程资金来源或者落实情况（包括银行出具的资金证明），标段划分，工期要求，质量标准，现场踏勘和答疑安排，投标文件编制、提交、修改、撤回的要求，投标报价要求，投标有效期，开标的时间和地点，合同签订，重新招标和不再招标等内容。

3. 评标标准和方法

评标标准是对投标人的投标文件进行评定时所应遵循的标准、准则。招标文件应当明确规定评标时的所有评标因素，以及如何将这些因素量化或者据以对投标文件进行评估。评标方法一般包括经评审的最低投标价法、综合评估法，或者法律、行政法规允许的其他评标方法。招标人可根据实际情况从中选择一种进行评标。在评标过程中，不能改变招标文件中规定的评标标准、方法和中标条件。

4. 合同条款及格式

合同条款是招标文件的重要组成部分。招标人可以根据需要自己起草合同条款，也可以使用示范性合同文本中的标准合同条款。示范性合同文本是根据法律、法规和惯例而制定的具有标准化格式和条款的各类合同文本，其形式本身不具有强制效力，当事人可以通过协商修改其条款内容（不违反法律、法规和惯例有关规定的前提下）、条款形式和格式，也可通过协商增减条款。示范性合同文本具有普适性，内容规范、完备、法律用语科学准确。采用示范性合同文本中的标准合同条款作为招标文件中的合同条款有很多优点：一是可以避免合同交易谈判的麻烦，简化手续，节约交易成本和时间；二是方便招标文件、投标文件的编制；三是有利于当事人双方根据交易的具体主客观情况制定规范、完备、责权利平衡、风险分担合理的合同，避免合同履行过程中由于合同条款不明确、不完备带来争议和纠纷；四是有利于工程合同管理工作的标准化、程序化。基于以上优点，国内许多城市地方政府都积极推行示范性合同文本。

发布合同示范文本是国际上通行的做法，比如 FIDIC 组织发布了一系列合同条件，在国际工程中得到广泛的采用。借鉴国际惯例，我国国家工商行政管理局和建设部于1991 年发布了《建设工程施工合同（示范文本）》，包括合同协议书和通用条款、专用条款三个部分，是在参考国际上通用的合同条件基础上结合国内的实际情况编写而成的，也是目前国内工程施工中使用最为广泛的示范性合同文本。根据示范文本在工程实践中的反馈意见，国家组织专家、学者在 1999 年、2013 年、2017 年进行了三次修订，进一步完善了该示范文本。除《建设工程施工合同（示范文本）》外，国家有关部门还相继发布了一系列的示范文本，如《建设工程设计合同（示范文本）》、《建设工程监理合同（示范文本)》、《建设工程施工劳务分包合同（示范文本）》、《建设工程施工专业分包合同（示范文本)》等，为订立科学、规范的合同提供了极大的便利。

5. 工程量清单

工程量清单是表现工程的分部分项工程项目、措施项目、其他项目、规费项目和税金的名称和相应数量等的明细清单。工程量清单中既有需要实施的各个分项工程名称，又有每个分项工程的工程量和计价要求（单价与合价或包干价）。招标人在工程量清单中给出招标工程经分解后形成的各个分项工程的工程量，由投标人针对其进行报价，合计后计算出整个工程的总报价。

在编制工程量清单时，应按工程的施工要求进行项目或者工作分解，在确定分项工程范围和内容时，注意将不同等级的工程内容区分开，将同性质但不属同一部位的工作分开，将情况不同可进行不同报价的工作分开。尽量做到使工程量清单中各分项工程既能满足施工工序和进度控制要求，又能满足工程成本控制的要求，既便于报价，又便于工程进度款的结算和支付。

6. 设计图纸

设计图纸是招标文件的重要组成部分，是投标人确定工程施工方案或施工组织设计，核查工程量清单和投标报价不可缺少的技术资料。

7. 技术标准和要求

技术标准和要求主要说明工程现场的自然条件、施工条件及施工技术要求和采用的技术规范、技术标准和质量标准。招标人根据招标工程项目的实际情况和业主的要求进行编写。技术标准和要求是检验工程质量的标准和进行质量管理的依据，招标人应高度重视这部分文件的编写。技术规范一般可采用国内通行的标准，国家强制性标准必须严格执行情况，应积极采用国家推荐性标准和公认的国际标准。

8. 投标文件格式

为了便于投标和评标，在招标文件中都用统一的格式提供投标人使用。投标文件格式包括投标函及投标函附录、法定代表人身份证明、授权委托书、联合体协议书、投标保证金、已标价工程量清单、施工组织设计、项目管理机构、拟分包项目情况表、资格审查资料、其他资料等。其中，施工组织设计包含的表格有：拟投入本标段的主要施工设备表、拟配备本标段的试验和检测仪器设备表、劳动力计划表、计划开竣工日期和施工进度网络图、施工总平面图等内容。这些资料的提供可使招标人进一步了解投标人对工程项目施工人员、机械设备和各项有关工作的组织及安排情况，便于评标时进行比较，同时便于招标人在工程项目实施过程中安排资金计划的有关表格和文件。

4.2.2　标底、最高投标限价的编制

1. 标底的编制

标底是招标工程项目的预期价格，招标单位用它来控制工程造价，并以此为尺度来评判投标者的报价是否合理。根据国家相关法律，招标人可以编制标底，也可以不设标底进行无标底招标。编制标底的，应根据批准的初步设计、投资概算，依据有关计价办法，参照有关工期定额，结合市场供求状况，综合考虑投资、工期和质量等方面的因素合理确定。标底的编制方法有工料单价法和综合单价法。目前，我国工程招投标实践中还常采用下列方法确定工程项目施工招标的标底。

（1）报价平均法。即以全部或部分投标人的投标报价的平均值作为标底。

（2）组合加权法。即以招标人组织编制的标底值与投标人的投标报价的平均值加权平均后作为标底。通常招标人组织编制的标底值的权重占50%～70%。

（3）入围平均法。即划定以招标人组织编制的标底值的上下一定范围内有效标，以进入有效标范围内投标人的投标报价的平均值作为标底。

在标底编制完成后，应密封报送招标管理机构审定。审定后必须及时妥善封存，直至开标时，所有接触过标底价格的人员均负有保密责任，不得泄露。招标人应当在开标时公布标底。标底只能作为评标的参考，不得以投标报价是否接近标底作为中标条件，也不得以投标报价超过标底上下浮动范围作为否决投标的条件。

2. 最高投标限价的编制

最高投标限价是招标人根据国家或省级行业建设行政主管部门颁发的有关计价依据、办法、定额和标准以及招标人发布的招标文件，对招标工程项目限定的最高价格，有的地方亦称拦标价、预算控制价。如果投标报价高于最高投标限价，其投标将作为废标处理。招标人设定最高投标限价的目的是避免由于投标报价高于项目预算或估算价，招标人不能支付而流标。

根据国家相关规定，国有资金投资的工程项目在进行招标时，应设有最高投标限价；非国有资金投资的工程项目在进行招标时，可以设有最高投标限价或者招标标底。招标人在最高投标限价编制完成后应报工程所在地县级以上地方人民政府住房城乡建设主管部门

备案，在招标文件中要明确最高投标限价或者最高投标限价的计算方法。

4.2.3 编制工程招标文件应注意的问题

1. 制定合理的资格预审标准

资格预审标准是招标人对投标人参与投标的资格要求。这一标准是否科学、合理对招标人能否通过招标活动选择一个令人满意的工程承包人，起着根本性的作用。招标人一般根据工程的性质、特点，以及希望投标的竞争激烈程度来确定资格预审标准。资格预审标准应满足两个条件：一要满足工程建设的要求，如果标准太低，则不能保证承包人的合同履行能力；二要保证有一定数量的投标人，如果标准过高，符合资格的投标人少，达不到期望的竞争程度，失去了招标的意义。标准太低，投标人过多，资格预审和评标的工作量过重，从而增加招标费用和花费过多时间。因此，招标人制定的资格预审标准应科学、合理，不能太严格也不能太宽松。

2. 制定科学、合理的评标方法和评标标准

评标方法是否科学、评标标准是否合理对能否选择到令人满意的工程承包人起着关键性的作用。只有承包人选择正确，才能使整个招标的工程顺利地完成。令人满意的承包人不仅要有合理且相对较低的投标报价，而且要有较强的综合能力，这样才能有效达到工程的预期目标。因此，招标人必须制定科学、合理的评标标准和评标方法。目前，评标方法分为经评审的最低投标价法、综合评估法以及法律、行政法规允许的其他评标方法。

（1）经评审的最低投标价法

经评审的最低投标价法，是指评标委员根据招标文件中规定的评标价格调整方法，对所有投标人的投标报价以及投标文件的商务部分作必要的价格调整，再推荐符合招标文件规定的技术要求和标准且调整后投标报价最低的投标人为中标候选人的评标方法。经评审的最低投标价法一般适用于具有通用技术、性能标准或者招标人对其技术、性能没有特殊要求的招标项目。

（2）综合评估法

综合评估法一般适用于不宜采用经评审的最低投标价法的招标项目。综合评估法常用的方法有最低评标价法和综合评分法。

最低评标价法，是被扩大后的经评审的最低投标价法。一般做法是以投标报价为基数，将报价以外的其他因素（如商务因素、技术因素）数量化，并以货币折算成价格，将其加减到投标价上去，形成评标价，以评标价最低的投标人作为中标单位。

综合评分法，又叫打分法，是评标委员会按预先确定的评分标准，对各招标文件需评审的要素（报价和其他非价格因素）进行量化、评审记分，以标书综合得分最高的投标人确定为中标单位的方法。

3. 确保工程招标文件的完备性

工程招标文件作为投标人编制工程投标文件的依据，是十分重要的法律文件。招标人应提出完备的工程招标文件，尽可能详细地、如实地、具体地说明拟建项目的情况和合同条件；提供准确、全面和尽可能先进的技术规范、标准，提供完备的设计文件，以及尽可能详尽的工程现场的工程地质和水文资料。招标人要使投标人清楚地理解工程招标文件，明确其承担的工程建设工作范围、技术要求、质量标准和合同责任，使招标人十分方便且

精确地制定方案和报价。招标人应对工程招标文件的正确性负责，如果其中出现错误、矛盾，应由其承担责任。招标人在发出工程招标文件后，若对工程招标文件进行变更、修改和补充，应当在投标截止日期至少 15 天前书面通知所有投标人，修改后的内容作为工程招标文件的组成部分。

4. 协调与招标的工程有关的各个合同之间的关系

为完成工程的建设，招标人往往要针对不同的建设任务进行多次招标，并与不同的承包商签订多个不同种类的工程合同，如建设工程勘察、设计合同、建设工程施工合同、建设工程材料设备采购合同等。各种合同之间存在十分复杂的关系，招标人在合同总体策划时应注意协调好可能产生的与招标工程有关的各个合同之间的相互关系、各个承包人之间的权利义务与责任界面、各个合同中的各个合同事件之间的逻辑关系，否则容易引起合同纠纷，并影响工程的顺利实施。

4. 2. 4 工程投标文件的审查和分析

工程投标文件的审查和分析是招标人在工程招标过程一项十分重要的合同管理工作。工程投标文件是投标人参与评标的凭证，也是未来的工程合同的重要组成部分。招标人应审查工程投标文件的合法性、有效性，分析比较投标报价，评审方案和其他评标因素，只有全面地分析和审查工程投标文件，才能正确地评标、定标。

1. 工程投标文件总体审查

（1）审查工程投标文件的合法性和有效性，如法定代表人或授权委托人是否签字、盖章，字迹是否清晰。

（2）审查工程投标文件的完整性，即投标文件中是否包括招标文件规定应提交的全部文件，如法定代表人资格证明书、授权委托书、投标保函等。

（3）审查工程投标文件是否响应了招标文件的实质性要求，有无修改或附加条件。

通过工程投标文件的总体审查确定工程投标文件是否合格。如果合格，即可进入工程投标文件的报价分析和技术性评审等进一步审查工作环节，如果不合格，则作为废标处理，不作进一步审查。进一步审查一般按工程规模选择 3～5 家其工程投标文件总体审查合格、报价低而合理的投标人的工程投标文件进行详细审查分析。一般对报价明显过高、没有竞争力的工程投标文件不作进一步的审查。

2. 报价分析

报价分析是评标的重要工作内容，通过对各投标人的投标报价进行数据处理，对比分析，找出存在的问题，为澄清会议、评标、定标和合同谈判提供依据。报价分析必须细致全面，不能仅分析总价，还应分析各单项工程、各分部分项工程的报价。报价分析一般分三步进行。

（1）对各项报价本身的正确性、完整性、充足性、合理性进行分析。通过分别对各项报价进行仔细复核、审查，找出存在的问题，如有无漏项、有无明显的计算错误。

（2）对所有投标人的报价进行对比分析。

（3）撰写报价分析报告。将上述报价分析的结果进行整理、汇总，对各投标人的报价做出评价。

通过报价分析，对各个投标人的各项报价和总报价进行解剖和分析对比，使评标人对各个投标人的标价一目了然，能够有效地防止定标失误，同时也为下一步的合同谈判打下了基础。

3. 技术性评审

技术性评审是确认和比较投标人完成招标的工程项目的技术能力，以及方案和建设进度计划的可行性、可靠性的重要工作环节。在定标前，若发现上述方面存在问题可要求投标人做出说明或提供更详细的资料，也可以建议投标人修改。技术性评审的主要内容如下：

（1）工程施工方案的可行性。对各类分部分项工程的施工方法、施工人员和施工机械设备的配备、施工现场的布置和临时设施的安排、施工顺序及其相互衔接等方面进行评审，特别是对关键工序的施工方法进行可行性论证，评审其技术的先进性和可靠性。

（2）工程施工进度计划的可靠性。审查施工进度计划是否满足竣工时间的要求，是否科学和合理。同时还要审查确保施工进度计划有效实施的保证措施，如人力资源的安排是否合理等。

（3）工程施工质量保证。审查工程施工质量控制、质量管理和质量保证措施，包括质量管理人员的配备、质量检验仪器的配置、质量管理制度、质量控制和保证体系等。

（4）工程材料和机械设备的技术性能。审查主要材料和设备的样本、型号、规格和制造厂家名称、地址等，判断其技术性能是否达到设计标准及是否满足工程施工建设要求。

4. 其他评标因素分析

招标人除了对投标人的投标报价进行分析和对投标人的工程投标文件进行技术性评审分析外，还要对其他评标因素进行分析。如合同索赔的可能性，对投标人拟雇用的分包商的合同履行能力、投标人提出的给予业主的优惠条件、对工程投标文件的总体印象等影响评标人定标决策的评标因素进行分析。

工程投标文件分析是正确定标的前提条件，是减少和避免合同履行过程中合同纠纷的有效措施。大量工程合同管理实践证明，不作工程投标文件分析，仅按总报价定标是十分盲目的行为，往往带来过多的合同纠纷和合同问题。因此，招标人应高度重视工程投标文件的分析、审查工作，在全面分析比较的基础上确定最佳中标人。

4.3　工程投标文件的编制

工程投标文件是工程合同的重要组成部分，是投标人参与投标竞争的重要凭证，是其素质的综合反映和能否取得经济效益的重要因素，同时工程投标文件也是招标人评标、定标和双方订立工程合同的依据。因此，从工程合同管理的角度出发，投标人应高度重视工程投标文件的编制工作。编制工程投标文件前投标人应对工程量、单价、总价等进行认真的计算和核对，按照工程招标文件的要求编制工程投标文件，对工程招标文件提出的实质性要求和条件作出响应。工程投标文件对工程招标文件要求的格式不得更改，文字表述要准确、无误。

4.3 工程投标文件的编制

4.3.1　工程投标文件的组成

工程招标类型不同，其工程投标文件的组成也会有一定的区别，但是并不存在实质性

差异。根据国家相关规定，工程施工投标文件一般包括投标函及投标函附录、法定代表人身份证明、授权委托书、联合体协议书（联营体投标的）、投标保证金、已标价工程量清单、施工组织设计、项目管理机构、拟分包计划表、资格审查资料，以及招标文件要求提供的其他资料。

1. 投标函及投标函附录

投标函是由投标人的法定代表人或其授权委托人签字、盖章的一份投标文件，是投标文件的核心组成部分。招标人在招标文件中对投标书的编写格式有具体要求，投标人应当按照招标人的要求填写投标函。投标函的主要内容包括投标标价、质量保证、工期保证、投标担保、合同文件组成等。投标函附录是反映投标人针对投标函中的有关内容和合同条款的实质性内容根据自身意愿和实际情况所作出的相应的具体化的意思表示的文件。

2. 法定代表人身份证明

投标文件应由投标人的法定代表人或授权委托人签字、盖章才具有法律效力。为确保投标文件合法有效，投标人必须向招标人提供能够证实法定代表人合法身份的法定代表人身份证明。

3. 授权委托书

授权委托书是投标人的法定代表人授权委托他人代表自己签署工程投标文件的授权委托证明性文件。若投标人的法定代表人不能亲自在工程投标文件上签字、盖章，可授权委托其他人代理，但必须向代理人出具授权委托书。授权委托书应明确规定授权委托范围和权限，代理人应在递送工程投标文件的同时向招标人递送授权委托书。

4. 联合体协议书

组建联合体投标的，联合体各方须共同签署联合体协议书，约定各方的权利、义务和责任。联合体协议书是作为投标文件的重要组成部分。

5. 投标保证金（或投标银行保函、投标担保书）

投标人在递送工程投标文件前，应当按照招标人的要求提交投标保证金或提供投标银行保函或投标担保书，并在工程投标文件中出具相应的凭证。

6. 已标价工程量清单

投标人在对工程招标文件进行认真细致的分析研究和对工程施工现场进行考察之后，应结合自身的经营管理状况和制定的盈利计划，制定投标报价，并填写工程量清单的价格部分。报价时投标人应特别关注招标文件中是否有最高投标限价，如果有最高限价，应注意不能超过该最高限价，且注意采用科学、合理的投标报价策略。工程量清单与报价表填写完成后，必须进行认真、细致、严格的审查，避免出现遗漏或错误。投标报价对投标人而言极为重要，因为它是评标的一个重要指标，直接影响到投标人能否中标及中标后能否盈利。

7. 施工组织设计

施工组织设计应当编制工程施工进度计划，说明工程各分部分项工程的施工方法，提交包括临时设施和施工道路的施工总布置图及其他必需的图表、文字说明等资料。一般应包括以下内容：（1）施工方案及技术措施；（2）质量保证措施和创优计划；（3）施工总进度计划及保证措施（包括以横道图或标明关键线路的网络进度计划、保障进度计划需要的主要施工机械设备、劳动力需求计划及保证措施、材料设备进场计划及其他保证措施等）；

（4）施工安全措施计划；（5）文明施工措施计划；（6）施工场地治安保卫管理计划；（7）施工环保措施计划；（8）冬期和雨期施工方案；（9）施工现场总平面布置；（10）成品保护和工程保修工作的管理措施和承诺；（11）任何可能的紧急情况的处理措施、预案以及抵抗风险（包括工程施工过程中可能遇到的各种风险）的措施；（12）对总包管理的认识以及对专业分包工程的配合、协调、管理、服务方案；（13）与发包人、监理及设计人的配合；（14）招标文件规定的其他内容。

8. 项目管理机构

应按招标人的要求填写项目管理机构组成表和主要人员简历表。

9. 拟分包计划表

投标人根据招标项目的实际情况，拟在中标后将部分非主体、非关键性工作进行分包的，填写拟分包计划表。

10. 资格审查资料

资格审查资料应根据招标人的要求提交。一般包括投标人基本情况表、近年财务状况表、近年完成的类似项目情况表、正在施工的和新承接的项目情况表、近年发生的诉讼和仲裁情况、企业其他信誉情况表等。

除了以上内容以外，工程投标文件中还应包括工程招标文件规定投标人提交的其他资料。

4.3.2　编制工程投标文件应注意的问题

1. 全面分析和正确理解工程招标文件

在工程招标文件中招标人对招标工程项目的各种技术要求和条件、交易条件、合同条款进行了详细的阐述。工程招标文件是投标人投标报价的重要依据，也是双方进行工程合同谈判的基础。投标人必须按照工程招标文件的各项要求投标报价、编制工程投标文件。投标人只有全面分析和正确理解工程招标文件，弄清楚招标人的意图和要求后，才能科学、合理地投标报价，有效地响应招标文件提出的实质性要求和条件。一般情况下，工程招标文件均规定，投标人对工程招标文件的理解应自行负责，即由于对工程招标文件理解错误造成投标报价的失误的后果责任应由投标人承担。投标人在工程招标文件分析时发现的问题，包括矛盾、错误、歧义以及不理解的地方，应在标前会议上公开向招标人提出，或以书面的形式质询并由招标人统一答复。

在国际工程建设市场上，我国许多投标人由于外语水平限制，投标期短，语言文字理解不准确，导致对工程招标文件理解不透、不全面或错误，发现问题又没有及时向招标人提出质询，造成许多重大失误和损失。

2. 全面进行工程环境条件调查

工程及相应的工程合同是在一定的环境条件下实施的，项目环境条件对项目实施方案、合同工期和费用有直接的影响。投标人应当按时参加招标人组织的现场踏勘，收集、整理一切可能对工期和费用有影响的项目环境条件的相关资料，这不仅是投标报价的需要，而且也是工程合同履行过程中进行合同控制、管理和工程索赔（反索赔）的重要依据。

工程环境条件有极其广泛的内容，包括项目所在地的政治环境、法律环境、经济环境、社会环境、自然条件等各个方面的详细情况。项目环境调查应保证资料的真实性、全面性。只有在对项目环境条件进行全面调查的基础上，投标人才可能制定具有竞争力的投标标价和完备、充分的投标文件。

3. 重视工程合同风险管理

在任何市场经济活动中，要获得盈利，必然要承担相应的风险。工程合同的履行期长，不确定因素多，由此带来的风险也相对较多。工程建设中常见的风险有：项目的工程技术、资金等方面的风险；业主的资信风险；外界环境条件风险，包括自然环境条件的变化，以及工程项目所在国、所在地的政治环境条件、法律环境条件、经济环境条件、社会环境条件等的变化所导致的风险。这些风险经过工程合同定义并按照一定的原则在当事人之间分配后形成工程合同风险。

投标人应当在对工程合同风险进行全面分析的基础上，进行风险对策研究，制定出有效的工程合同风险对策。投标人还可采用一定的投标报价策略，如提高报价中的不可预见风险费等。为减少工程合同风险带来的损失，投标人应重视工程合同条款中关于风险的定义及风险分配原则和分配结果。

4. 正确补充、修改或撤回工程投标文件

在投标截止时间之前，投标人可以补充、修改或者撤回已提交的工程投标文件，并以规定的书面形式通知招标人（应当与投标文件同样密封和递交）。补充、修改的内容也是工程投标文件的组成部分。这有助于减少投标人的投标风险，同时也能够保护招标人的利益，但是投标人在投标截止时间之后，投标人不得随意修改或者撤回工程投标文件，否则招标人可以依法没收其提交的投标保证金或投标银行保函或投标担保书。

5. 有效避免废标

投标人应采取有效措施避，尽可能免因为具体细节的疏忽和工程投标文件技术上的缺陷而使投标文件无效，成为废标。废标一般有下列情况：（1）工程投标文件没有按规定包装密封；（2）工程投标文件逾期送达招标人；（3）投标书没有投标人的法定代表人或授权委托人签字、盖章，或字迹潦草、模糊不清；（4）没有按照工程招标文件的要求提交投标保证金或投标保函，或虽提交但不符合要求；（5）工程投标文件内容不完整，如没有法定代表人资格证书；（6）工程投标文件附有招标人不能接受的附加条件；（7）同一投标人提交两个以上不同的工程投标文件或者投标报价，但工程招标文件要求提交备选投标的除外；（8）投标报价低于成本或者高于工程招标文件设定的最高投标限价；（9）投标人有串通投标、弄虚作假、行贿等违法行为；（10）投标人与招标人存在利害关系，且可能影响招标的公正性；（11）存在控股、管理关系的不同单位（如母公司和其控股子公司）参加同一标段的投标；（12）联合体在资格预审后增减、更换成员，以及联合体各方在同一招标项目中以自己名义单独投标或者参加其他联合体投标；（13）工程投标文件没有响应工程招标文件的实质性要求。

4.4 工程合同审查与合同谈判

经过招标、投标、定标、发送中标通知书等的一系列步骤和过程之后，招标人和中标人之间的工程合同法律关系就已经建立。但是，由于工程合

4.4 工程合同
审查与合同谈判

同的标的规模大、投资大、技术复杂、合同有效期长、影响因素多，而工程招标投标时间相对较短，从而可能会导致工程合同条款和其他合同文件的完备性、准确性、充分性不足，甚至存在合法性方面的缺陷，给今后合同的履行造成很大困难和不利影响。因此，中标后，招标人和中标人必须对工程合同文件进行审查，对审查出来的问题通过合同谈判予以协商解决，并在此基础上最终签订一份对双方均有利的、合法的工程合同。

4.4.1　工程合同审查

工程合同确定了当事人双方在工程项目建设和相关交易过程中的义务权利和责任关系，合同中的每项条款都与双方的利益相关，影响到双方的成本、费用和合同收益。在工程合同正式签订前，合同双方必须高度重视合同审查工作，应委派有丰富的合同工作经验的专家认真细致地对合同文件进行全面的分析，判断其内容是否完整、各项合同条款表述是否准确无歧义，系统地分析合同文本中的问题和风险，明确各方的权利、义务和责任，针对分析的结果提出相应的对策，然后通过合同谈判，由合同双方再具体协商，对合同条款和其他合同文件进行修改、补充。应有效防止在工程合同实施过程中才发现合同中缺少某些重要的条款和条款含混不清、规定不明确等问题，从而引发工程合同纠纷，进而妨碍工程的顺利实施。在工程合同审查过程中可借助合同审查表进行审查。

1. 工程合同审查的内容

（1）合同的合法性审查

合同的订立必须遵守法律法规，否则会导致合同全部或部分无效。合同的合法性审查通常包括以下几个方面：

1）审查合同双方当事人的缔约资格。当事人双方应具有发包和承包工程项目、签订工程合同的资质、资格和权利。由于工程项目不仅对参与各方带来利益和影响，还将对项目所在地的经济活动和社会生活产生影响，因此许多国家对工程合同当事人的主体资格和缔约资格都有严格的限制。只有符合这些资格限制条件的当事人，才能成为工程合同的合法主体；2）审查工程项目是否具备招标投标、订立和实施合同的条件；3）审查工程合同的内容和所要求的实施行为及其后果是否符合法律法规的要求。

（2）合同的完备性审查

合同的完备性审查是指审查工程合同的各种合同文件是否齐备。建设工程施工合同的组成文件很多，因此要特别注意这些文件是否齐备，是否包含了有助于有效确立当事人双方工程合同权利义务关系的技术、经济、商务、贸易和法律等各类文件。

（3）合同条款的审查

首先要审查合同条款是否对合同履行过程中的各种问题都进行了全面、具体和明确的规定，有无遗漏。若有遗漏，需要补充有关条款。然后审查合同条款是否存在以下情况：1）合同条款之间存在矛盾性，即不同条款对同一具体问题的规定或要求不一致；2）有过于苛刻的、单方面的约束性条款，导致当事人双方在合同中的权利、义务与责任不平衡；3）条款中隐含较大的履约风险；4）条款用语含糊，表述不清；5）对当事人双方合同利益有重大影响的默示合同条款等。

如果存在以上问题，需要工程合同当事人双方通过协商对合同条款进行修改、补充、明确，达成一致意见，避免在合同履行过程中引起合同纠纷，妨碍工程的顺利实施。

合同审查是一项综合性很强的工作，要求合同管理人员必须熟悉与工程建设相关的法律、法规，精通合同条款，对工程项目的环境条件有全面的了解，有丰富的工程合同管理经验。通过合同审查，有效帮助当事人双方订立更加完善、权利义务与责任分配和风险分配更加合理的合同。

2. 合同审查表

合同审查表（表 4-1）是进行工程合同审查的重要技术工具。合同审查表主要由编号、审查项目、合同条款编号、合同条款内容、审查说明、建议或对策等几部分组成。

合同审查表　　　　　　　　　　　　　　　　　　　　　　　　　　表 4-1

编号	审查项目	合同条款编号	合同条款内容	审查说明	建议或对策
...					
...					

审查说明是对合同条款进行分析审查后，指出其存在问题的结论性意见。审查说明应具体地评价该合同条款执行的法律后果，以及将给当事人双方带来的风险和影响，并为提出解决问题的建议或对策奠定基础。

建议或对策是针对合同条款存在的问题提出的解决措施和办法。合同审查工作完成后，应将合同审查结果以最简洁的形式表达出来，在合同谈判中可以针对合同审查期间发现的问题和风险与对方协商谈判，同时在协商谈判中落实合同审查表中的建议或对策。

4.4.2　工程合同谈判

工程合同谈判是工程合同当事人双方就合同具体内容进行研究、协商的过程，也是工程合同正式订立前双方当事人力争自己合同权益的重要机会。由于工程招标文件和投标文件的局限性，不可能充分涵盖未来工程实施过程中可能遇到的各种情况，同时，合同双方对招标文件和投标文件的理解也不尽相同。因此必须在工程合同正式订立前对合同进行谈判和协商，进一步澄清和补充合同条款，使合同双方在谈判中进一步地沟通，详细地交换意见。通过合同谈判，完善合同条款，合理分配合同风险和合同权利、义务与责任。

合同谈判成功与否，关系到当事人双方自身的合同利益和合同能否顺利履行。谈判成功，可以为工程的实施创造有利的条件，给项目带来可观的经济效益。谈判失败，可能给工程的实施带来许多隐患，导致当事人双方自身的合同利益损失，甚至导致项目无法完成并导致当事人双方的预期目标不能有效实现。

1. 合同谈判的主要任务

合同谈判是当事人双方工程合同法律关系建立的最后一步，也是最关键的一步，因而无论是发包方还是承包方都极为重视工程合同中最终合同条款的制定，都期望力争通过合同谈判在工程合同中确立对自己有利的合同条款，全力维护自己的合法权益。对投标人而言，合同谈判更为重要，因为在整个工程项目的招标投标过程中，投标人始终处于相对被动的地位，合同谈判提供给了投标人一个主动的机会，通过合同谈判，积极争取自身的合同权益。由于招标人和中标人处于不同的位置，双方考虑问题的角度不同，因此合同谈判的目标也有所不相同。

在工程合同谈判过程中，合同当事人双方的共同目标是完善合同条款。由于合同文件中往往存在缺陷和漏洞，如合同工作范围含糊不清，合同条款抽象，可操作性不强，合同条款中出现错误、矛盾和歧义等，给未来工程合同履行带来很大困难。因此，为保证工程项目的顺利实施，必须通过合同谈判完善合同条款，避免和减少合同履行过程中的合同纠纷和合同问题。

在工程合同谈判过程中，除完善合同条款外，招标人在评标过程中发现其他投标人的一些好的建议、措施、技术和方法等，可在合同谈判中向中标人提出，建议其采纳。

对中标人而言，由于建设工程市场竞争非常激烈，招标人在工程招标时往往提出十分苛刻的条件，在投标时，投标人只能被动接受。进入工程合同谈判阶段，中标人的被动地位有所改变，中标人可利用这一机会与招标人讨价还价，去掉单方面约束性条款、减少合同风险，力争改善自己的不利处境，争取对自己更为有利的合同价格和合同条款。此外，中标人还应争取一个合理的工程施工准备期，这对整个工程的顺利实施有很大益处。一般情况下，发包人要求中标人尽早开工，如果中标人无条件答应，往往会很被动，因为人员、设备、材料进场和临时设施的搭设都需要一定的时间。如果没有合理的施工准备期，会造成整个工程仓促施工，计划混乱，长期达不到高效率的实施状态。

在工程合同谈判中，双方应对合同各方面的内容作具体研究、商讨，补充完善合同条款，争取修改对自己不利的条款，为签订一份内容完备、用语明确规范、合同权利义务与责任分配和风险分配合理的工程合同打下基础。

2. 工程合同谈判的准备工作

要获得工程合同谈判的成功，在谈判前就应做好充分的准备工作，以便谈判时能做到有的放矢。一般合同谈判的准备工作可从以下几个方面进行。

（1）收集资料与信息

工程合同谈判准备工作的首要任务就是要收集、整理有关合同对方当事人及工程项目的各种基础资料和背景材料。对投标人而言，收集的资料包括合同对方当事人的资信状况、资金落实情况或资金来源情况、招标人对己方的前期评估印象和意见，对方当事人参加工程合同谈判的人员名单及其有关情况等等。对招标人而言，要收集有关中标人工程合同履行能力的信息，包括技术、经济、管理方面的能力，以及目前其承包工程项目的情况，合同对方当事人谈判人员的情况等。

（2）具体分析

在获得了上述基础材料、背景材料与信息的基础上，具体分析以下内容。

1）对谈判目标进行可行性分析

分析自身设置的谈判目标是否正确合理、是否切合实际，以及合同对方当事人设置的谈判目标是否合理。如果自身设置的谈判目标有疏漏或错误，或盲目接受合同对方当事人的不合理谈判目标，都会导致工程项目实施过程中出现诸多不利影响因素。在工程合同实践中，由于建设工程市场是典型的买方市场，投标人急于承包项目，往往接受招标人提出的极不合理的要求，比如大量的垫资、工期要求极短等等，这往往导致未来工程合同履行过程中，中标人（承包人）遇到资金回收、工程款支付、工期索赔等方面的困难。

2）当事人合同地位进行分析

对当事人所处的合同地位进行分析，即对合同对方当事人在合同中所处的整体的与局部的优势、劣势进行分析。

3）对合同对方当事人的谈判人员分析

了解合同对方当事人的谈判人员有哪些，以及他们的身份、地位、权限、性格、喜好等，以便与对其建立良好的关系，发展谈判双方的友谊，争取在谈判前彼此对对方就具有亲切感和信任感，为谈判创造良好的氛围。

（3）拟定谈判方案

在具体分析工作完成之后，合同当事人各方应及时总结出该工程的实施风险、双方的共同利益、双方的利益冲突，以及双方在哪些问题上已取得一致，哪些问题还存在着分歧，从而拟定谈判方案，决定谈判的重点，在运用谈判策略和技巧的基础上，争取获得对双方有利的谈判结果。

3. 工程合同谈判程序

（1）一般讨论

谈判开始阶段通常都是先广泛交换意见，各方提出自己的预想方案，探讨各种可能性，经过研究和商讨逐步将双方意见综合并统一起来，形成共同的问题和谈判目标，为下一步详细谈判做好准备。

（2）技术谈判

在一般讨论结束之后，便进入技术谈判阶段。技术谈判主要是对工程合同技术方面的条款和内容进行研究、讨论和谈判，包括工程范围、技术规范、标准、方案、技术资料、工程施工条件、工程施工方案、工程施工进度、工程质量保证与检查、竣工验收等方面的内容。

（3）商务谈判

技术谈判结束之后，合同当事人双方应对工程合同商务方面的条款和内容进行谈判，包括工程合同价款、支付条件、支付方式、预付款、履约保证、保留金、货币汇率风险的防范、合同价格的调整等方面的内容。因技术条款和商务条款往往是联系在一起的，所以不能把技术谈判和商务谈判完全割裂开来进行谈判。

（4）拟定合同草案

工程合同谈判进行到一定阶段后，在合同当事人双方都已表明了观点，对原则性问题基本达成共识的情况下，相互之间就可以交换书面意见，然后逐条逐项地审查合同条款。在合同当事人双方对工程合同的具体条款和内容都达成一致意见后，双方应共同拟定合同草案。合同草案经双方研究、讨论并通过后，即可签署合同协议书，形成正式的工程合同。

4. 工程合同谈判的策略与技巧

工程合同谈判直接关系到合同当事人各方最终合同利益的得失，需要双方多次反复地进行研究、协商。因此，在工程合同谈判中，应掌握一定的策略和技巧。

（1）掌握谈判议程

工程合同谈判要涉及诸多事项，而各谈判事项的重要性并不相同，谈判各方对同一事项的关注程度也并不相同，因此要善于掌握谈判的进程。在充满合作气氛的情况下，应重点与对方商讨自己所关注的问题，抓住时机，形成对自己有利的合同条款。在气氛紧张时，则应积极引导谈判关注并商讨双方具有共识的问题，这一方面有助于缓和谈判气氛，另一方面有助于缩小双方差距，推进谈判进程。当谈判陷入僵局的时候，可以采用拖延和休会的办法，使谈判方有时间冷静地思考，在客观分析形势后提出替代性方案。在整个谈判进程中，谈判人员应懂得合理分配谈判时间，对于各个议题的商讨时间应分配得当，不要过多拘泥于细节性问题，而要始终注意抓住主要的实质性问题。

（2）高起点战略

在工程合同谈判过程中，合同当事人各方都或多或少会放弃部分利益以求得谈判的进展。因此，谈判的过程就是各方妥协的过程。谈判者在谈判之初可有意识地向对方提出苛求的谈判条件，即采用高起点战略，这样对方会高估己方的谈判底线，从而在谈判中做更多的让步。

（3）避实就虚

工程合同谈判双方都有自己的优势和劣势。谈判人员应在充分分析形势的情况下，做出正确判断，利用对方的弱点，猛烈攻击，迫其就范并做出妥协，而对己方的弱点，则应注意尽量回避。

（4）合理充分地分配谈判角色

任何一方的谈判机构都由众多人员组成。在工程合同谈判过程中，合同各方当事人应充分利用自己的谈判人员的不同的性格特征扮演不同的谈判角色。有的积极进攻，有的和颜悦色，有的软硬兼施，这样往往收到事半功倍的效果。

（5）充分发挥专家的作用

工程合同谈判的内容往往因工程合同的内容要涉及广泛的学科、专业和技术领域，通过各专业领域的专家参与工程合同谈判，充分发挥专家的作用，既可以有效解决专业问题，又可以利用专家的权威性给对方造成心理压力。

另外，工程合同谈判过程中，合同各方当事人的谈判人员一定要注意自己的言行举止，态度友好，同时要做到内部意见统一，切不可将内部分歧暴露给对方，以免对方乘虚而入。

合同谈判的技巧与策略多种多样，需要谈判人员在实践中认真观察，不断探索和学习，尤其注重对人性和人的心理的了解。

4.5 工程合同订立阶段的管理

工程合同是当事人实施工程项目建设的行为准则，对双方有着重要的法律约束力，因此如何订立一份有效的、规范的、风险分担合理的合同就显得至关重要。在订立合同的过程中，当事人双方应关注一系列问题，如：是否存在缔约过失行为、风险分担是否公平合理、是否采取了工程保险与工程担保等措施转移和规避风险、发包人是否制定了合同条款来控制承包人的分包行为、是否规定了有利于维护双方合作关系并能及时解决纠纷的争议解决方式等等问题。只有处理好了这一系列合同问题，才能为未来合同的顺利履行打下一个良好的基础。

4.5.1 工程合同订立阶段中主要合同管理问题

1. 有效避免缔约过失行为

缔约过失责任是指合同订立过程中，一方因违背其依据诚实信用原则所应尽的义务，而致使另一方的信赖利益遭受损失，应承担的民事责任。在工程招标投标过程中，招标人和投标人应注意尽到自己的相关法律义务，有效避免缔约过失行为及责任。

（1）招标人的缔约过失行为的主要形式

1）招标人变更或者修改招标文件后未履行通知义务；

2）招标人违反附随义务，如招标人隐瞒工程真实情况，招标人发现投标人的投标文件错误（这些错误是投标人疏忽或者其他原因造成的难以完全避免的结果）后没有给予适当确认而恶意地利用投标文件错误进行授标等；

3）招标人采用不公正、不合理的招标方式进行招标；

4）招标人违反公平、公正和诚实信用原则拒绝所有投标；

5）招标人泄露或者不正当使用非中标人的技术成果和经营信息；

6）业主借故不与中标人签订工程合同；

7）由于招标人的原因终止招标或者导致招标失败。

（2）投标人的缔约过失行为的主要形式

1）投标人串通投标，如哄抬标价、压低标价；

2）投标人以虚假手段骗取中标，如投标人不如实填写资格预审文件，隐瞒足以对招标人授标产生重大影响的自身实际情况（企业信誉、经营情况、管理水平等），虚报企业资质等级，假借其他企业的资质等级，以他人名义投标等；

3）中标人借故不与招标人签订工程合同。

设立缔约过失责任制度有助于规范工程合同的订立行为，有效制止在工程合同订立过程中由于当事人一方的缔约过失而给对方造成损失时，受损害方无法有效获得相应赔偿的缺陷，特别有助于制止中标通知书送达中标人后，业主拒绝与中标人或者中标人拒绝与业主签订正式工程合同这两种国内工程合同实践中的普遍的违法行为发生。

2. 有效避免无效工程合同

根据国家相关法律法规和最高人民法院的司法解释，无效工程施工合同有下述几种情形：

（1）承包人未取得建设施工企业资质或者超越资质等级订立的工程施工合同；

（2）没有资质的实际施工人借用有资质的建筑施工企业名义与他人订立的工程施工合同；

（3）工程项目必须进行招标而未招标或者中标无效的情形下订立的工程施工合同。中标无效有六种情形：招标代理机构泄密或恶意串通；招标人泄露招标情况或标底；招标人在定标前与投标人进行实质性谈判；招标人违法确定中标人；投标人串标或行贿；投标人弄虚作假骗取中标。

（4）承包人非法转包、违法分包工程所订立的工程施工合同。

工程施工合同被确认无效后，将导致合同自始无效，而不是从合同被确认无效之时起无效，即该工程施工合同自成立时起就不具备法律效力，即使合同当事人在事后予以追认，也不能使这类合同在法律上生效。无效工程施工合同在当事人之间不产生合同责任，其法律后果常常使当事人双方无法有效实现欲通过工程施工合同实现的预期目标和合同权益。因此，为有效确保工程施工合同的法律效力，维护合同双方当事人的合同权益和合法权益，发包人和承包人都应积极有效地防止产生上述无效工程施工合同。

其他无效工程合同的情形，可根据我国《民法典》合同编和其他相关建设工程法律法规的规定予以确认。

3. 工程合同价款相关条款的确定

工程合同价款是工程合同必须具备的合同条款，工程合同当事人双方应当在合同中就工程合同价款的相关条款作出明确约定，具体包括工程合同价款的计算依据、计算方法、支付依据、支付程序、支付方式、结算方法、结算程序、结算期限等。必要时可在合同中约定一个工程造价专业咨询机构对工程合同最终结算价款进行审核，审核结果对合同双方均有约束力。如果工程合同中有关工程合同价款的相关条款不完备、不明确，则必然潜伏着隐患和危机，潜伏着争议。工程合同价款的计算、支付和结算是一项政策性、专业性强，且又复杂、细致的技术经济工作，它涉及工程合同当事人双方的经济利益。在工程合同的履行过程中，由于工程合同价款计算、支付和结算问题常常引发大量的重大工程合同争议和相关引致性问题。比如拖欠农民工工资问题就是典型的实例。为有效解决工程合同价款支付和结算拖欠的问题，尽管政府有关行政主管部门三令五申，然而这种现象不仅未能得到根本遏制，在某些方面甚至有愈演愈烈之势，这严重恶化了承包人的资金状况并引发了许多重大社会问题。因此，工程合同当事人双方（尤其是承包人）在签订合同时，应特别注意明确约定工程合同价款计算、支付和结算等工程合同价款相关重要条款，这是有效减少和避免工程合同价款支付难、结算难的问题的重要合同管理措施。

4. 工程合同风险的合理分配

风险指危险发生的意外性和不确定性，以及这种危险导致的损失发生与否及损失程度大小。工程由于投资的巨大性、地点的固定性、生产的单件性以及规模大、周期长、施工过程复杂等特点，比一般产品生产具有更大的风险。风险常常造成工程项目目标失控，如工期延长、成本增加、计划修改等，最终导致项目经济效益降低，甚至导致项目失败。为有效地控制风险并尽可能减少风险对工程项目的影响，在工程合同订立时，合同当事人双方应对工程风险进行全面分析、研究，然后通过工程合同的定义和分配，将工程风险转化为工程合同风险。工程合同风险应根据一定的风险分配原则在工程合同当事人双方之间公平合理地进行分配。通过有效的工程合同风险分配，能够有助于工程合同当事人双方根据自己的风险控制优势，有效地将工程合同风险对工程所造成的影响控制在最低限度，以确保工程合同的顺利履行和工程的顺利实施。

目前，国际建设工程领域常用的工程合同风险分配原则有可预见性风险分配原则、可管理性风险分配原则。FIDIC施工合同条件是应用可预见性风险分配原则进行工程风险分配的典型实例，英国新工程施工合同条件（NEC）是应用可管理性风险分配原则进行工程风险分配的典型实例。这两种示范性工程合同的风险分配结果，对我国工程合同风险管理实践具有很好的借鉴价值。

5. 工程合同文件的组成及解释顺序

部分工程合同（如建设工程施工合同、建设工程委托监理合同等）由合同条款和一系列有助于确立合同双方当事人权利义务关系的文件组成，即这些工程合同组成成分中不仅包括合同协议书和合同条款，而且还包括其他有关文件，因而有时难免出现因各个文件之间存在相互矛盾和规定不一致致使合同无法顺利履行的情况，这就需要根据工程合同文件的解释顺序对这些矛盾予以解释，以使得合同能够顺利履行。因此在订立这些工程合同时，当事人双方应在合同中约定工程合同文件的组成及解释顺序。

《建设工程施工合同（示范文本）》规定的建设工程施工合同文件的组成和解释顺序在国内工程合同中具有代表性。建设工程施工合同文件由合同协议书，中标通知书，投标书及其附件，合同专用条款，合同通用条款，标准、规范及有关技术文件，图纸，工程量清单，工程报价单或预算书，合同履行过程中当事人双方有关工程的洽商、变更等书面协议或文件组成。如果当事人双方在建设工程施工合同中没有另行约定这些合同文件的解释顺序，则这些合同文件的解释顺序应为：（1）合同履行过程中当事人双方有关工程的洽商、变更等书面协议或文件；（2）合同协议书；（3）中标通知书；（4）投标书及其附件；（5）合同专用条款；（6）合同通用条款；（7）标准、规范及有关技术文件；（8）图纸；（9）工程量清单；（10）工程报价单或预算书。

在工程施工合同履行过程中，如果上述文件之间出现矛盾或规定不一致时，应以解释效力优先的文件的规定为准。

4.5.2　工程合同担保

担保是合同的当事人双方为了全面履行合同，根据法律、行政法规的规定或双方约定，经协商一致而采取的一种具有法律效力的保护措施。我国担保法规定了保证、抵押、质押、留置、定金五种担保形式，现阶段工程建设领域使用最广泛的担保形式为定金和保证，即履约保证金和银行保证。

根据我国相关法律法规的规定，招标文件要求中标人提交履约保证金的，中标人应当按照招标文件的要求提交，履约保证金不得超过中标合同金额的10%。采用银行保证担保形式的，被保证人必须在该银行中开户存款，被保证人不能正常履行合同时，银行比较容易赔付并追偿损失。银行保证是国际工程建设领域中最常用的工程合同担保形式，是我国最值得推行的工程合同担保形式。另外，国际工程建设领域还广泛使用保证金、保留金、信托基金、同业担保、母公司担保等工程合同担保形式。

不论是作为工程合同的当事人还是担保人，工程担保合同的签订均涉及其重大经济利益，工程合同中的债权人在一定程度上转移了合同风险，债务人则被加重了工程合同履行的负担，担保人则多负担了一定经营风险。因此，各方当事人均须审慎签订工程担保合同。在工程担保合同的签订过程中，应注意担保人的担保能力、担保合同的生效条件以及担保内容的完备性。

4.5.3　工程保险

保险是被保险人为消除或补偿风险造成的损失，向保险人转移风险的一种机制。工程保险是指在工程建设的整个过程中，投保人根据保险合同约定，向保险人支付保险费，保险人对于保险合同约定的、可能发生的建设工程事故实际发生，造成被保险人财产损失或者当被保险人因工程建设而死亡、伤残或产生疾病时承担损失、损害赔偿责任的商业保险行为。

工程保险主要是对各类民用、工业用和公共事业用的工程（包括道路、水坝、桥梁等）在建筑安装过程中因自然灾害或人为因素而引起的免责事项外的一切意外损失给予赔偿的一种保险，主要包括建筑工程一切险、安装工程一切险和意外伤害保险。我国《建设工程施工合同（示范文本）》对此做了如下规定：发包人要为施工场内的自有人员及第三方人员生命财产，以及运至施工场地内用于工程的材料和待安装设备办理保险；承包人为施工场地内自有人员生命财产和施工机械设备办理保险。同时，承包商还必须为从事危险作业的职工办理意外伤害保险，实行总承包的，由总承包商办理。

工程保险可以迫使工程合同各方当事人为了维护自身的利益，积极参与工程质量的监督控制，争创优质工程，客观上最大限度地保护国家和使用者的合法权益，有力地促进工程质量管理的良性循环。

保险合同的订立一般经过投保人提出投保要求、保险人做出同意承保的意思表示两个过程。而在实践中，保险合同通常是以保单的书面形式订立的。由于保单通常为格式合同，所以订立时需仔细审查保单中的内容。如需修改，可在固定保单外增加补充条款或删除有关保单条款。如果投保人不了解保单的内容就签订了保单，事后投保人就很难否认该保险合同的成立。在订立工程保险合同时，应当注意以下事项：

（1）在合同中明确各方风险责任的划分和物权的转移，明确投保工程险的责任人及费用承担、险别等；

（2）在工程的成本中列入保险费用；

（3）熟悉保险合同或保单中的承保责任范围、除外责任、保险有效期、保险金额等约定内容，以利于一旦发生理赔事件，能够及时依约索赔；

（4）除工程合同约定应办理的保险外，双方应积极办理能够维护自己利益的其他工程保险。

4.5.4　工程分包

工程分包是指承包人根据工程合同约定或经发包人同意，将其承包范围内的非主要部分及专业性较强的工程内容另行发包给具有相应资质的承包人承包的法律行为。在工程建设过程中，任何承包人都不可能自己独立完成全部工程合同工作内容，因此承包人需与其他承包人合作，通过工程分包，充分发挥各自的技术、管理、财力的优势，有效转移工程合同风险。工程的总承包人可以将承包范围内的部分工程发包给具有相应资质条件的分包人。分包人必须经发包人认可，或在合同中约定，否则属于非法分包。工程施工总承包人承包的工程主体结构必须由总承包人自行完成。总承包人不得将工程的部分工作内容分包给不具备相应资质条件的承包人，也不得将整个工程肢解分包，分包人不能将其承包的工程工作内容再行分包。总承包人按照总承包合同的约定对发包人负责，分包人按照工程分包合同的约定就分包的工程工作内容对总承包人负责，总承包人和分包人就分包的工程工作内容对发包人承担连带责任。

在工程建设中，应有效区分工程分包与工程转包。工程转包是指工程的承包人未获得发包人同意，以赢利为目的，将与其承包内容相一致的工作内容转让给其他承包人并且不根据合同规定对所承包的工作内容负技术、管理和经济责任的行为。我国《建筑法》明确规定，承包人不得将其承包的全部建设工程转包给第三人或者将其承包的全部建设工程肢解以后以分包的名义分别转包给第三人。工程转包不利于工程建设顺利实施，属违法行为。因此，在工程建设过程中，必须采取一定的合同控制手段来防止不规范的工程分包行为和非法转包行为。如发包人主动参与承包人和分包人签订工程分包合同的全过程，确保工程总承包合同与工程分包合同在工程分包管理、杜绝工程转包方面达成一致。

发包人除了应有效防止承包人的工程转包行为，还应避免挂靠行为。挂靠是指组织或个人以赢利为目的，以他人的名义承揽工程任务的行为。挂靠人不具备从事工程建设活动的主体资格和订立有关工程合同的缔约资格，或者虽具备从事工程建设活动的主体资格，但不具备与工程的要求相适应的资质等级证书，即不具备订立有关工程合同的缔约资格。挂靠人以被挂靠的企业的名义承揽到工程建设任务后，通常自行组织生产，并向被挂靠的企业交纳一定数额的"管理费"，被挂靠的企业也只是以工程合同当事人的名义代为签订合同及办理各项手续，收取"管理费"，而并不实际地具体履行工程合同规定的技术、经济、管理义务并承担相应责任。挂靠行为造成了工程合同权利义务主体和合同履行主体的分离，不利于工程顺利实施。因此发包人在订立工程合同时，应严格审查承包人的资质、工程现场管理人员的名单，在工程合同中订立承包人发生挂靠行为的违约责任条款，有效防止挂靠行为发生。

4.5.5　工程合同争议解决方式的选择

在工程合同履行过程中纠纷的解决是一个十分复杂的问题，主要的原因有两个：一是工程合同内容、关系特别复杂，二是工程合同的技术背景复杂。我国合同法、仲裁法规定了四种纠纷解决方式，即和解、调解、仲裁、诉讼。为提高争议解决效率，工程合同当事人双方应在工程合同中规定合同争议的解决方式，确实没有在合同中约定的，也可在发生纠纷后再确定争议的解决方式。

工程合同关系的稳定和有效维系对于合同当事人双方而言是十分重要的，因此当工程合同出现争议时，争议双方应争取采取较为温和的纠纷解决方式解决纠纷，尽可能不要采用诉讼。诉讼方式不仅有损于双方的友好合作关系，同时也会耗费大量的时间、资金和精力。和解、调解或者仲裁能够及时、经济地解决工程合同当事人双方的纠纷，而诉讼不仅花费大量时间、金钱，而且对工程合同当事人双方的合作关系具有很强的破坏性，甚至影响双方的商业信誉，极不利于工程的顺利实施和工程合同的有效履行。

近年来，在国际工程建设领域出现了许多较为温和的工程合同争议解决模式，这些模式统称为非诉讼纠纷解决程序（ADR）。具有代表性的有：FIDIC施工合同条件所确立的以工程师为核心的工程合同争议解决模式和以DAB（争议裁决委员会）为核心的工程合同争议解决模式，英国新工程施工合同（NEC）所确立的以独立的裁决人为核心的工程合同争议解决模式，以及DRB（争议评审委员会）、斡旋、小型审理等工程合同争议解决模式。上述争议解决方式，在本书第七章有详细陈述。

目前，我国已在工程实践中采用争议评审组的争议解决方式，即当事人在履行建设工程合同发生争议时，将有关争议提交争议评审组（以下简称评审组）进行评审，由评审组作出评审意见的一种争议解决方式。争议评审是一种通过专家评审实时解决争议，以"细致分割"的方式及时化解小争议，防止争议扩大的纠纷解决方式，有利于避免工程拖延、损失和浪费，从而保障工程顺利进行。工程合同当事人可以对评审意见的效力做出约定，评审意见依约定对当事人产生约束力。

复习思考题

1. 国家实施强制招标的工程范围是什么?

2. 招标方式有哪两种,其主要异同有哪些?

3. 工程施工招标包括哪些主要过程?

4. 资格预审主要审核的内容有哪些?

5. 简述工程施工招标程序。

6. 工程施工招标文件由哪些内容组成?

7. 招标工程项目编制标底或最高投标限价的作用是什么?

8. 评标方法有哪几种?

9. 简述工程投标文件分析和审查的必要性及其内容。

10. 简述建设工程示范性合同文本的主要功能和优点,及其在工程招标投标中的作用。

11. 分析现场踏勘对编制工程投标文件的重要作用。

12. 工程投标文件由哪些内容组成?

13. 简述废标的主要类型,并分析承包商应如何有效地避免废标。

14. 试述承包商投标时应注意的主要问题。

15. 简述工程合同审查的主要内容。

16. 在签订工程合同前,业主和承包商是否需要合同谈判,为什么?

17. 工程合同谈判程序包括哪几个步骤?各个步骤要解决的主要问题是什么?

18. 工程合同谈判的常用技巧和策略有哪些?

19. 什么是缔约过失责任?招标人和投标人常见的缔约过失行为有哪些情形?

20. 工程施工合同无效的情形有哪些?

21. 简述工程分包、工程转包之间的异同。

22. 我国工程建设领域使用最广泛的担保形式有哪些?

23. 工程合同争议解决方式有哪些?你如何看待非诉讼纠纷解决程序?

5.1 工程合同
履行的原则

5.1 工程合同履行的原则

1. 工程合同履行的含义

工程合同履行是指工程建设项目的发包方和承包方根据合同规定的时间、地点、方式、内容及标准等要求，各自完成合同义务的行为。根据当事人履行合同义务的程度，合同履行可分为全部履行、部分履行和不履行。

对于发包方来说，履行工程合同最主要的义务是按约定支付合同价款，而承包方最主要的义务是按约定交付工作成果。但是，当事人双方的义务都不是单一的最后交付行为，而是一系列义务的总和。例如，对工程设计合同来说，发包方不仅要按约定支付设计报酬，还要及时提供设计所需要的地质勘探等工程资料，并根据约定给设计人员提供必要的工作条件等；而承包方除了按约定提供设计资料外，还要参加图纸会审、地基验槽等工作。对施工合同来说，发包方不仅要按时支付工程备料款、进度款，还要按约定按时提供现场施工条件，及时参加隐蔽工程验收等；而承包方义务的多样性表现为工程质量必须达到合同约定标准，施工进度不能超过合同工期等。

2. 工程合同履行的原则

（1）实际履行原则

当事人订立合同的目的是为了满足一定的经济利益，满足特定的生产经营活动的需要。当事人一定要按合同约定履行义务，不能用违约金或赔偿金来代替合同的标的。

（2）全面履行原则

当事人应当严格按合同约定的数量、质量、标准、价格、方式、地点、期限等完成合同义务。全面履行原则对合同的履行具有重要意义，它是判断合同各方是否违约以及违约应当承担何种违约责任的根据和尺度。

（3）协作履行原则

即合同当事人各方在履行合同过程中，应当互谅、互助，尽可能为对方履行合同义务提供相应的便利条件。

贯彻协作履行原则对工程合同的履行具有重要意义，因为工程承包合同的履行过程是一个经历时间长、涉及面广、质量、技术要求高的复杂过程，一方履行合同义务的行为往往就是另一方履行合同义务的必要条件，只有贯彻协作履行原则，才能达到双方预期的合同目的。因此，承发包双方必须严格按照合同约定履行自己的每一项义务；本着共同的目的，相互之间应进行必要的监督检查，及时发现问题，平等协商解决，保证工程顺利实施；当一方违约给工程实施带来不良影响时，另一方应及时指出，违约方应及时采取补救措施；发生争议时，双方应顾全大局，尽可能不采取极端化行为等。

（4）诚实信用原则

诚实信用原则是《民法典》合同编的基本原则，它是指当事人在签订和执行合同时，应讲究诚实，恪守信用，实事求是，以善意的方式行使权利并履行义务，不得回避法律和合同，以使双方所期待的正当利益得以实现。

对施工合同来说，业主在合同实施阶段应当按合同规定向承包方提供施工场地，及时支付工程款，聘请工程师进行公正的现场协调和监理；承包方应当认真计划，组织好施工，努力按质按量在规定时间内完成施工任务，并履行合同所规定的其他义务。在遇到合同文件没有作出具体规定或规定矛盾或含糊时，双方应当善意地对待合同，在合同规定的总体目标下公正行事。

（5）情事变更原则

情事变更原则是指在合同订立后，如果发生了订立合同时当事人不能预见并不能克服的情况，改变了订立合同时的基础，使合同的履行失去意义或者履行合同将使当事人之间的利益发生重大失衡，应当允许受不利情况影响的当事人变更合同或者解除合同。情事变更原则实质上是按诚实信用原则履行合同的延伸，其目的在于消除合同因情事变更所产生的不公平后果。理论上一般认为，适用情事变更原则应当具备以下条件：

1）有情事变更的事实发生。即作为合同环境及基础的客观情况发生了异常变动。

2）情事变更发生于合同订立后履行完毕之前。

3）该异常变动无法预料且无法克服。如果合同订立时，当事人已预见该变动将要发生，或当事人能予以克服的，则不能适用该原则。

4）该异常变动不可归责于当事人。如果是因一方当事人的过错所造成或是当事人应当预见的，则应由其承担风险或责任。

5）该异常变动应属于非市场风险。如果该异常变动是市场中的正常风险，则当事人不能主张情事变更。

6）情事变更将使维持原合同显失公平。

在施工合同中，建筑材料涨价常常是承包方要求增加合同价款的理由之一。如果合同对材料没有包死，则补偿差价是合理的。如果合同已就工程总价或材料价格一次包死，若发生建筑材料涨价是否补偿差价，应当判断建筑材料涨价是属于市场风险还是情事变更。可以认为，通货膨胀导致物价上涨及因国家产业政策的调整或国家定价物资调价造成的物价大幅度上涨，属于情事变更，涨价部分应当由发包方合理负责一部分或全部承担，处于不利地位的承包方可以主张增加合同价款。如果属于正常的市场风险，则由承包方自行负担。

5.2   工程合同分析

5.2.1   工程合同分析概述

1. 合同分析的概念

合同分析是指从执行的角度分析、补充、解释合同，将合同目标和合同规定落实到合同实施的具体问题上和具体事件上，用以指导具体工作，使合同能符合日常工程管理的需要。

从项目管理的角度来看，合同分析就是为合同控制确定依据。合同分析确定合同控制的目标，并结合项目进度控制、质量控制、成本控制的计划，为合同控制提供相应的合同工作、合同对策、合同措施。从这一方面看，合同分析是承包商项目管理的起点。

合同履行阶段的合同分析不同于合同谈判阶段的合同审查与分析。合同谈判时的合同分析主要是对尚未生效的合同草案的合法性、完整性和公正性进行审查，其目的是针对审查发现的问题，争取通过合同谈判改变合同草案中于己不利的条款，以维护己方的合法权益。而合同履行阶段的合同分析主要是对已经生效的合同进行分析，其目的主要是明确合同目标，并进行合同结构分解，将合同落实到合同实施的具体问题上和具体事件上，用以指导具体工作，保证合同能够顺利履行。

2. 合同分析的作用

（1）分析合同漏洞，解释争议内容

工程的合同状态是静止的，而工程施工的实际情况千变万化，一份再标准的合同也不可能将所有问题都考虑在内，难免会有漏洞。同时，有些工程的合同是由发包方起草的，条款较简单，诸多合同条款的内容规定的不够详细、合理。在这种情况下，通过分析这些合同漏洞，并将分析的结果作为合同的履行依据是非常必要的。

当合同中出现错误、矛盾和二义性解释，以及施工中出现合同未作出明确约定的情况，在合同实施过程中双方会有许多争执。要解决这些争执，首先必须作合同分析，按合同条款，分析它的意思，以判定争执的性质。其次，双方必须就合同条款的解释达成一致。特别是在索赔中，合同分析为索赔提供了理由和根据。

（2）分析合同风险，制定风险对策

工程承包是高风险的行业，存在诸多风险因素，这些风险有的可能在合同签订阶段已经经过合理分摊，但仍有相当的风险并未落实或分摊不合理。因此，在合同实施前有必要作进一步的全面分析，以落实风险责任，并对自己承担的风险制定和落实风险防范措施。

（3）分解合同工作，落实合同责任

合同事件和工程活动的具体要求（如工期、质量、技术、费用等）、合同双方的责任关系之间的逻辑关系极为复杂，要使工程按计划有条理地进行，必须在工程开始前将它们落实下来，这都需要进行合同分析分解合同，以落实合同责任。

（4）进行合同交底，简化合同管理工作

在实际工作中，由于许多工程小组、项目管理职能人员所涉及的活动和问题并不涵盖

5.2 工程
合同分析

整个合同文件，而仅涉及小部分合同内容，因此他们没有必要花费大量的时间和精力全面把握合同，而只需要了解自己所涉及的部分合同内容。为此，可采用由合同管理人员先作全面的合同分析，再向各职能人员和工程小组进行合同交底的方法。

另一方面，由于合同条款往往不直观明了，一些法律语言不容易理解，使得合同内容较难准确地把握。只有由合同管理人员通过合同分析，将合同约定用最简单易懂的语言和形式表达出来，使大家了解自己的合同责任，从而使日常合同管理工作简单、方便。

3. 合同分析的要求

（1）准确客观

合同分析的结果应准确、全面地反映合同内容。如果不能透彻、准确地分析合同，就不可能有效、全面地执行合同，从而导致合同实施产生更大失误。事实证明，许多工程失误和合同争议都起源于不能准确地理解合同。

对合同的工作分析，划分双方合同责任和权益，都必须实事求是，根据合同约定和法律规定，客观地按照合同目的和精神来进行，而不能以当事人的主观愿望解释合同，否则必然导致合同争执。

（2）简明清晰

合同分析的结果必然采用使不同层次的管理人员、工作人员都能够接受的表达方式，使用简单易懂的工程语言，如图表等形式，对不同层次的管理人员提供不同要求、不同内容的合同分析资料。

（3）协调一致

合同双方及双方的所有人员对合同的理解应一致。合同分析实质上是双方对合同的详细解释，由于在合同分析时要落实各方面的责任，因此，双方在合同分析时应尽可能协调一致，分析的结果能为对方认可，以减少合同争执。

（4）全面完整

合同分析应全面，对全部合同文件进行解释。对合同中的每一条款、每句话，甚至每个词都应认真推敲，细心琢磨，全面落实。合同分析不能只观大略，不能错过一些细节问题，这是一项非常细致的工作。在实际工作中，常常一个词甚至一个标点就能关系到争执的性质，关系到一项索赔的成败，关系到工程的盈亏。同时，应当从整体上分析合同，不能断章取义，特别是当不同文件、不同合同条款之间规定不一致或有矛盾时，更应当全面整体地理解合同。

合同分析应当在前述合同谈判审查分析的基础上进行。按其性质、对象和内容，合同分析可分为合同总体分析与合同结构分解、合同缺陷分析、合同工作分析及合同交底。

5.2.2 合同总体分析与结构分解

1. 合同总体分析

合同总体分析的主要对象是合同协议书和合同条件。通过合同的总体分析，将合同条款和合同规定落实到一些带有全局性的具体问题上。

对工程施工合同来说，承包方合同总体分析的重点包括：承包方的主要合同责任及权利、工程范围，业主方的主要责任和权利，合同价格、计价方法和价格补偿条件，工期要求和顺延条件，合同双方的违约责任，合同变更方式、程序，工程验收方法，索赔规定及合同解除的条件和程序，争执的解决等。

在分析中应对合同执行中的风险及应注意的问题做出特别的说明和提示。

合同总体分析的结果是工程施工总的指导性文件，应将它以最简单的形式和最简洁的语言表达出来，以便进行合同的结构分解和合同交底。

2. 合同结构分解

合同结构是指一个项目上所有合同之间的构成状况和相互联系。对合同结构进行分解则是按照系统规则和要求将合同对象分解成相互独立、互相影响、互相联系的单元。合同结构分解应与项目的合同目标相一致。根据结构分解的一般规律和施工合同条件自身的特点，施工合同条件结构分解应遵循以下规则：

（1）保证施工合同条件的系统性和完整性。

施工合同条件分解结果应包括所有的合同要素，这样才能保证应用这些分解结果时等同于应用施工合同条件。

（2）保证各分解单元间界限清晰、意义完整，保证分解结果明确有序。

（3）易于理解和接受，便于应用。即要充分尊重人们已经形成的概念和习惯，只在根本违背合同原则的情况下才做出更改。

（4）便于按照项目的组织分工落实合同工作和合同责任。

当前国内外施工合同的结构分解一般都如图 5-1 所示。

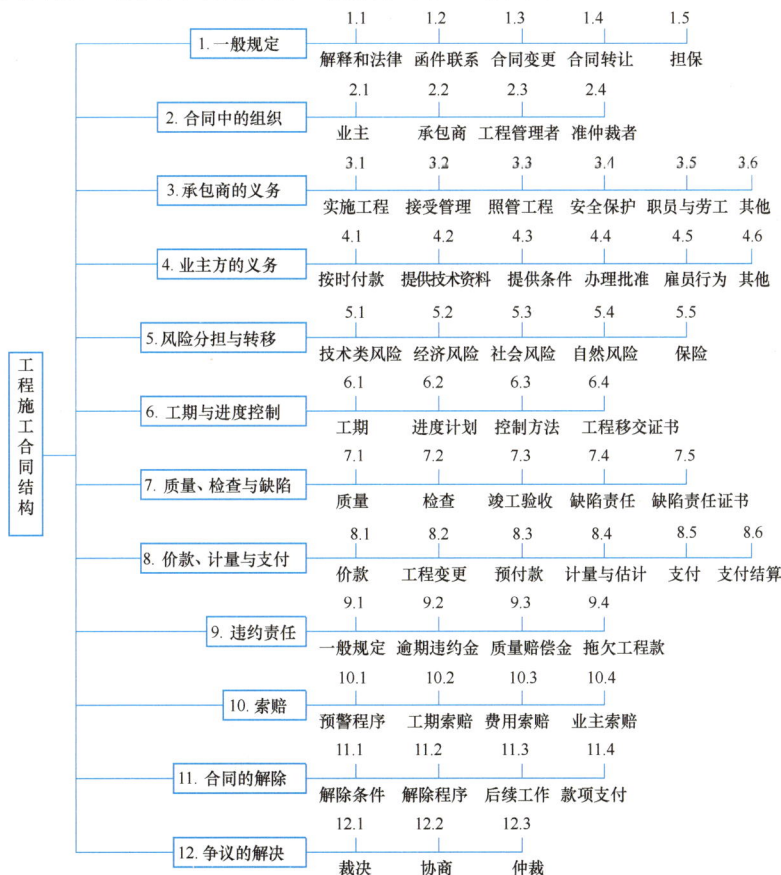

图 5-1 工程施工合同结构分解图

5.2.3　合同缺陷的补充与解释

在合同总体分析及进行合同结构分解时，可能会发现已订立的合同有缺陷，如合同条款不完整或约定不明，合同条款规定含糊甚至相互矛盾等，这就需要合同当事人根据法律规定及行业惯例对这些合同缺陷进行修正，做出特殊的解释，以保证合同能够公正、合理、顺利地履行。合同缺陷的修正包括漏洞的补充和歧义分析。

1. 合同漏洞的补充

合同漏洞是指当事人应当约定而未约定或者约定不明确，或是约定了无效和可能被撤消的合同条款而使合同处于不完整的状态。为鼓励交易，节约交易成本，法律要求对合同漏洞应尽量予以补充，使之足够明确、清楚，达到使合同能够全面适当履行的条件。根据《民法典》合同编第 510 条、511 条的规定，补充合同漏洞有以下三种方式：

（1）约定补充

当事人享有订立合同的自由，也就享有补充合同漏洞的自由。《民法典》合同编规定，当事人可以通过协议补充合同漏洞。即当事人对合同的疏漏之处按照合同订立的规则，在平等自愿的基础上另行协商，达成合同的补充协议，并与原合同共同构成一份完整的合同。

（2）解释补充

解释补充是指以合同的客观内容为基础，依据诚实信用原则并考虑到交易惯例，来对合同的漏洞做出符合合同目的的填补。解释补充分为两种：

1）按照合同有关条款确定

合同条款虽然可相互独立，但更相互关联。例如，履行方式条款与履行地点条款、合同价款等就存在较为密切的联系。如果履行地点不明，但合同规定了履行方式，就有可能从中确定履行的地点。

2）根据交易习惯确定

交易习惯既包括某种行业或交易的惯例，也包括当事人之间已经形成的习惯做法。

（3）法定补充

在由当事人约定补充和解释补充仍不足以补充合同漏洞时，适用《民法典》合同编关于法定补充的规定。所谓法定补充，是指根据法律的直接规定，对合同的漏洞加以补充。主要包括以下几方面：

1）质量要求不明确的，按照国家标准、行业标准履行；没有国家标准、行业标准的，按照通常标准或者符合合同目的的特定标准履行。质量等级要求不明确的，最低应当按质量合格的标准进行施工。如发包方要求质量等级优良的，承包方可适时主张优质优价。

2）价款或报酬不明确的，按照订立合同时履行地的市场价格履行；依法应当执行政府定价或政府指导价的，按照规定执行。工程价款不明确的，根据国家建设标准定额进行计算。

3）合同工期不明确的，除国务院另有规定外，应当依据各省、市、自治区和国务院主管部门颁发的工期定额计算得出的合同工期。工期定额法律暂时没有规定的特殊工程，其合同工期由双方协商。协商不成的，报建设工程所在地的定额管理部门审定。

4）付款期限不明确的，开工前发包方即应支付进场费和工程备料款；施工过程中，承包方的工作报表一经审核后即应拨付工程进度款；工程竣工后，工程造价一经确认，即应在合理的期限内付清全部工程款。

5）履行方式不明确的，按照有利于实施合同目的的方式履行。

6）履行费用的负担不明确的，由履行义务一方负担。

2. 歧义解释

合同应当是合同当事人双方完全一致的意思表示。但是，在实际操作中，由于各方面的原因，如当事人的经验不足、出于疏忽或故意，对合同中应当包括的条款未作明确规定，或者对有关条款用词不够准确，从而导致合同内容表达不清楚。使合同中出现错误、矛盾以及二义性解释；或在合同履行过程中发生了事先未考虑到的事；及出现合同全部或部分无效的后果等。

一旦在合同履行过程中产生上述问题，合同双方当事人往往就可能会对合同文件的理解出现偏差，从而导致双方产生合同争执。因此，对内容表达不清楚的合同进行正确的解释就显得尤为重要。

（1）解释原则

根据工程施工合同的国际惯例，合同文件间的歧义一般按"最后用语规则"进行解释，合同文件内的歧义一般按"不利于文件提供者规则"进行解释。前者是 FIDIC 在合同文件的优先解释顺序中确立的规则，即认为"每一个被接纳的文件都被看作一个新要约，这样最后一个文件便被看作为收到者以沉默的方式接受"，也就是后形成的合同文件优先于先形成的合同文件。后者为英国土木工程师学会制定的新版施工合同文本 NEC 确立的规则，实质是对定式合同的一种限制，作为一方凭借自己的实力将有歧义条款强加给另一方的一种平衡。

我国《民法典》合同编第 466 条规定："当事人对合同条款的理解有争议的，应当依据本法第 142 条第 1 款的规定，确定争议条款的含义。合同文本采用两种以上文字订立并约定具有同等效力的，对各文本使用的词句推定具有相同含义。各文本使用的词句不一致的，应当根据合同的相关条款、性质、目的以及诚信原则等予以解释"。合同的解释方法主要有：

1）词句解释

即首先应当确定当事人双方的共同意图，据此确定合同条款的含义。如果仍然不能作出明确解释，就应当根据与当事人具有同等地位的人处于相同情况下可能作出的理解来进行解释。其规则有：

① 排他规则。如果合同中明确提及属于某一特定事项的某些部分而未提及该事项的其他部分，则可推定为其他部分已经被排除在外。

② 合同条款起草人不利规则。虽然合同是经过当事人双方平等协商而作出的一致的意思表示，但在实际操作过程中，合同往往是由当事人一方提供的，提供方可以根据自己的意愿对合同提出要求。因此，他对合同条款的理解应该更为全面。如果因合同的词义而产生争议，则起草人应当承担由于选用词句的含义不清而带来的风险。

③ 主张合同有效的解释优先原则。当事人双方订立合同的根本目的就是为了正确完整地享有合同权利，履行合同义务，即希望合同最终能够实现。如果在合同履行过程中双方产生争议，若其中的一种解释可推断出按此解释合同仍然可以继续履行，而其他各种解

释可推断出合同将归于无效而不能履行，则应当按照主张合同仍然有效的方法来对合同进行解释。

2）整体解释

即当事人双方对合同产生争议后，应当从合同整体出发，联系合同条款上下文，从总体上对合同条款进行解释，而不能断章取义，割裂合同条款之间的联系。整体解释原则包括：

① 同类相容规则。即如果有两项以上的条款都包含同样的语句，而前面的条款又对此赋予特定的含义，则可以推断其他条款所表达的含义与前面一样。

② 非格式条款优先于格式条款规则。即当格式合同与非格式合同并存时，如果格式合同中的某些条款与非格式合同相互矛盾时，应当按非格式条款的规定执行。

3）合同目的解释

即肯定符合合同目的的解释，排除不符合合同目的的解释。

例如在某装修工程合同中没有对材料防火阻燃等要求进行事先约定，在施工过程中，承包商采用了易燃材料，业主对此产生异议。在此案例中，虽然业主未对材料的防火性能作出明确规定，但根据合同目的，装修好的工程必须符合我国《消防法》的规定。因此，承包商应当采用防火阻燃材料进行装修。

4）交易习惯解释

即按照该国家、该地区、该行业所采用的惯例进行解释。运用交易习惯解释应遵循以下规则：

① 必须是双方均熟悉该交易时，方可参照交易习惯。

② 交易习惯是双方已经知道或应当知道而没有明确排斥者。

③ 交易习惯依其范围可分为一般习惯、特殊习惯与当事人之间的习惯。在合同没有明示时，当事人之间的习惯应优先于特殊习惯，特殊习惯应优先于一般习惯。

5）诚实信用原则解释

诚实信用原则是合同订立和合同履行的最根本的原则，因此，无论对合同的争议采用何种方法进行解释，都不能违反诚实信用原则。

（2）土木工程对合同文件解释的惯例

1）合同文件优先顺序

如建设工程施工合同示范文本中规定的解释顺序为：

① 施工合同协议书；

② 中标通知书；

③ 投标书及其附录；

④ 施工合同专用条件；

⑤ 施工合同通用条件；

⑥ 标准、规范和其他有关的技术文件；

⑦ 图纸；

⑧ 工程量清单；

⑨ 工程报价单或预算书。

双方有关工程的洽商、变更等书面协议或文件视为协议书的组成部分。

2）第一语言规则

当合同文本采用两种以上的语言进行书写时，为了防止因翻译问题而造成两种语言所表达的含义出现偏差而产生争议，一定要在合同订立时预先约定何种语言为第一语言。如果在工程实施时两种语言含义出现分歧，则以第一语言解释的真实意思为准。

3）其他规则

① 具体、详细的规定优先于一般、笼统的规定，详细条款优先于总论。

② 合同专用条件、特殊条件优先于通用条件。

③ 文字说明优先于图示说明，工程说明、规范优先于图纸。

④ 数字的文字表达优先于阿拉伯数字表达。

⑤ 手写文件优先于打印文件，打印文件优先于印刷文件。

⑥ 对于总价合同，总价优先于单价；对于单价合同，单价优先于总价。

⑦ 合同中的各种变更文件，如补充协议、备忘录、修正案等，按照时间最近的优先。

5.2.4 合同工作分析与合同交底

1. 合同工作分析

合同工作分析是在合同总体分析和合同结构分解的基础上，依据合同协议书、合同条件、规范、图纸、工程量表等，确定各项目管理人员及各工程小组的合同工作，以及划分各责任人的合同责任。合同工作分析涉及承包商签约后的所有活动，其结果实质上是承包商的合同执行计划，它包括：

1）工程项目的结构分解，即工程活动的分解和工程活动逻辑关系的安排；

2）技术会审工作；

3）工程实施方案、总体计划和施工组织计划。

4）工程详细的成本计划；

5）与承包合同同级的各个合同的协调，包括各个分合同的工作安排和各个分合同之间的协调。

根据合同工作分析，落实各分包商、项目管理人员及各工程小组的合同责任。对分包商，主要通过分包合同确定双方的责权利关系，以保证分包商能及时保质、按期地完成合同责任。对承包商的工程小组可以通过内部的经济责任制来保证。落实工期、质量、消耗等目标后，应将其与工程小组经济利益挂钩，建立一套经济奖罚制度，以保证目标的实现。

合同工作分析的结果是合同事件表。合同事件表反映了合同工作分析的一般方法，它是工程施工中最重要的文件之一，从各个方面定义了该合同事件，其实质上是承包商详细的合同执行计划，有利于项目组在工程施工中落实责任，安排工作，进行合同监督、跟踪、分析和处理索赔事项。合同事件表（表5-1）具体说明如下：

合同事件表 表5-1

子项目	事件编码	日期变更次数
事件名称和简要说明 事件内容说明 前提条件 本事件的主要活动 负责人（单位） 费用： 计划 实际	其他参加者	工期： 计划 实际

（1）事件编码

这是为了计算机数据处理的需要。计算机对事件的各种数据处理都靠编码识别。所以编码要反映事件的各种特性，如所属的项目、单项工程、单位工程、专业性质、空间位置等。通常它应与网络事件（或活动）的编码一致。

（2）事件名称和简要说明

对一个确定的承包合同，承包商的工程范围、合同责任是一定的，则相关的合同事件和工程活动也是一定的，在一个工程中，这样的事件通常可能有几百甚至几千件。

（3）变更次数和最近一次的变更日期

变更次数记载着与本事件相关的工程变更。在接到变更指令后，应落实变更，修改相应栏目的内容。

根据最近一次的变更日期可以检查每个变更指令落实情况，既防止重复，又可避免遗漏。

（4）事件的内容说明

主要为该事件的目标，如某一分项工程的数量、质量、技术要求以及其他方面的要求。这由工程量清单、工程说明、图纸、规范等定义，是承包商应完成的任务。

（5）前提条件

该事件进行前应有哪些准备工作？应具备什么样的条件？这些条件有的应由事件的责任人承担，有的应由其他工程小组、其他承包商或业主承担。这里不仅确定了事件之间的逻辑关系，而且确定了各参加者之间的责任界限。

（6）本事件的主要活动

即完成该事件的一些主要活动和它们的实施方法、技术与组织措施。这完全是从施工过程的角度进行分析的，这些活动组成该事件的子网络。

（7）责任人

即负责该事件实施的工程小组负责人或分包商。

（8）成本（或费用）

这里包括计划成本和实际成本，有以下两种情况：

1）若该事件由分包商承担，则计划费用为分包合同价格。如果在总包和分包之间有索赔，则应修改这个值，而实际费用为最终实际结算金额总和。

2）若该事件由承包商的工程小组承担，则计划成本可由成本计划得到，一般为直接成本，而实际成本为会计核算的结果，在事件完成后填写。

（9）计划和实际的工期

计划工期由网络分析得到，包括计划开始期、结束期和持续时间。实际工期按实际情况，在该事件结束后填写。

（10）其他参加人

即对该事件的实施提供帮助的其他人员。

2. 合同交底

合同交底指合同管理人员在对合同的主要内容做出解释和说明的基础上，通过组织项目管理人员和各工程小组负责人学习合同条文和合同总体分析结果，使大家熟悉合同中的主要内容、各种规定、管理程序，了解承包商的合同责任和工程范围、各种行为的法律后果等，使大家都树立全局观念，避免执行中的违约行为，使大家的工作协调一致。

在我国传统的施工项目管理系统中，人们十分注重"图纸交底"工作，但却没有"合同交底"工作，所以项目组和各工程小组对项目的合同体系、合同基本内容不甚了解。事实上，合同交底与图纸交底并不矛盾，而且合同交底包含了图纸交底，因为合同的内容包含了工程图纸和技术规范，而且合同交底还考虑了业主的要求、承包商的责任、工程实施步骤、工程界面，甚至承包商的目标。我国工程管理者和技术人员有十分牢固的按图施工的观念，但在市场经济中必须转变到"按合同施工"上来，特别是在工程使用非标准合同文本或本项目组不熟悉的合同文本时，合同交底工作就显得尤其重要。

合同交底应分解落实如下合同和合同分析文件：合同事件表（任务单、分包合同）、施工图纸、设备安装图纸、详细的施工说明等。并且对这些活动实施的技术和法律问题进行解释和说明。合同交底一般包括以下主要内容：

（1）工程概况及合同工作范围；

（2）合同关系及合同涉及各方之间的权利、义务与责任；

（3）合同工期控制总目标及阶段控制目标，目标控制的网络表示及关键线路说明；

（4）合同质量控制目标及合同规定执行的规范、标准和验收程序；

（5）合同对本工程的材料、设备采购、验收的规定；

（6）投资及成本控制目标，特别是合同价款的支付及调整条件、方式和程序；

（7）合同双方争议问题的处理方式、程序和要求；

（8）合同双方的违约责任；

（9）索赔的机会和处理；

（10）合同风险的内容及防范措施；

（11）合同进展文档管理的要求。

合同管理人员应在合同总体分析和合同结构分解、合同工作分析的基础上，按施工管理程序，在工程开工前，逐级进行合同交底，使得每一个项目参加者都能清楚地掌握自身的合同责任和自己所涉及的应当由对方承担的合同责任，以保证在履行合同的过程中不违约，同时，对于对方违约的情况，及时要求对方履行合同，并且可向对方提出索赔。在交底的同时，应将各种合同事件的责任分解落实到各分包商或工程小组直至每一个项目参加者，以经济责任制形式规范各自的合同行为，以保证合同目标能够实现。

5.3　工程合同实施控制

5.3.1　工程合同控制概述

1. 合同控制的概念

要完成目标就必须对其实施有效的控制，控制是项目管理的重要职能之一。所谓控制，就是行为主体为保证在变化的条件下实现其目标，按照实现拟定的计划和标准，通过各种方法，对被控制对象实施中发生的各种实际情况与计划情况进行检查、对比、分析和纠正，以保证工程按预定的计划进行，顺利实现预定目标。

5.3 工程合同
实施控制

合同控制是指承包商的合同管理组织为保证合同所约定的各项义务的全面完成及各项权利的实现,以合同分析的成果为基准,对整个合同实施过程进行全面监督、检查、对比和纠正的管理活动。它包括以下几个方面内容:

(1) 工程实施监督

工程实施监督是工程管理的日常事务性工作,首先应表现在对工程活动的监督上,即保证按照预先确定的各种计划、设计、施工方案实施工程。工程实施状况反映在原始的工程资料上,如质量检查报告、分项工程进度报告、记工单、用料单、成本核算凭证等。

(2) 跟踪

即将收集到的工程资料和实际数据进行整理,得到能够反映工程实施状况的各种信息,如各种质量报告、各种实际进度报表、各种成本和费用收支报表以及它们的分析报告。将这些信息与工程目标进行对比分析,就可以发现两者的差异。差异的大小,即为工程实施偏离目标的程度。如果没有差异,或差异较小,则可以按原计划继续实施工程。

(3) 诊断

即分析差异的原因,采取调整措施。差异表示工程实施偏离目标的程度,必须详细分析差异产生的原因和它的影响,并对症下药,采取措施进行调整。在工程实施过程中要不断进行调整,使工程实施一直围绕合同目标进行。

2. 合同控制与其他项目目标控制的关系

工程施工合同定义了承包商项目管理的主要目标,如进度目标、质量目标、成本目标、安全目标等。这些目标必须通过具体的工程活动实现。由于在工程施工中各种干扰的作用,常常使工程实施过程偏离总目标。整个项目实施控制就是为了保证工程实施按预定的计划进行,顺利地实现预定的目标。一般而言,工程项目实施控制包括成本控制、质量控制、进度控制和合同控制。其中,合同控制是核心,它与项目其他控制的关系为:

(1) 成本控制、质量控制、进度控制由合同控制协调一致

成本、质量、工期是由合同定义的三大目标,承包商最根本的合同责任是达到这三大目标,所以合同控制是其他控制的保证。通过合同控制可以使质量控制、进度控制和成本控制协调一致,形成一个有序的项目管理过程。

(2) 合同控制的范围较成本控制、质量控制、进度控制广得多

承包商除了必须按合同规定的质量要求和进度计划完成工程的设计、施工和进行保修外,还必须对实施方案的安全、稳定负责,对工程现场的安全、清洁和工程保护负责,遵守法律,执行工程师的指令,对自己的工作人员和分包商承担责任,按合同规定及时地提供履约担保和购买保险等。

(3) 合同控制较成本控制、质量控制、进度控制更具动态性

这种动态性表现在两个方面:一方面,合同实施受到外界干扰,常常偏离目标,要不断进行调整;另一方面,合同目标本身不断改变,如在工程过程中不断出现合同变更,使工程的质量、工期、合同价格发生变化,导致合同双方的责任和权益发生变化。

各种控制的内容、目的、目标和依据可见表5-2。

工程实施控制的内容　　　　　　　　　　　　　　　表 5-2

序号	控制内容	控制目的	控制目标	控制依据
1	成本控制	保证按计划成本完成工程，防止成本超支和费用增加	计划成本	各分部分项工程、总工程的计划成本、人力、材料、资金计划，计划成本曲线
2	质量控制	保证按合同规定的质量完成工程，使工程顺利通过验收，交付使用，达到预定的功能要求	合同规定的质量标准	工程说明、规范、图纸、工作量表
3	进度控制	按预定进度计划进行施工，按期交付工程，防止承担工期拖延责任	合同规定的工期	合同规定的总工期计划、业主批准的详细施工进度计划
4	合同控制	按合同全面完成承包商的责任，防止违约	合同规定的各项责任	合同范围内的各种文件，合同分析资料

5.3.2　工程合同控制的日常工作

（1）参与落实计划。合同管理人员与项目的其他职能人员一起落实合同实施计划，为各工程小组、分包商的工作提供必要的保证，如施工现场的安排，人工、材料、机械等计划的落实，工序间的搭接关系和安排以及其他一些必要的准备工作。

（2）协调各方关系。在合同范围内协调业主、工程师、项目管理各职能人员、所属的各工程小组和分包商之间的工作关系，解决相互之间出现的问题，如合同责任界面之间的争执、工程活动之间时间上和空间上的不协调。合同责任界面争执是工程实施中很常见的。承包商与业主、与业主的其他承包商、与材料和设备供应商、与分包商，以及承包商的各分包商之间、工程小组与分包商之间常常互相推卸一些合同中或合同事件表中未明确划定的工程活动的责任，这就会引起内部和外部的争执。

（3）指导合同工作。合同管理人员对各工程小组和分包商进行工作指导，作经常性的合同解释，使各工程小组都有全局观念，对工程中发现的问题提出意见、建议或警告。合同管理人员在工程实施中起"漏洞工程师"的作用，但他不是寻求与业主、工程师、各工程小组、分包商的对立，他的目标不仅是索赔和反索赔，而且还要将各方面在合同关系上联系起来，防止漏洞和弥补损失，更完善地完成工程。

（4）参与其他项目控制工作。合同项目管理的有关职能人员每天检查、监督各工程小组和分包商的合同实施情况，对照合同要求的数量、质量、技术标准和工程进度，发现问题并及时采取对策措施。对已完工程作最后的检查核对，对未完成的或有缺陷的工程责令其在一定的期限内采取补救措施，防止影响整个工期。按合同要求，会同业主及工程师等对工程所用材料和设备开箱检查或作验收，看是否符合质量、图纸和技术规范等的要求，进行隐蔽工程和已完工程的检查验收，负责验收文件的起草和验收的组织工作，参与工程结算，会同造价工程师对向业主提出的工程款账单和分包商提交的收款单进行审查和确认。

（5）合同实施情况的追踪、偏差分析及参与处理。

（6）负责工程变更管理。

（7）负责工程索赔管理。

（8）负责工程文档管理。对分包商发出的任何指令，向业主发出的任何文字答复、请示，业主方发出的任何指令，都必须经合同管理人员审查，记录在案。

（9）争议处理。承包商与业主、与总（分）包的任何争议的协商和解决都必须有合同管理人员的参与，对解决方法进行合同和法律方面的审查、分析及评价，这样不仅保证工程施工一直处于严格的合同控制中，而且使承包商的各项工作更有预见性，更能及早地预测合同行为的法律后果。

5.3.3 工程合同跟踪

在工程实施过程中，由于实际情况千变万化，导致合同实施与预定目标（计划和设计）的偏离，如果不及时采取措施，这种偏差常常由小到大，日积月累。这就需要对合同实施情况进行跟踪，以便及时发现偏差，不断调整合同实施，使之与总目标一致。

1. 合同跟踪的依据

合同跟踪时，判断实际情况与计划情况是否存在差异的依据主要有：合同和合同分析的结果，如各种计划、方案、合同变更文件等；各种实际的工程文件，如原始记录、各种工程报表、报告、验收结果等；工程管理人员每天对现场情况的直观了解，如对施工现场的巡视、与各种人员谈话，召集小组会谈、检查工程质量，通过报表、报告等。

2. 合同跟踪的对象

合同实施情况追踪的对象主要有以下几个方面：

（1）具体的合同事件

对照合同事件表的具体内容，分析该事件的实际完成情况。如以设备安装事件为例分析：

1）安装质量。如标高、位置、安装精度、材料质量是否符合合同要求？安装过程中有无损坏？

2）工程数量。如是否全都安装完毕？有无合同规定以外的设备安装？有无其他的附加工程？

3）工期。是否在预定期限内施工？工期有无延长？延长的原因是什么？

4）成本的增加和减少。将上述内容在合同事件表上加以注明，这样可以检查每个合同事件的执行情况。从这里可以发现索赔机会，因为经过上面的分析可以得到偏差的原因和责任。

（2）工程小组或分包商的工程和工作

一个工程小组或分包商可能承担许多专业相同、工艺相近的分项工程或许多合同事件，所以必须对它们实施的总情况进行检查分析。在实际工程中常常因为某一工程小组或分包商的工作质量不高或进度拖延而影响整个工程施工。合同管理人员在这方面应给他们提供帮助，如协调他们之间的工作，对工程缺陷提出意见、建议或警告，责成他们在一定时间内提高质量、加快工程进度等。

作为分包合同的发包商，总承包商必须对分包合同的实施进行有效的控制。这是总承包商合同管理的重要任务之一。分包合同控制的目的如下：

1）控制分包商的工作，严格监督他们按分包合同完成工程责任。分包合同是总承包合同的一部分，如果分包商完不成他的合同责任，则总承包商也不能顺利完成总包合同。

2）为向分包商索赔和对分包商的反索赔做准备。总包与分包之间的利益是不一致的，双方之间常常有尖锐的利益冲突。在合同实施中，双方都在进行合同管理，都在寻求向对方索赔的机会，所以双方都有索赔和反索赔的任务。

3）对分包商的工程和工作，总承包商负有协调和管理的责任，并承担由此造成的损失。分包商的工程和工作必须纳入总承包工程的计划和控制中，防止因分包商的工程管理失误而影响全局。

（3）业主和工程师的工作

业主和工程师是承包商的主要工作伙伴，对他们的工作进行监督和跟踪十分重要。

需要注意的是，工程师是以 FIDIC 合同为代表的国际工程合同中对于工程咨询公司的常用表述。在我国建设工程合同实践中通常称为监理人。后文中对于工程师的含义不再解释。

1）业主和工程师必须正确、及时地履行合同责任，及时提供各种工程实施条件，如及时分布图纸、提供场地、及时下达指令、做出答复，及时支付工程款等，而这常常是承包商推卸工程责任的托词。在这里，合同工程师应寻找合同中以及对方合同执行中的漏洞。

2）在工程中承包商应积极主动地做好工作，如提前催要图纸、材料，对工作事先通知。这样不仅可以让业主和工程师及时准备，以建立良好的合作关系，保证工程顺利实施，而且可以推卸自己的责任。

3）有问题及时与工程师沟通，多向工程师汇报情况，及时听取他的指示（书面的）。

4）及时收集各种工程资料，对各种活动、双方的交流作好记录。

5）对有恶意的业主提前防范，并及时采取措施。

（4）工程总的实施情况

1）工程整体施工秩序状况。如果出现以下情况，合同实施必定存在问题：现场混乱、拥挤不堪，承包商与业主的其他承包商、供应商之间协调困难，工程小组之间协调困难，出现事先未考虑到的情况和局面，发生较严重的工程事故等。

2）已完工程没有通过验收，出现大的工程质量事故，工程试运行不成功或达不到预定的生产能力等。

3）施工进度未达到预定计划，主要的工程活动出现拖期，在工程周报和月报上计划和实际进度出现大的偏差。

4）计划和实际的成本曲线出现大的偏离。计划成本累计曲线与实际成本曲线对比，可以分析出实际和计划的差异。

通过合同实施情况追踪、收集、整理，能反映工程实施状况的各种工程资料和实际数据，将这些信息与工程目标，如合同文件、合同分析的资料、各种计划、设计等进行对比分析，可以发现两者的差异。根据差异的大小确定工程实施偏离目标的程度。

5.3.4　工程合同实施情况偏差分析与处理

合同实施情况偏差表明工程实施偏离了工程目标，应加以分析调整，否则这种差异会逐渐积累，越来越大，最终导致工程实施远离目标，使承包商或合同双方受到很大的损失，甚至可能导致工程的失败。

1. 合同实施情况偏差分析

合同实施情况偏差分析，指在合同实施情况追踪的基础上，评价合同实施情况及其偏差，预测偏差的影响及发展的趋势，并分析偏差产生的原因，以便对该偏差采取调整措施。

合同实施情况偏差分析的内容包括：

(1) 合同执行差异的原因分析

通过对不同监督跟踪对象计划和实际的对比分析，不仅可以得到合同执行的差异，而且可以探索引起这个差异的原因。原因分析可以采用鱼刺图、因果关系分析图（表）、成本量差、价差、效率差分析等方法定性或定量地进行。

例如，通过计划成本和实际成本累计曲线的对比分析，不仅可以得到总成本的偏差值，而且可以进一步分析差异产生的原因。引起上述计划和实际成本累计曲线偏离的原因可能有：整个工程加速或延缓；工程施工次序被打乱；工程费用支出增加，如材料费、人工费上升；增加新的附加工程，使主要工程的工程量增加；工作效率低下，资源消耗增加等。

上述每一类偏差原因还可进一步细分，如引起工作效率低下可以分为内部干扰，如施工组织不周，夜间加班或人员调遣频繁；机械效率低，操作人员不熟悉新技术，违反操作规程，缺少培训；经济责任不落实，工人劳动积极性不高等。外部干扰，如图纸出错，设计修改频繁；气候条件差；场地狭窄，现场混乱，施工条件差等。

在上述基础上还应分析出各原因对偏差影响的权重。

(2) 合同差异责任分析

即这些原因由谁引起？该由谁承担责任？这常常是索赔的理由。一般只要原因分析有根有据，则责任分析自然清楚。责任分析必须以合同为依据，按合同规定落实双方的责任。

(3) 合同实施的趋向预测

分别考虑不采取调控措施和采取调控措施，以及采取不同的调控措施情况下，合同的最终执行结果：

1) 最终的工程状况，包括总工期的延误、总成本的超支、质量标准、所能达到的生产能力等。

2) 承包商将承担什么样的后果，如被罚款、被清算，甚至被起诉，对承包商资信、企业形象、经营战略的影响等。

3) 最终工程经济效益（利润）水平。

2. 合同实施情况偏差处理

根据合同实施情况偏差分析的结果，承包商应采取相应的调整措施。调整措施可分为：

(1) 组织措施：如增加人员投入，重新进行计划或调整计划，派遣得力的管理人员。

(2) 技术措施：如变更技术方案，采用新的更高效率的施工方案。

(3) 经济措施：如增加投入，对工作人员进行经济激励等。

(4) 合同措施：如进行合同变更，签订新的附加协议、备忘录，通过索赔解决费用超支问题等。合同措施是承包商的首选措施，该措施主要由承包商的合同管理机构来实施。

承包商采取合同措施时通常应考虑以下问题：

1）如何保护和充分行使自己的合同权利，例如通过索赔以降低自己的损失。

2）如何利用合同使对方的要求降到最低，即如何充分限制对方的合同权利，找出业主的责任。如果通过合同诊断，承包商已经发现业主有恶意、不支付工程款或自己已经陷入合同陷阱中，或已经发现合同亏损，而且估计亏损会越来越大，则要及早确定合同执行战略。如及早解除合同，降低损失；争取道义索赔，取得部分补偿；采用以守为攻的办法拖延工程进度，消极怠工。因为在这种情况下，承包商投入的资金越多，工程完成得越多，承包商就越被动，损失会越大。

5.4 工程合同损害赔偿与缺陷责任

5.4.1 损害赔偿责任

1. 损害赔偿责任

损害赔偿是指违约方不履行合同义务或履行合同义务不符合约定而给对方造成损失时，按照法律规定或合同约定，违约方就对方所受损害给予补偿的一种方法。

大陆法认为，损害赔偿责任的确定依据，必须具备下列条件：

第一，债务人须有过错。即债务人只对故意或过失所造成的损害负责。如法国民法典规定，任何人的过失使他人受损害时，因自己的过失而致行为发生的人，应对他人负有赔偿责任。

第二，必须有损害的事实。如果没有发生损害，就谈不上赔偿。受损害的一方应就其所受的损害，提供事实证明。

第三，损害行为与事实之间必须有因果关系，即损害是由于债务人的过错行为所造成。英美法认为，只要一方当事人违约，另一方就有权起诉要求损害赔偿，而不以一方有无过失为条件，也不以是否发生实际损害为前提。即使违约结果没有造成损害，债权人仍可请求名义上的损害赔偿，即在法律上承认他的合法权利受到了侵犯。

2. 损害赔偿的基本原则

（1）完全赔偿原则

完全赔偿原则是指违约方应当对其违约行为所造成的全部损失承担赔偿责任。其目的是补偿债权人因债务人违约所造成的损失，所以，损害赔偿范围除了包括该违约行为给债权人所造成的直接损失外，还包括债权人可得利益的损害。

（2）合理限制原则

完全赔偿原则是为了保护债权人免于遭受违约损失，因此是完全站在债权人的立场上，根据公平合理原则，债权人也不能擅自夸大损害事实而给违约方造成额外损失。对此，《民法典》合同编也对债权人要求赔偿的范围进行了限制性规定，包括：

1）应当预见规则

《民法典》合同编规定，当事人一方不履行合同义务或履行合同义务不符合约定，而给对方造成损失的，损失赔偿额应相当于因违约造成的损失，包括合同履行后可获得的利益，但不能超过违反合同一方订立合同时预见到或应当预见到的因违反合同可能造

成的损失。

2）减轻损害规则

《民法典》合同编规定，当事人一方违约后，对方应当采取适当措施防止损失的扩大；当没有采取适当措施而致使损失扩大时，不得就扩大部分要求赔偿。当事人因防止损失扩大而支出的合理费用，应由违约方承担。

3）损益相抵规则

损益相抵规则是指受损方基于违约行为而发生违约损失的同时，又因违约行为而获得一定的利益或减少一定的支出，则受损方应当在其应得的损害赔偿费中，扣除其所得的利益。

3. 损害赔偿的方法

根据各国的法律规定，损害赔偿的方法一般有恢复原状和金钱赔偿两种。

恢复原状是指恢复到损害发生前的原状。金钱赔偿是以支付金钱来弥补对方所受到的损害。德国法以恢复原状为原则，以金钱赔偿为例外。法国法则以金钱赔偿为原则，以恢复原状为例外。英美法一般都是判处金钱赔偿。

4. 损害赔偿的范围

损害赔偿的范围，一般都是按合同中双方所约定的违约方法办理。如果合同中没有规定，就按法律规定办理。

各国法律对损害赔偿范围的规定：

（1）德国民法典规定，损害赔偿的范围包括违约所造成的实际损失和失去的利益。

（2）法国民法典规定，对债权人的损害赔偿一般应包括债权人所受的现实的损害和所失去的可获得的利益。

（3）英国法律对损害赔偿的范围规定了两项原则，第一这种损失必须是违约过程中直接而自然发生的损失；第二，这种损失必须是双方当事人在订约时可以合理地预见到的。

（4）美国统一商法典规定，损害赔偿的范围除包括一般的损失，还包括附带损失和间接损失。

（5）我国《民法典》合同编规定，当事人一方违反合同的赔偿责任，应当相当于另一方因此所受到的损失，但是不得超过违反合同一方订立合同时预见到或者应当预见到的因违反合同可能造成的损失。

5.4.2　工程合同损害赔偿责任

1. 承包商的损害赔偿责任

（1）承包商对工程照管的损害赔偿责任

从工程开始到颁发工程的移交证书为止，承包商对工程的照管负全部责任。在此期间，如果发生任何损失或损坏，除属于业主风险情况外，应由承包商对该损失负责。对于颁发移交证书后发生的损失，若该损失是在移交证书颁发之前因承包商的原因所致，则承包商仍对该损失负责。

（2）承包商的误期损害赔偿责任

依据 FIDIC 合同条件的有关规定，如果承包商未能在合理竣工的时间内完成整个工程，或未在投标书附件中规定的相应时间内完成任何部分工程，并通过竣工检验，承包商应向业主支付投标书附件中注明的相应金额，作为合理的竣工时间起至移交证书注明的实际竣工日期为止之间每日或不足一日的误期损害赔偿费。但全部交付款不得超过投标书附件中注明的限额。按照英美法律规定，承包商向业主支付的误期损害赔偿费实质是赔偿由误期给业主造成的损失，而不是罚金。

如果在整个工程的竣工期限之前，已有部分工程按期签发了移交证书，则应按各段工程价格比例和移交的具体时间折减误期损害赔偿金。

如果对工程的任何部分支付赔偿费以后，工程师发布了变更令或出现了不利的外界条件、人为障碍或承包商不能控制的任何情况，在工程师看来导致了该部分工程的进一步延误，则工程师应书面通知承包商和业主，暂停业主获得进一步延误工期的赔偿费的权利。

（3）承包商不能按合同工期竣工，工程质量达不到约定的质量标准，或由于承包商的原因致使合同无法履行或不能正确履行，则承包商应承担违约责任，赔偿因其违约给业主造成的损失。

承包商无法履行或不能正确履行合同的情况如下：

1）承包商未取得业主的事先同意将合同或合同的一部分转让出去。

2）在接到工程师的开工通知后，无正当理由拖延开工。

3）无视工程师事先的书面警告，固执、公然地忽视履行合同规定的义务。

4）承包商擅自将工程的某些部分分包出去等。

2. 业主的损害赔偿责任

（1）业主风险

在承包商负责照管工程期间（即交付前），如果发生以下情况造成工程、或其他部分、或材料、或待安装的设备损坏或损失，承包商有责任修补，但由业主承担费用：

1）战争、敌对行为等；

2）工程所在国内部起义、恐怖活动、革命等内部战争或动乱；

3）非承包商（包括其分包商）人员造成的骚乱和混乱等；

4）军火和其他爆炸性材料放射性造成的离子辐射或污染等造成的威胁，但承包商使用此类物质导致的情况除外；

5）飞机以及其他飞行器造成的压力波；

6）业主占有或使用部分永久工程；

7）业主方负责的工程设计；

8）一个有经验的承包商也无法合理预见并采取措施来防范的自然力的作用。

（2）业主的损害赔偿责任

1）FIDIC合同是业主与承包商之间的合同，业主必须为工程师的行为承担责任。如果工程师在工程管理中失误，例如，未及时地履行职责，发出错误的指令、决定、处理意见等，造成工期拖延和承包商的费用损失，业主必须承担赔偿责任。

2）业主应按合同要求向承包商提供工程施工所需要的现场和道路，否则必须承担工期延误和费用赔偿责任。

3）除属于业主风险外，业主对承包商的设备、材料和临时工程的损失或损坏不承担责任。

4）对出现业主无力、无法或不能正确履行合同的情况，例如：

1）在合同规定的付款期满后 28 天内，未能按工程师出具的付款证书向承包商付款；

2）无理地干扰、阻挠或拒绝批准工程师颁发上述付款证书；

3）破产或停业整顿；

4）通知承包商，由于不可预见的原因或经济混乱，使其不可能继续履行合同义务。

则承包商有权根据合同终止雇佣关系，并通知业主和工程师，这种终止在通知发出后 14 天生效。在上述情况下，业主不仅有义务向承包商支付这种终止前完成的全部工作的费用，而且还应赔偿由于这种终止所引起的，或与之有关的，或其后果造成承包商损失或损害的费用。

3. 工程质量缺陷的损害赔偿责任

（1）工程质量缺陷的损害赔偿责任主体

按照《中华人民共和国建筑法》（以下简称为"建筑法"）第 80 条规定："在建筑物的合理使用寿命内，因建筑工程质量不合格受到损害的，有权向责任者要求赔偿"。关于"责任者"的范围，该条没有明确。但《建设工程质量管理条例》的第 3 条对此作了明确规定："建设单位、勘察单位、设计单位、施工单位、工程监理单位依法对建设工程质量负责"。因这些主体的原因产生的建筑质量问题，造成他人人身、财产损失的，这些单位应当承担相应的赔偿责任。受损害人可以向上述主体中对建筑物缺陷负有责任者要求赔偿，也可向各方共同提出赔偿要求，在查明原因的基础上由真正的责任者承担赔偿责任。

根据《建筑法》、《建设工程质量管理条例》的规定，承包商承担质量损害赔偿责任的情况有：

1）施工企业转让、出借资质证书或者以其他方式允许他人以本企业的名义承揽工程，对因该项承揽工程不符合规定的质量标准造成的损失，施工企业与使用本企业名义的单位或者个人承担连带赔偿责任；

2）承包单位将承包的工程转包的，或者违反建筑法规定进行分包，对因转包工程或者违法分包的工程不符合规定的质量标准造成的损失，与接受转包或者分包的单位承担连带赔偿责任；

3）施工企业在施工中偷工减料，使用不合格的建筑材料、建筑构配件和设备，或者有其他不按照工程设计图纸或施工技术标准施工的行为，造成建筑工程质量不符合规定的质量标准的，负责返工、修理，并赔偿因此造成的损失；

4）施工企业违反建筑法规定，不履行保修义务或者拖延履行保修义务的，对在保修期内因屋顶、墙面渗漏、开裂等质量缺陷造成的损失，承担赔偿责任；

5）施工企业未对建筑材料、建筑构配件和设备、商品混凝土进行检验，或者未对涉及结构安全的试块、试件以及有关材料取样检测，造成损失的，依法承担赔偿责任。

（2）工程质量缺陷的损害赔偿责任范围

1）损害范围

因质量不合格所造成的损害是指因工程质量不合格而导致的人员死亡，人身伤害和财产损失及其他重大损失。

　　2）赔偿范围

　　对于财产损失，由侵害人按损失金额赔偿，可以金钱赔偿，也可以恢复原状。对于人身伤害损失，由侵害人赔偿医疗费，因误工减少的收入，伤残者生活补助费等费用。造成受害人死亡的，还应支付丧葬费、抚恤费、死者生前抚养人的必要的生活费等费用。

5.4.3　工程合同缺陷责任

1. 工程合同缺陷责任的内容

（1）完成扫尾工作与修复缺陷

　　1）为了保证在合同缺陷责任期期满之时或之后，尽快保证工程及承包商的文件（包括承包商递交的全部图纸、计算书、操作及维修手册等资料）达到合同要求的状态，即：完成全部合同义务，承包商应在工程师指示的合理时间内完成签发工程接受证书时还剩下的扫尾工作，若发现了缺陷或发生了损害，业主应及时通知承包商，而承包商应在合同期内修复业主方在缺陷责任期期满之时或之前通知的缺陷。

　　2）如果工程出现了问题，承包商应在工程师的指导下调查工程缺陷的起因，如果工程缺陷是由于：承包商负责的设计工作，承包商所用材料、设备或工艺不符合合同规定；承包商没有遵守其他合同义务的原因造成的，则承包商承担完成维修工作的费用，相关的调查费用也由承包商承担。如果工程缺陷不是上述原因造成的，业主方应支付承包商调查费以及合理的利润，并立即通知承包商，同时将承包商修复缺陷的工作以变更方式处理，

　　3）如果缺陷或损害的部分在现场无法及时修复，在业主的允许下，承包商可以将此类工程部分移出现场进行修复，如工程中安装的一些大型设备；但业主在允许这样做的同时，可要求承包商增加履约保函的额度，增加部分等于移出工程部件的全部重置成本；如果不增加履约保函额度，也可以采用其他类似保证。这是因为将此类永久设备移出现场，造成业主无法控制承包商对该设备的处置，因此，业主方可以在此情况下要求承包商追加担保额度或提供其他担保。

　　但追加履约保函额度或提供其他担保会导致承包商的额外费用。如果业主对承包商比较信赖，业主也许不会对承包商提出此类要求。因此，承包商的信誉在此情况下会给承包商带来一定的"收益"。

　　4）如果对任何缺陷或损害的修复影响到了工程的性能，工程师可要求重复合同中规定的任何检验，并且工程师应在维修工作结束后的28天内将此要求通知承包商，检验的风险和费用由承担维修费用的责任方承担。

（2）对未修复缺陷的处理

　　1）如果承包商未在合理的时间内修复工程出现的问题（包括缺陷和损害，下同），业主方可以确定一个截止日期，要求承包商必须到该日期前完成此类修复工作，但业主方应及时通知承包商该日期；

　　2）如果承包商在截止日期仍不修复出现的问题，并且此工作本应由承包商自费完成，则业主可采用以下三种方式之一来处理：

　　① 业主可自行或委托他人完成修复工作，费用由承包商承担，但承包商对修复工作

不再承担责任；

② 要求工程师与双方商定或决定从合同价格中进行相应的价款减扣；

③ 如果出现的问题致使业主基本上不能获得工程和其主要部分预期的使用价值，业主可终止全部合同或涉及该主要部分的合同，业主还有权收回其支付的所有工程款或就该主要部分的合同款，加上业主的融资费和工程拆除清理等相关费用，同时保留合同或法律赋予业主的其他权利。

业主有权雇佣他人完成上述修理工作。如果缺陷的原因由承包商责任引起，则费用由保留金中扣除或由承包商支付。

（3）履约证书的签发

1）如果在缺陷责任期内承包商完成了扫尾工作，没有发生工程缺陷，或发生了缺陷，但及时在该期间修复并得到认可，则工程师应在缺陷责任期届满后的 28 天内将履约证书签发给承包商。

2）如果缺陷责任期届满时，承包商还有些工作没有完成，如提交文件，修复缺陷等，则工程师应在此类工作完成之后尽快签发履约证书给承包商。

3）履约证书中应载明承包商完成其合同义务的日期，并将履约证书的副本提交给业主。

4）只要当工程师向承包商签发了履约证书之后，才能认为承包商的义务已经完成。

5）在履约证书签发之后，承包商及业主对在签发履约证书时尚未履行的义务（例如业主尚未完成支付，履约保函尚未退回等）仍有责任继续履行，此时合同应被认为仍然有效。

（4）承包商的进入权

承包商在缺陷责任期内要进行修复或必要的检查工作，就必须进入工程现场，因此，在签发履约证书之前，只要是为了履行合同的缺陷责任，承包商有权进入工程。但业主基于保安方面的原因，可对承包商的进入权进行合理限制。

（5）现场清理

为防止承包商长期占用业主的场地，承包商在收到履约证书之时，应随即将仍留在现场的承包商的设备、剩余材料、垃圾和废墟等清理走；如果承包商在收到履约证书 28 天内仍没有清理，业主可将此类物品出售或处理掉，进行现场整理；并且业主为上述工作付出的费用应由承包商支付，从所售收入中扣取，多退少补。

2. 工程合同缺陷责任期

（1）缺陷责任期

缺陷责任期一般也叫维修期（Maintenance Period），指正式签发的移交证书中注明的缺陷责任期开始日期（一般为通过竣工验收的日期）后一段时期（一般为一年或更长）。对有不同竣工期的部分工程，则有不同的缺陷责任期。

（2）缺陷责任期的延长

1）工程移交后，如果由于施工或设备安装缺陷，缺陷责任期可延长一个时间段，其长度相当于工程或任何区段或工程设备项目因某种缺陷或损害不能如期投入使用的时间长度的总和，但在任何情况下，延长的时间不得超过 2 年。

2）如果由于业主负责的原因导致暂停了材料和永久设备的交付或安装，在此类材料或设备原定的缺陷责任期届满 2 年后，承包商不再承担任何修复缺陷的义务。

5.5　工程合同变更管理

5.5.1　概述

1. 工程变更的概念及性质

工程变更一般是指在工程施工过程中，根据合同的约定对施工的程序、工程的数量、质量要求及标准等做出的变更。

工程变更是一种特殊的合同变更。合同变更是指合同成立以后、履行完毕以前由双方当事人依法对原合同的内容所进行的修改。但工程变更与一般合同变更存在一定的差异。一般合同变更的协商，发生在履约过程中合同内容变更之时，而工程变更则较为特殊；双方在合同中已经授予工程师进行工程变更的权利，但此时对变更工程的价款最多只能作原则性的约定；在施工过程中，工程师直接行使合同赋予的权利发出工程变更指令，根据合同约定承包商应该先行实施该指令；此后，双方可对变更工程的价款进行协商。这种标的变更在前、价款变更协商在后的特点容易导致合同处于不确定的状态。

2. 工程变更的内容

按照国际土木工程合同管理的惯例，一般合同中都有一条专门的变更条款，对有关工程变更的问题做出具体规定。依据 FIDIC 合同条件第 13 条规定，颁发工程接收证书前，工程师可通过发布变更指示或以要求承包商递交建议书的方式提出变更。除非承包商马上通知工程师，说明他无法获得变更所需的货物并附上具体的证明材料，否则承包商应执行变更并受此变更的约束。

变更内容可包括：

（1）改变合同中所包括的任何工作的数量（但这种改变不一定构成变更）。

（2）改变任何工作的质量和性质。如工程师可以根据业主要求，将原定的水泥混凝土路面改为沥青混凝土路面。

（3）改变工程任何部分的标高、基线、位置和尺寸。如公路工程中要修建的路基工程，工程师可以指示将原设计图纸上原定的边坡坡度，根据实际的地质土壤情况改建成比较平缓的边坡坡度。

（4）删减任何工作。

（5）任何永久工程需要的附加工作、工程设备、材料或服务。

（6）改动工程的施工顺序或时间安排。若某一工段因业主的征地拆迁延误，使承包商无法开工，那么业主对此负有责任。工程师应和业主及承包商协商，变更工程施工顺序，以免对工程进展造成不利影响。

FIDIC 合同条件还规定，除非有工程师指示或同意变更，承包商不得擅自对永久工程进行任何改动。

根据我国新版示范文本的约定，工程变更包括设计变更和工程质量标准等其他实质性内容的变更。其中设计变更包括：

（1）更改工程有关部分的标高、基线、位置和尺寸；

（2）增减合同中约定的工程量；

（3）改变有关工程的施工时间和顺序；

（4）其他有关工程变更需要的附加工作。

工程变更只能是在原合同规定的工程范围内的变动，业主和工程师应注意不能使工程变更引起工程性质方面有很大的变动，否则应重新订立合同。从法律角度来说，工程变更也是一种合同变更，合同变更应经合同双方协商一致。根据诚实信用的原则，业主显然不能通过合同的约定而单方面的对合同做出实质性的变更。从工程角度来说，工程性质若发生重大的变更而要求承包商无条件地继续施工也是不恰当的，承包商在投标时并未准备这些工程的施工机械设备，需另行购置或运进机具设备，使承包商有理由要求另签合同，而不能作为原合同的变更，除非合同双方都同意将其作为原合同的变更。承包商认为某项变更指示已超出本合同的范围，或工程师的变更指示的发布没有得到有效的授权时，可以拒绝进行变更工作。

5.5.2　工程变更的程序

1. 工程变更的提出

（1）承包商提出的工程变更

承包商在提出工程变更时，一般情况是工程遇到不能预见的地质条件或地下障碍。如原设计的某大厦的基础为钻孔灌注桩，承包商根据开工后钻探的地质条件和施工经验，认为改成沉井基础较好。另一种情况是承包商为了节约工程成本或加快工程施工进度，提出工程变更。

（2）业主方提出变更

业主一般可通过工程师提出工程变更。如业主方提出的工程变更内容超出合同限定的范围，则属于新增工程，只能另签合同处理，除非承包商同意作为变更。

（3）工程师提出工程变更

工程师往往根据工地现场工程进展的具体情况，认为确有必要时，可提出工程变更。工程承包合同施工中，因设计考虑不周，或施工时环境发生变化，工程师本着节约工程成本和加快工程进度与保证工程质量的原则，提出工程变更。只要提出的工程变更在原合同规定的范围内，一般是切实可行的。若超出原合同，新增了很多工程内容和项目，则属于不合理的工程变更请求，工程师应和承包商协商后酌情处理。

2. 工程变更的批准

由承包商提出的工程变更，应交与工程师审查与批准。由业主提出的工程变更，为便于工程的统一管理，一般可由工程师代为发出。而工程师发出工程变更通知的权利，一般由工程施工合同明确约定。如果合同对工程师提出工程变更的权利作了具体限制，而约定其余均应由业主批准，则工程师就超出其权限范围的工程变更发出指令时，应附上业主的书面批准文件，否则承包商可拒绝执行。但在紧急情况下，不应限制工程师向承包商发布其认为必要的此类变更指示。如果在上述紧急情况下采取行动，工程师应将情况尽快通知业主。例如，当工程师在工程现场认为出现了危及生命、工程或相邻第三方财产安全的紧急事件时，在不解除合同规定的承包商的任何义务和职责的情况下，工程师可以指示承包商实施他认为解除或减少这种危险而必须进行的所有这类工作。尽管没有业主的批准，承包商也应立即遵照工程师的任何此类变更指示。工程师应根据 FIDIC 合同条件第 13 条，对每项变更应按合同中有关测量和估价的规定进行估价，并相应地通知承包商，同时将一份复印件呈交业主。

3. 工程变更指令的发出及执行

为了避免耽误工作，工程师在和承包商就变更价格达成一致意见之前，有必要先行发布变更指示，即分两个阶段发布变更指示：第一阶段是在没有规定价格和费率的情况下直接指示承包商继续工作；第二阶段是在通过进一步协商之后，发布确定变更工程费率和价格的指示。

工程变更指令的发出有两种形式：书面形式和口头形式。

一般情况要求工程师签发书面变更通知令。当工程师书面通知承包商工程变更，承包商才执行变更的工程。所有工程变更必须用书面或一定规格写明。当工程师发出口头指令要求工程变更时，则在事后一定要补签一份书面的工程变更指示。如果工程师口头指示后忘了补书面指示，承包商（须 7 天内）应以书面形式证实此项指示，交与工程师签字，工程师若在 14 天之内没有提出反对意见，应视为认可。

根据通常的国际惯例，除非工程师明显超越合同赋予其的权限，承包商应该无条件地执行其工程变更指示。如果工程师根据合同约定发布了进行工程变更的书面指令，则不论承包商对此是否有异议，不论工程变更的价款是否已经确定，也不论监理方或业主答应付款的金额是否令承包商满意，承包商都必须无条件地执行此种指令。即使承包商有意见，也只能在进行变更工作的同时，根据合同规定寻求索赔或仲裁解决。在争议处理期间，承包商有义务继续进行正常的工程施工和有争议的变更工程施工，否则可能会构成承包商违约。

4. 现行工程变更程序的评价

在实际工程中，工程变更情况比较复杂，一般有以下几种：

（1）与变更相关的分项工程尚未开始，只需对工程设计作修改或补充，如发现图纸错误、业主对工程有新的要求。这种情况下的工程变更时间比较充裕。

（2）变更所涉及的工程正在进行施工，如在施工中发现设计错误或业主突然有新的要求。这种变更通常时间很紧迫，甚至可能发生现场停工，等待变更指令。

（3）对已经完工的工程进行变更，必须作返工处理。这种情况对合同履行将产生比较大的影响，双方都应认真对待，尽量避免这种情况发生。

现行的工程变更程序一般由合同做出约定，该程序较为适用于上述第（2）、第（3）种情况。但对较为常见的第（1）种情况并不适合，并且也是导致争议的重要原因之一。对该种情况，最理想的程序是：在变更执行前，合同双方已就工程变更中涉及的费用增加和工期延误的补偿协商后达成一致，业主对变更申请中的内容已经认可，争执较少。图 5-2 为理想的工程变更程序图。

但按这个程序变更过程时间太长，合同双方对于费用和工期补偿谈判常常会有反复和争执，这会影响变更的实施和整个工程施工进度。在现行工程施工合同中，该程序较少采用，而是在合同中赋予工程师（业主）直接指令变更工程的权利，承包商在接到指令后必须执行变更，而合同价格和工期的调整由工程师（业主）和承包商协商后确定。

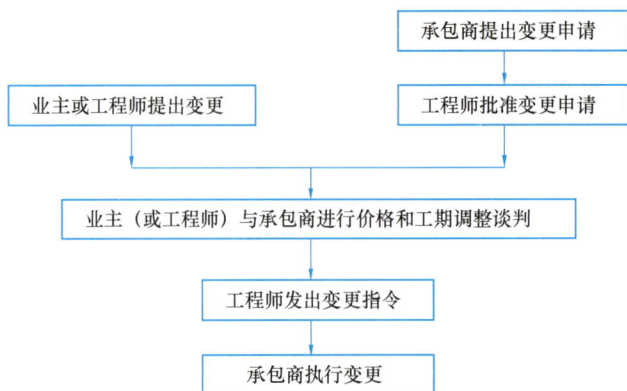

图 5-2　理想的工程变更程序

5.5.3　工程变更价格调整

1. 工程变更责任分析

工程变更责任分析是工程变更起因与工程变更问题处理的关键。工程变更包括以下内容：

（1）设计变更

设计变更会引起工程量的增加、减少，新增或删除分项工程，工程质量和进度的变化，实施方案的变化。对设备变更的责任划分原则为：

1）由于业主要求、政府部门要求、环境变化、不可抗力、原设计错误等导致设计修改，必须由业主承担责任；

2）由于承包商施工过程、施工方案出现错误、疏忽而导致设计修改，由承包商负责；

3）在现代工程中，承包商承担的设计工作逐渐多起来，承包商提出的设计必须经过工程师（或业主）的批准。对不符合业主招标文件中对工程要求的设计，工程师有权不认可。

（2）施工方案变更

施工方案变更的责任分析有时比较复杂。

1）在投标文件中，承包商就在施工组织设计中提出比较完备的施工方案，但施工组织设计不作为合同文件的一部分。对此应注意以下问题：

① 施工方案虽然不是合同文件，但它也有约束力。业主向承包商授标前，可要求承包商对施工方案做出说明或修改方案，以符合业主的要求。

② 施工合同规定，承包商应对所有现场作业和施工方法的完备、安全、稳定负全部责任。这一责任表示在通常情况下由于承包商自身原因（如失误或风险）修改施工方案所造成的损失由承包商负责。

③ 在施工方案变更作为承包商责任的同时，又隐含着承包商对决定和修改施工方案具有相应的权利，即业主不能随便干预承包商的施工方案；为了更好地完成合同目标或在不影响合同目标的前提下，承包商有权采用更为科学和经济合理的施工方案，业主也不得随便干预。当然，承包商应承担重新选择施工方案的风险和机会收益。

④ 在工程中，承包商采用或修改实施方案都要经过工程师的批准或同意。如果工程师无正当理由不同意可能会导致一个变更指令。这里的正当理由包括工程师有证据证明或认为使用这种方案，承包商不能圆满完成合同责任；承包商要求变更方案（如变更施工次序、缩短工期），而业主无法完成合同规定的配合责任，如无法按此方案及时提供图纸、场地、资金、设备，则工程师有权要求承包商执行原定方案。

2）重大的设计变更常常会导致施工方案的变更。如果设计变更由业主承担责任，则相应的施工方案的变更也由业主负责；反之，则由承包商负责。

3）对不利的异常地质条件所引起的施工方案的变更，一般作为业主的责任。一方面，这是一个有经验的承包商无法预料的现场气候条件除外的障碍或条件；另一方面，业主负责地质勘察并提供地质报告，则业主应对报告的正确性和完备性负责。

4）施工进度的变更。施工进度的变更非常频繁：在招标文件中，业主给出工程的总工期目标；承包商在投标文件中有一个总进度计划；中标后承包商还要提出详细的进度计划，由工程师批准（或同意）；在工程开工后，每月都可能有进度调整。通常只要工程师（或业主）批准（或同意）承包商的进度计划（或调整后的进度计划），则新的进度计划就有约束力。如果业主不能按照新的进度计划完成应由其完成的责任，如及时提供图纸、施工场地、水电等，则属于业主违约，业主应承担责任。

2. 工程变更价款的确定

按照国际土木工程合同管理的管理（如 FIDIC《施工合同条件》2017 版），一般合同工程变更估价的原则为：

（1）对于按工程师的所有工程变更，若属于工程量清单上增加或减少的工作项目，一般应根据（或参考）合同中工程量清单所列的单价或价格而定。

（2）如工程量清单或其他资料表中无某项内容，应取类似工作的单价或价格。

（3）在工程量清单或其他资料表中确定的任何工作事项，但未规定费率或价格的，应视为包含在工程量清单或其他资料表中的其他单价或价格。

（4）如该项工作在工程量清单或其他资料表中没有确定，也没有在工程量清单或其他资料表中规定该项工作的单价或价格，由于工作性质不同，或在与合同中任何工作不同的条件下实施，未规定适宜的单价或价格，宜对有关工作内容采用新的单价或价格。

（5）以下情况下也宜对有关工作内容采用新的单价或价格：①该项工作测量出的变化数量超过工程量清单或其他资料中所列数量的 10％以上；②此数量变化与该项工作在工程量清单或其他资料表中规定的单价或价格的乘积，超过中标合同金额的 0.01％；③此数量变化直接改变该项工作的单位成本超过 1％；④工程量清单或其他资料表中没有规定该项工作为"固定费率项目""固定费用"或类似术语，指的是不因数量变化而调整的单价或价格。

新的单价或价格应考虑有关事项对工程量清单或其他资料表中相关单价或价格加以合理调整后得出。如果没有规定的单价或价格可供推算新的单价或价格，应根据实施该项工作的合理成本，连同合同数据中规定的适用利润百分比（如未规定，则为 5％），并考虑其他相关事项后得出。

我国《建设工程施工合同（示范文本）》（GF-2017-0201）所确定的工程变更估价原则为：除专用合同条款另有约定外，变更估价按照本款约定处理：

（1）已标价工程量清单或预算书有相同项目的，按照相同项目单价认定；

（2）已标价工程量清单或预算书中无相同项目，但有类似项目的，参照类似项目的单价认定；

（3）变更导致实际完成的变更工程量与已标价工程量清单或预算书中列明的该项目工程量的变化幅度超过15％的，或已标价工程量清单或预算书中无相同项目及类似项目单价的，按照合理的成本与利润构成的原则，由合同当事人按照第4.4款〔商定或确定〕确定变更工作的单价。

建设部1999年颁发的《建设工程施工发包与承包价格管理暂行规定》第17条规定变更价款的估价原则为：

（1）中标价或审定的施工图预算中已有与变更工程相同的单价，应按已有的单价计算。

（2）中标价或审定的施工图预算中没有与变更工程相同的单价时，应按定额相类似项目确定变更价格。

（3）中标价或审定的施工图预算或定额分项没有适用和类似的单价时，应由乙方编制一次性补充定额单价送甲方代表审定，并报当地工程造价管理机构备案。乙方提出和甲方确认变更价款的时间按合同条款约定，如双方对变更价款不能达成协议，则按合同条款约定的办法处理。

5.5.4　工程变更的管理

1. 工程变更条款的合同分析

对工程变更条款的合同分析应特别注意：

（1）工程变更不能超过合同规定的工程范围，如果超过这个范围，承包商有权不执行变更或坚持先商定价格后再进行变更。

（2）业主和工程师的认可权必须受到限制。业主常常通过工程师对材料、设计等的认可权而提高材料、设计等的质量标准，如果合同条文规定比较含糊或设计不详细，则容易产生争执。但是，如果这种认可权超过合同明确规定的范围和标准，承包商应争取业主或工程师的书面确认，进而提出工期和费用索赔。

（3）与业主、总（分）包商之间的任何书面信件、报告、指令等都应由合同管理人员进行技术和法律方面的审查，这样才能保证任何变更都在控制中。

2. 促成工程师提前做出工程变更

在实际工作中，变更决策时间过长以及变更程序太慢都会造成很大的损失，其表现为两种现象：一种是施工停止，承包商等待变更指令或变更会议决议；另一种是变更指令不能迅速做出，而现场继续施工，造成更大的返工损失。因此，要求变更程序尽量快捷，承包商也应及早发现可能导致工程变更的种种迹象，促使工程师提前做出工程变更。施工中如发现图纸错误或其他问题，需要进行变更，承包商应首先通知工程师，经工程师同意或通过变更程序后再进行变更。否则，承包商可能不仅得不到应有的补偿，而且还会带来麻烦。

3. 对工程师发出的工程变更应进行识别

特别是在国际工程中，工程变更不能免去承包商的合同责任。对已收到的变更指令，特别是重大的变更指令或在图纸上做出的修改意见，应予以核实。对超出工程师权限范围的变更，应要求工程师出具业主的书面批准文件。对涉及双方责权利关系的重大变更，必须有业主的书面指令、认可或双方签署的变更协议。

4. 迅速、全面落实变更指令

变更指令做出后，承包商应迅速、全面、系统地落实变更指令。这包括：

（1）承包商应全面修改相关的各种文件，如有关图纸、规范、施工计划、采购计划等，以便能反映并包括最新的变更。

（2）在相关的各个工程小组和分包商的工作中落实变更指令，提出相应的措施，对新出现的问题做出解释并制定对策，协调好各方面的工作。

（3）合同变更指令应立即在工程实施中贯彻并体现出来。由于合同变更与合同签订不同，没有一个合理的计划期，变更时间紧，难以详细地计划和分析，使责任落实不全面，容易造成计划、安排、协调方面的漏洞，引起混乱，导致损失。而这个损失往往被认为是由承包商管理失误造成的而得不到补偿。因此，承包商应特别注意工程变更的实施。

5. 分析工程变更的影响

合同变更是索赔的机会，应在合同规定的索赔有效期内完成对它的索赔处理。因此，在合同变更过程中就应该记录、收集、整理所涉及的各种文件，如图纸、各种计划、技术说明、规范和业主或工程师的变更指令，以作为进一步分析的依据和索赔的证据。

在实际工作中，承包商最好事先能就变更工程价款及工程的谈判达成一致后再进行合同变更。在变更执行前就应明确补偿范围、补偿方法、索赔值的计算方法、补偿款的支付时间等。但在现实中，工程变更的实施、价格谈判和业主批准三者之间存在时间上的矛盾，往往是工程师先发出变更指令要求承包商执行，但价格谈判与工期谈判迟迟达不成协议，或业主对承包商的补偿要求不批准，此时承包商应采取适当的措施来保护自身的利益。可采取的措施如下：

（1）控制（即拖延）施工进度，等待变更谈判结果，这样不仅损失较小，而且谈判回旋余地较大；

（2）争取按承包商的实际费用支出计算费用补偿，如采取成本加酬金方法，这样可避免价格谈判中的争执；

（3）应有完整的变更实施记录和照片，请业主、工程师签字，为索赔做准备。在工程变更中，应特别注意由变更引起返工、停工、窝工、修改计划等造成的损失，注意这方面证据的收集，以便为以后的索赔做准备。

5.6　工程合同价格调整

5.6 工程合同
价格调整

5.6.1　工程合同价格调整的必要性

由于工程建设的周期往往都比较长，较高层的房屋建筑需要 2～3 年，大型工业建筑项目、港口工程、高速公路往往需要 3～5 年，而大型水电站工程需要 5～10 年。在这样一个比较长的建设周期中，急剧的通货膨胀、关键材料的短缺与外币汇率的变化等因素都会造成工程的价格、工期和工程内容的变化。因此在考虑工程造价时，都必须考虑与工程

有关的各种价格的波动。如世界银行强制规定，如合同期超过 18 个月（或时间虽短但通货膨胀率高）时，必须在合同中包括价格调整规定。

业主在招标时，一方面在编制工程概（预）算，筹集资金以及考虑备用金额时，均应考虑价格变化问题。另一方面对工期较长、较大型的工程，在编制招标文件的合同条件中应明确地规定出各类费用变化的补偿办法，以使承包商在投标报价时不计入价格波动因素，这样便于业主在评标时，对所有承包商的报价可在同一基准线上进行比较，从而优选出最理想的承包商。

5.6.2　引起工程合同价格调整的因素

在工程招标承包时，施工期限在一年左右的项目和实行固定总价合同的项目，一般均不考虑合同价格调整，以签订合同时的单价和总价为准，物价上涨的风险全部由承包商承担，但是对于建设周期比较长的工程项目，则均应考虑下列因素引起的价格变化：

（1）劳务工资以及材料费用的上涨；

（2）其他影响工程造价的因素，如运输费、燃料费、电力等价格的变化；

（3）外币汇率的不稳定；

（4）国家或省、市立法的改变引起的工程费用的上涨。

一般对前两类因素用调价公式来调整合同价格，后两类因素可编制相应的条款进行调整。

5.6.3　合同价格调整的原则

按照国际土木工程合同管理的惯例（如 FIDIC 合同条件），合同价格调整的原则为：

（1）因劳动力价格、材料价格和影响施工费用的其他项目费用的变化，对合同价格的调整，应根据双方商讨的结果在特殊条款中详细、具体地规定。

（2）合同报价是以基准日期的法律环境为根据。基准日期通常为投标截止日期前第28 天。如果该天以后任何法律、法规、法令、政令、规章、细则发生变化，使承包商在实施合同中的费用发生变化，则应相应地调整合同价格。

（3）如果在基准日期以后，工程所在国政府对支付合同价格的货币实行限制及汇兑限制，则业主应对承包商由此受到的损失予以赔偿。

（4）如果业主要求投标书以一种货币报价，而用多种货币支付，其承包商也明确提出各种货币支付比例或款额，则货币之间的汇率，除合同另有规定外，应按工程所在国中央银行在基准日期当日公布的兑换率为准。

（5）其他情况下的费用索赔。费用索赔是 FIDIC 赋予承包商的权力之一，费用索赔的结果也造成合同价格的调整。引起费用索赔的具体事项及费用索赔的计算方法可见本书其他章节。

我国《建设工程施工合同（示范文本）》（GF-2017-0201）所规定的价格调整主要有两种情况，分别为：

（1）市场价格波动引起的调整。除专用合同条款另有约定外，市场价格波动超过合同当事人约定的范围，合同价格应当调整。合同当事人可以在专用合同条款中约定选择采用价格指数或采用造价信息进行价格调整，还可采用专用合同条款约定的其他方式。

（2）法律变化引起的调整。基准日期后，法律变化导致承包人在合同履行过程中所需要的费用发生除第11.1款〔市场价格波动引起的调整〕约定以外的增加时，由发包人承担由此增加的费用；减少时，应从合同价格中予以扣减。

5.6.4 合同价格调整的方法

我国《建设工程施工合同（示范文本）》（GF-2017-0201）对于因市场价格波动引起的调整，规定了具体的调整方法和公式，可作为实践中工程合同价格调整的依据。

1. 采用价格指数进行价格调整的方法

采用价格指数调整的方法，既可运用调价公式一次性对工程合同的总价格进行调整，也可以只考虑局部价格数量的变化和调整。

（1）价格调整公式

因人工、材料和设备等价格波动影响合同价格时，根据专用合同条款中约定的数据，按以下公式计算差额并调整合同价格：

$$\Delta P = P_0 \left[A + \left(B_1 \times \frac{F_{t1}}{F_{01}} + B_2 \times \frac{F_{t2}}{F_{02}} + B_3 \times \frac{F_{t3}}{F_{03}} + \cdots + B_n \times \frac{F_{tn}}{F_{0n}} \right) - 1 \right] \quad (5\text{-}1)$$

公式中：

ΔP——需调整的价格差额；

P_0——约定的付款证书中承包人应得到的已完成工程量的金额。此项金额应不包括价格调整、不计质量保证金的扣留和支付、预付款的支付和扣回。约定的变更及其他金额已按现行价格计价的，也不计在内；

A——定值权重（即不调部分的权重）；

B_1；B_2；B_3……B_n——各可调因子的变值权重（即可调部分的权重），为各可调因子在签约合同价中所占的比例；

F_{t1}；F_{t2}；F_{t3}……F_{tn}——各可调因子的现行价格指数，指约定的付款证书相关周期最后一天的前42天的各可调因子的价格指数；

F_{01}；F_{02}；F_{03}……F_{0n}——各可调因子的基本价格指数，指基准日期的各可调因子的价格指数。

以上价格调整公式中的各可调因子、定值和变值权重，以及基本价格指数及其来源在投标函附录价格指数和权重表中约定，非招标订立的合同，由合同当事人在专用合同条款中约定。价格指数应首先采用工程造价管理机构发布的价格指数，无前述价格指数时，可采用工程造价管理机构发布的价格代替。

（2）其他局部调整方法

暂时确定调整差额。在计算调整差额时无现行价格指数的，合同当事人同意暂用前次价格指数计算。实际价格指数有调整的，合同当事人进行相应调整。

权重的调整。因变更导致合同约定的权重不合理时，由发包人与承包人协商调整权重后，重新计算合同价格。

因承包人原因工期延误后的价格调整。因承包人原因未按期竣工的，对合同约定的竣工日期后继续施工的工程，在使用价格调整公式时，应采用计划竣工日期与实际竣工日期的两个价格指数中较低的一个作为现行价格指数。

2. 采用造价信息进行价格调整

合同履行期间，因人工、材料、工程设备和机械台班价格波动影响合同价格时，人工、机械使用费按照国家或省、自治区、直辖市建设行政管理部门、行业建设管理部门或其授权的工程造价管理机构发布的人工、机械使用费系数进行调整；需要进行价格调整的材料，其单价和采购数量应由发包人审批，发包人确认需调整的材料单价及数量，作为调整合同价格的依据。

（1）人工单价发生变化且符合省级或行业建设主管部门发布的人工费调整规定，合同当事人应按省级或行业建设主管部门或其授权的工程造价管理机构发布的人工费等文件调整合同价格，但承包人对人工费或人工单价的报价高于发布价格的除外。

（2）材料、工程设备价格变化的价款调整按照发包人提供的基准价格，按以下风险范围规定执行：

① 承包人在已标价工程量清单或预算书中载明材料单价低于基准价格的：除专用合同条款另有约定外，合同履行期间材料单价涨幅以基准价格为基础超过 5％时，或材料单价跌幅以在已标价工程量清单或预算书中载明材料单价为基础超过 5％时，其超过部分据实调整。

② 承包人在已标价工程量清单或预算书中载明材料单价高于基准价格的：除专用合同条款另有约定外，合同履行期间材料单价跌幅以基准价格为基础超过 5％时，材料单价涨幅以在已标价工程量清单或预算书中载明材料单价为基础超过 5％时，其超过部分据实调整。

③ 承包人在已标价工程量清单或预算书中载明材料单价等于基准价格的：除专用合同条款另有约定外，合同履行期间材料单价涨跌幅以基准价格为基础超过 ±5％时，其超过部分据实调整。

④ 承包人应在采购材料前将采购数量和新的材料单价报发包人核对，发包人确认用于工程时，发包人应确认采购材料的数量和单价。发包人在收到承包人报送的确认资料后5 天内不予答复的视为认可，作为调整合同价格的依据。未经发包人事先核对，承包人自行采购材料的，发包人有权不予调整合同价格。发包人同意的，可以调整合同价格。

前述基准价格是指由发包人在招标文件或专用合同条款中给定的材料、工程设备的价格，该价格原则上应当按照省级或行业建设主管部门或其授权的工程造价管理机构发布的信息价编制。

（3）施工机械台班单价或施工机械使用费发生变化超过省级或行业建设主管部门或其授权的工程造价管理机构规定的范围时，按规定调整合同价格。

5.7　工程合同支付管理

工程项目的特点决定工程款的支付方式与一般的商业付款方式不同，这主要表现在工程完成之前合同价格的不确定性与支付程序的复杂性。工程合同支付管理不仅是工程合同管理的重要组成部分，而且其管理的好坏直接影响到承包商能否顺利获得工程款。

工程合同的支付结算程序一般包括每个月月末支付工程进度款、竣工移交时办理竣工

5.7 工程合同
支付管理

结算以及解除缺陷责任后进行最终决算三种。支付结算过程中涉及的费用可以分为两大类：一类是工程量清单中列明的费用；另一类属于工程量清单内虽未注明，但条款有明确规定的费用，如变更工程款、物价浮动调整款、预付款、保留金、逾期付款利息、索赔款、违约赔偿款等。

5.7.1 工程进度款支付管理

1. 保留金

保留金是按合同约定从承包商应得工程款中相应扣减的一笔金额，保留在业主手中，作为约束承包商严格履行合同义务的保证措施之一，当承包商有一般违约行为使业主受到损失时，可从该项金额内直接扣除损害赔偿费。例如，承包商未能在工程师规定的时间内修复缺陷工程部位，业主雇佣其他人完成后，这笔费用可从保留金内扣除。

（1）保留金的扣留

从首次支付工程进度款开始，从该月承包商有权获得的所有款项中减去调价款后的金额，乘以合同约定保留金的百分比作为本次支付时应扣留的保留金（通常为 10%）。逐月累计扣到合同约定的保留金最高限额为止（通常为合同总价的 5%）。

（2）保留金的返还

签发工程移交证书后，退还承包商一半的保留金。如果签发的是部分工程移交证书，也应退还该部分永久工程占合同工程相应比例保留金的一半。在最迟的工程缺陷责任期到期之后，保留金余额应立即支付给承包商。在业主同意的前提下，承包商可以提交与一半保留金等额的维修保函代换缺陷责任期内的保留金。

2. 预付款

一般情况下，业主都在合同签订后向承包商提供一笔无息预付款作为工程开工动员费，以缓解承包商进行施工前期工作时的资金短缺。预付款金额在投标书附录中规定，一般为合同额的 10%～15%，特殊情况（如工程设备订货采购数量大时）可为 20%，甚至更高，取决于业主的资金情况。

（1）预付款的支付

预付款的数额由承包商在投标书内确认。FIDIC 合同条件中规定，承包商在满足了下列全部三个条件时，预付款支付证书由工程师及时（一般 14 天内）发出。

1）已签署合同协议书；

2）已提交了履约保证；

3）已由业主同意的银行按指定格式开出了无条件预付款保函。在预付款全部回收前，此保函一直有效，并且其金额始终与预付款等额，即随着承包商对预付款的逐步偿还而持续递减。

在合同条件中应明确业主在收到预付款支付证书后的支付期限。有些大型工程的总价合同，预付款也可分期支付，但都要在招标文件中说明。

我国《建设工程施工合同（示范文本）》（GF-2017-0201）对于预付款支付的规定为：预付款的支付按照专用合同条款约定执行，但至迟应在开工通知载明的开工日期 7 天前支付。预付款应当用于材料、工程设备、施工设备的采购及修建临时工程、组织施工队伍进场等。除专用合同条款另有约定外，预付款在进度付款中同比例扣回。在颁发工程接收证书前，提前解除合同的，尚未扣完的预付款应与合同价款一并结算。

（2）预付款的担保

我国建设工程施工合同关于预付款担保的基本做法为：

发包人要求承包人提供预付款担保的，承包人应在发包人支付预付款7天前提供预付款担保，专用合同条款另有约定除外。预付款担保可采用银行保函、担保公司担保等形式，具体由合同当事人在专用合同条款中约定。在预付款完全扣回之前，承包人应保证预付款担保持续有效。

发包人在工程款中逐期扣回预付款后，预付款担保额度应相应减少，但剩余的预付款担保金额不得低于未被扣回的预付款金额。

（3）预付款的扣还

预付款扣还的原则是从开工后一定期限之后开始到工程竣工期前的一定期限，按此间的月数平均扣还，从每月向承包商的支付款中扣回，不计利息，具体的扣还方式有以下三种：

1）由开工后的某个月份（如第4个月）到竣工前的某个月份（如竣工前3个月），以其间月数除以预付款总额求出每月平均扣还的金额。一般工程合同额不大，工期不长的项目可采用此方法。

2）由开工后累计支付额达到合同总价的某一百分数（如30%）的下一个月份开始扣还，到竣工期前的某个月份扣完。这种方式不知道开始扣还的日期，只能在工程实施过程中，当承包商的支付达到合同价的某一百分数时，计算由下一个月到规定的扣完月份之间的月数，每月平均扣还。

3）由开工后累计支付额达到合同总价的某一百分数（如30%）的月份开始扣还，一直扣到累计支付额达到合同总价的另一百分数（如80%）扣完。用这种方法在开工时无法知道扣完的日期，此时可采用下列公式计算（式中各项金额均不包含调价金额）：

$$R = \frac{(a-c)}{(b-c)} \times A \tag{5-2}$$

式中　R——第n个月月进度付款中累计扣除的预付款总金额；

　　　A——预付款总金额；

　　　a——第n个月累计月进度支付金额占合同价的百分比；

　　　b——预付款扣款结束时，累计月进度支付金额占合同价的百分比；

　　　c——预付款扣款开始时，累计月进度支付金额占合同价的百分比。

3. 用于永久工程的材料和工程设备款项的支付

在国际上，对用于永久工程的材料和工程设备（指承包商负责的工程设备的定货、运输和安装）款项的支付。由于业主方资金的原因，在合同条款和投标书附录中的规定大体可归纳为以下三种情况：

（1）工程设备订货后凭形式发票支付40%左右设备款，运到工地经工程师检查验收后支付30%左右设备款，待工程设备安装、调试后支付其余款项。

（2）工程设备或材料订货时不支付，运达工地经工程师检查验收后以贷款方式支付70%左右的款额，但这笔款在工程设备或材料用于工程时当月扣还，因为此时工程设备和材料已成为永久工程的一部分，已由工程量表中有关项目支付。世界银行SBDW即采用这种支付方式。也有合同在支付后的几个月内即扣回的情况。

（3）工程设备或材料运达工地并安装或成为永久工程的一部分时，按工程量表支付。在此之前，不进行任何支付。

根据以上不同的支付方式可反映出业主的资金情况和合同条件的宽严程度。

4. 计日工费

计日工费，是指承包商在工程量清单的附件中，按工种或设备填报单价的日工劳务费和机械台班费，一般用于工程量清单中没有合适项目且不能安排大批量的流水施工的零星附加工作。只有当工程师根据施工进展的实际情况，指示承包商实施以日工计价的工作时，承包商才有权获得用日工计价的付款。实施计日工工作过程中，承包商每天应向工程师送交以下一式两份的报表：

（1）列明所有参加计日工作的人员姓名、职务、工种和工时的确切清单。

（2）列明用于计日工的材料和承包商所用设备的种类及数量的报表。

工程师经过核实批准后在报表上签字，并将其中一份退还承包商。如果承包商需要为完成计日工作购买材料，应先向工程师提交订货报价单请求批准，采购后还要提供证实所付款的收据或其他凭证。

每个月的月末，承包商应提交一份除日报表以外所涉及日工计价工作的所有劳务、材料和使用承包商设备的报表，作为申请支付的依据。如果承包商未能按时申请，能否取得这笔款项取决于未申请的原因和工程师的态度。

5. 因物价浮动的调价款

期限较长的合同订有调价条款时，每次支付工程进度款均应按合同约定的方法计算价格调整费用（见5.6）。如果工程施工是因为承包商的责任而延误工期，则在合同约定的全部工程竣工日后的施工期间，不再考虑价格调整，各项指数采用应竣工日当月所采用值；对不属于承包商责任引起的工程延期，在工程师批准的延长期限内仍应考虑价格调整。

6. 工程量计量

工程量清单中所列的工程量仅是对工程的估算量，不能作为承包商完成合同规定施工义务的结算依据。每次支付工程进度款前，均需通过测量来核实实际完成的工程量，以计量值作为支付依据。

7. 支付工程进度款

（1）承包商提供报表

FIDIC合同条件规定：每个月的月末，承包商应按工程师规定的格式提交一式六份本月支付报表，说明承包商认为自己有权得到的款额，同时提交有关当月进度情况的详细报告在内的证明文件。该报表的内容包括以下几方面：

1）本月实施的永久工程价值；

2）工程量清单中列有的，包括临时工程、计日工费等任何项目应得款；

3）预付的材料款；

4）按合同约定方法计算的，因物价浮动而需增加的调价款；

5）按合同有关条款约定，承包商有权获得的补偿款。

我国《建设工程施工合同（示范文本）》GF-2017-0201所规定的进度付款申请单所包含内容与FIDIC合同规定的总体一致，但具体表述有所差异：

1）截至本次付款周期已完成工作对应的金额；

2）根据变更条款应增加和扣减的变更金额；

3）根据预付款条款应支付的预付款和扣减的返还预付款；

4）根据质量保证金条款应扣减的质量保证金；

5）根据索赔条款应增加和扣减的索赔金额；

6）对已签发的进度款支付证书中出现错误的修正，应在本次进度付款中支付或扣除的金额；

7）根据合同约定应增加和扣减的其他金额。

（2）期中付款证书的最低金额

为了督促承包商每个月必须达到一定的工程量才能获得支付，可以规定一个合同总价的百分比，也可以规定一个具体金额。以 FIDIC 合同为例，业主方在投标书附录中规定此最低金额时应宽严适度，一般可参照下列公式计算确定：

$$最低金额数 = \frac{合同总价}{工期月数} \times (0.5 \sim 0.6) \tag{5-3}$$

（3）工程师（或监理人）的签证

依据国际工程合同的惯例，工程师接到报表后，要审查款项内容的合理性和计算的正确性。在核实承包商本月应得款的基础上，再扣除保留金、动员预付款，以及所有因承包商的责任而应扣减的款项后，据此签发期中支付的临时支付证书。如果本月承包商应获得支付的金额小于投标书附录中规定的期中支付最小金额时，工程师可不签发本月进度款的支付证书，这笔款可接转下个月一并支付。工程师的审查和签证工作，应在收到承包商报表后的 28 天内完成。工程进度款支付证书属于临时支付证书，工程师有权对以前签发过的证书进行修改；若对某项工作的完成情况不满意，也可以在证书内删去或减少这项工作的价值。

我国建设工程施工合同中也有签证审查的程序性要求，一般由监理人完成。

（4）业主的支付

国际工程合同中，承包商的报表经过工程师认可并签发工程进度款的支付证书后，业主一般应在接到证书后的 28 天内向承包商付款。如果逾期支付，将按投标书附录约定的利率计算延期付款利息。我国建设工程施工合同对于业主支付期限的要求更为严格。《建设工程施工合同（示范文本）》（GF-2017-0201）规定：除专用合同条款另有约定外，发包人应在进度款支付证书或临时进度款支付证书签发后 14 天内完成支付，发包人逾期支付进度款的，应按照中国人民银行发布的同期同类贷款基准利率支付违约金。

5.7.2　竣工结算

1. 竣工结算程序

竣工结算也有着严格的程序性要求。根据 FIDIC 合同条件，颁发工程移交证书后的 84 天内，承包商应按工程师规定的格式报送竣工报表。报表包括以下内容：

（1）至工程移交证书中指明的竣工日为止，根据合同完成全部工作的最终价值；

（2）承包商认为应该支付的其他款项，如要求的索赔款、应退还的部分保留金等；

（3）承包商认为根据合同应支付的估算总额。

所谓估算总额，是指这笔金额还未经过工程师审核同意。估算总额应在竣工结算报表中单独列出，以便工程师签发支付证书。

工程师接到竣工报表后，应对照竣工图进行工程量详细核算，对其他支付要求进行审查，然后再依据检查结果签署竣工结算的支付证书。此项签证工作，工程师也应在收到竣工报表后 28 天内完成。业主依据工程师的签证予以支付。

我国《建设工程施工合同（示范文本）》GF-2017-0201 对于竣工结算申请与审核要求的时限更短。

除专用合同条款另有约定外，承包人应在工程竣工验收合格后 28 天内向发包人和监理人提交竣工结算申请单，并提交完整的结算资料。竣工结算申请单应包括的内容有：

（1）竣工结算合同价格；

（2）发包人已支付承包人的款项；

（3）应扣留的质量保证金，已缴纳履约保证金的或提供其他工程质量担保方式的除外；

（4）发包人应支付承包人的合同价款。

监理人应在收到竣工结算申请单后 14 天内完成核查并报送发包人。发包人应在收到监理人提交的经审核的竣工结算申请单后 14 天内完成审批，并由监理人向承包人签发经发包人签认的竣工付款证书。

2. 对竣工结算总金额的调整

在单价合同的情况下，承包商在整个施工期内完成的工程量乘以工程量清单中的相应单价后，再加上其他有权获得费用的总和，即为工程竣工结算总额。但在颁发工程移交证书后，由于施工期内累计变更的影响，实际完成工程量与清单内估计工程量的差异，导致承包商按合同约定方式计算的实际结算款总额比原定合同价格增加或减少过多时，均应对结算价款总额予以相应调整。

FIDIC 合同条件规定，进行竣工结算时，将承包商实际施工完成的工程量按合同约定费率计算的结算款，在扣除暂定金额项内的付款、计日工付款和物价浮动调价款后，与中标通知书中注明的合同价格在扣除工程量清单内所列暂定金额、计日工费两项后的"有效合同价"进行比较，不论增加还是减少的额度超过有效合同价的 15% 以上时，均要对承包商的竣工结算总额加以调整。其调整原则为：

（1）增减差额超过有效合同价 15% 以上的原因是累计变更过多导致，不包括其他原因。即合同履行过程中不属于工程变更范围内所给承包商的补偿费用，不应包括在计算竣工结算款调整费之列，如业主违约或应承担风险事件发生后的补偿款，因法规、税收等政策变化、汇率变化而对合同价格的调整等。

（2）增加或减少超过有效合同价 15% 后的调整，是针对整个合同而言。对于某项具体工作内容或分阶段移交工程的竣工结算，虽然也有可能超过该部分工程合同价格的15% 以上，但不应考虑该部分的结算价格调整。

（3）增减幅度在有效合同价 15% 之内的，竣工结算款不应作调整。因为工程量清单内所列的工程量是估计工程量，允许实施过程中与它有差异，而且施工中的变更也是不可避免的，所以在此范围内的变化按业主与承包商双方应承担的风险对待。

（4）增加款额部分超过 15％以上时，应将承包商按合同约定方式计算的竣工结算款总额适当减少；反之，减少的款额部分超过有效合同价 15％以上时，则在承包商应得结算款基础上增加一定的补偿费。

由于承包商在工程量清单中所报单价既包括直接费部分，还包括间接费、利润、公司管理费等在该部分工程款中的摊销。为了使承包商的实际收入与支出之间达到总体平衡，因此要对摊销费中不随工程量实际增减变化的部分予以调整，调整范围仅限于增减超过 15％以上部分。

5.7.3　最终决算与支付

最终决算是指颁发履约证书后，对承包商完成全部工作价值的详细结算，以及根据合同条件对应付给承包商的其他费用进行核实，确定合同的最终价格。

1. 最终支付证书的申请

国际上，一般在履约证书颁发 56 天内，承包商应按批准的格式向工程师提交最终报表草案一式六份，以及工程师要求提交的有关资料，其内容如下：

（1）按合同完成的所有工作的价值；

（2）承包商认为根据合同或其他规定应进一步得到的款项，如剩余的保留金与缺陷责任期内发生的索赔费用等。

最终报表草案经承包商与工程师协商，对其进行适当的补充或修改后形成最终报表。承包商在提交最终报表时，还需提交一份书面结清单，以确认最终报表的总额是根据合同应支付给承包商的所有款项的全部和最终的结算额。该清单只有在最终证书款项得到支付且业主退还承包商履约保函后才有效。

我国建设工程合同中将最终决算称为"最终结清"。除专用合同条款另有约定外，承包人应在缺陷责任期终止证书颁发后 7 天内，按专用合同条款约定的份数向发包人提交最终结清申请单，并提供相关证明材料。最终结清申请单应列明质量保证金、应扣除的质量保证金、缺陷责任期内发生的增减费用。

2. 最终支付证书的颁发

工程师在接到最终报表及书面结清单后的 28 天内向业主发出一份最终支付证书（同时将一份副本交承包商），说明：

（1）最终应付款；

（2）在对业主以前支付过的款额与业主有权得到的全部金额（误期损害赔偿费除外）加以核算后，业主应支付给承包商的余额，或承包商还应支付给业主的余额。

3. 最终支付

业主应在收到最终支付证书起 56 天内支付该证书中开具的款额。

在我国建设工程合同实践中，发包人通常应在收到承包人提交的最终结清申请单后 14 天内完成审批并向承包人颁发最终结清证书。发包人逾期未完成审批，又未提出修改意见的，视为发包人同意承包人提交的最终结清申请单，且自发包人收到承包人提交的最终结清申请单后 15 天起视为已颁发最终结清证书。进一步，发包人应在颁发最终结清证书后 7 天内完成支付。

4. 延误支付的处理

如果业主不能按工程师签发的期中、最终支付证书及时支付工程款，承包商有权就未付款额按月收取延误付款的融资费。此融资费应按复利计算，利率为支付货币所在国中央银行的贴现率加 3%。承包商有权得到此类付款而不需正式通知，并且不损害承包商的任何其他权利和补偿。

在我国建设工程合同实践中，发包人逾期支付的，按照中国人民银行发布的同期同类贷款基准利率支付违约金；逾期支付超过 56 天的，按照中国人民银行发布的同期同类贷款基准利率的两倍支付违约金。

复习思考题

1. 简述工程合同履行的原则。
2. 试述合同歧义解释的定义及其方法。
3. 土木工程中对于合同文件解释的惯例都有哪些？
4. 论述工程合同控制和其他目标控制之间的关系。
5. 什么是损害赔偿责任？工程合同损害赔偿责任又包括哪些内容？
6. 工程变更的概念及性质如何？并试述工程变更的程序。
7. 为什么要进行工程合同价格调整？简述工程合同价格调整的方法和原则。

6.1　基本概念

在工程建设中，合同双方由于对合同条件的理解不同，或在施工中出现重大的工程变更以致工程造价大量增加及工期显著延长，或对索赔要求长期达不成解决协议，都会引起合同争议。工程管理人员应准确了解争议产生的原因，采用合适的解决方式，避免争议升级。

6.1.1　工程合同争议的定义

工程合同争议，是指合同双方当事人对合同条款的理解不一致，或履行合同不符合约定所导致的冲突。该定义包括以下几方面的内容：

（1）合同争议的主体是合同的双方当事人，是由于当事人利益冲突产生的。争议既可能是由于当事人自身过错产生，也可能是由于第三方而产生。在后一种情况下，合同任一方不得以第三方为由对抗另一方当事人。

（2）工程合同争议产生的事由有两种，一是对合同内容理解不一致，如对合同履行的时间、方式、各方的权利义务等规定理解不一样，都会导致履约行为上的冲突，有可能引发争议。二是单方或双方履行义务不符合约定，包括履行质量不高或根本没有履行，例如出现质量问题、不按照规范施工、不采取合理的安全保障措施等。

（3）争议是一种冲突，这种冲突对双方的声誉、利益及工程实施等都将产生较大影响，因而应选择合理的方式，尽快妥善地解决。

6.1.2　工程合同争议的特点

工程合同争议的特点是由工程合同的特点决定的。工程合同涉及主体众多，经济关系复杂，合同金额巨大，持续时间长，使得工程合同争议出现的概率比较大，解决也比较复杂。具体有以下特点。

1. 引发工程合同争议的因素多

工程合同是在工程进行之前，预测未来条件的前提下签订的，是先有合同，后有施工，因而许多风险因素无法预测。例如施工阶段可能遭遇的气候条件、原材料价格的浮动变化，甚至政治、社会条件的变化，都很难作出准确的预测。因此，工程合同履行的风险因素很多，争议可说是风险的孪生姊妹，风险大，争议出现的概率就高。

2. 争议金额大

工程项目的投资额度非常巨大，小到数十万元，大到上千亿元。一旦产生争议，涉及的金额可能高达合同额的百分之几十甚至更多。由于涉及金额非常巨大，工程合同争议的解决对于项目的后续实施、对业主或承包商的生存、对于行业或国家的声誉都将产生巨大的影响。

3. 责任认定复杂

一项建设工程的完成，需要业主、承包商、监理工程师、材料供应商、运输商等单位的密切合作，任何一方的失职都可能为工程实施带来问题。涉及主体多也为工程合同争议的解决增加了难度。某一项工程合同争议的出现往往不是由于哪一方的原因，可能同时由于几方的过错引起。分辨各方过错并以此为依据来确定各自应承担的法律责任都变得更为复杂。

4. 争议持续时间长

一般说来在出现工程合同争议之后，各方是力求友好解决问题的。由于当前建筑市场处于买方市场，承包商力求在合格地履行合同的同时与业主保持良好的关系，业主也不希望因为眼前的争议影响后续的工作。因此工程合同争议大都以调解方式解决，提交仲裁程序解决的很少，提交诉讼程序的更少。

工程合同争议解决的时间与工程大小及争议复杂程度有关，一般少则数月，长则达1、2年甚至更久。

6.1.3   工程合同争议产生的原因

工程合同争议产生的原因，也就是导致当事人对合同内容理解不一致或履行义务不一致的原因。可能是合同本身存在问题，合同形式不合理、内容不明确，也可能是当事人客观上没有能力履行或主观上没有付出足够努力，具体包括以下几种。

1. 合同订立不合法

当前，我国建筑企业处于恶性竞争的环境中。为规范市场，加强对弱势一方的保护，建设行政主管部门颁发了禁止垫资承包等相关规定。为规避法律，承、发包双方在签订合同时往往采用一些不合法手段，其中最主要的表现形式就是签订"阴阳合同"，即双方签订两份合同，一份用来应付建设行政主管部门检查的"阳合同"，一份实际履行的"阴合同"。阳合同的条款是比较合法、合理的，阴合同却有一些不合理、不平等的规定。这种不平等的合同会为之后的实施带来许多问题。

2. 合同条款不全，内容不明确

合同条款不全或约定不明确是造成合同纠纷最常见、最主要的原因。建设工程合同的条款一般比较多、比较繁琐，某些业主、承包商等缺乏法律意识和自我保护意识，对合同条款的签订和审查不仔细，造成合同缺款少项。也有些合同，条款虽然非常齐全，但规定却比较模糊，有些只是原则性规定，不利于执行。

有些业主和承包商认为不太容易发生的小概率事件，在合同中不说明，或者业主和承包商表示对对方的信任，对违约责任只作原则性或简略的规定，一旦出现问题，就不易解决，往往引发争议。

3. 合同主体不合法

签订建设工程合同，必须具备与工作内容相应的资质条件。《建筑法》对于各类企业的资质条件又有具体规定：除具备企业法人条件外，还必须按照其拥有的注册资本、专业技术人员、技术装备和已完成的建筑工程业绩等条件，划分为不同的资质等级，方可在资质等级许可的范围内从事建筑活动。

资质等级是对企业能力的认定，是一种市场准入的限定标准。但目前，一些建筑企业无资质执业、超越资质执业、借用资质、"挂靠"的现象很普遍。这些企业往往并不具备从事相关工作的能力，也不能保证工作的进度和质量，自然也就容易引发争议。

4. 合同主体不诚信

合同一旦签订，双方主体都应当严格按照合同履行义务，尽自己最大的努力来完成工作。

但目前在中国建筑业，信用体系还十分不健全。许多企业只看重眼前利益，一旦有不诚信行为，也不会受到足够的惩罚。因而，不是所有业主、承包商都会尽职尽责去完成工作的，争议也就在所难免。

5. 不可抗力

建设工程由于涉及的因素多、工期长，有些工程的施工条件较复杂，很容易出现不可抗力或不可预见的情况，从而引发争议。

《民法典》合同编对不可抗力作了专门规定，即不可抗力是指不能预见、不能避免并不能克服的客观情况；因不可抗力不能履行合同的，根据不可抗力的影响，部分或者全部免除责任。但该规定描述得比较概括，是原则上的规定，因此在工程合同中约定具体什么情形的发生才作为不可抗力处理就十分重要。《建设工程施工合同（示范文本）》规定"不可抗力包括因战争、动乱、空中飞行物体坠落或其他非发包人、承包人责任造成的爆炸、火灾，以及专用条款约定的风雨、雪、洪、震等自然灾害"，但业主与承包商签订合同时，如未对此款作进一步明确，也容易引起争议。

6.2　工程合同争议的种类

6.2 工程合同
争议的种类

6.2.1　合同主体的争议

在工程建设中，无论是勘察合同、设计合同、施工合同还是监理合同对于主体资格都有具体的要求。这些要求是为了保证各主体具备足够的承担业务的能力，能承担相应的责任。

勘察设计合同的发包人可以是自然人或法人，但承包人必须是法人，这是对双方主体法律身份的规定。此外，对主体的资质也有要求。《建设工程质量管理条例》、《建设工程勘察设计管理条例》等规定，从事建设工程勘察、设计、施工、监理的单位都应依法取得相应等级的资质证书，并在其资质等级许可的范围内承揽工程。

但目前，超越资质等级承揽工程、出借出租企业资质、以他人名义承揽工程等现象比较普遍。一些发包人对勘察、设计、施工、监理单位资质的审查不严格，或承包人的手段比较"高明"，而将建设工程委托给不够资质的单位。这些不合法的承包人往往不具备足够的实力，无法保证工程质量和安全，引发事故和争议。

联合体承包也容易导致争议。首先是资质的要求，根据《建筑法》第 27 条，联合体承担工程业务的范围以联合体中最低资质单位的资质为准，发包人应更仔细地审查每个单位的资质。此外，联合体内部各单位之间的分工、责任必须明确，否则可能导致工作的冲突，给工程成本、进度、质量控制带来影响。

6.2.2　工程款支付的争议

拖欠工程款主要存在于施工承包合同，是由于行业的竞争现状、市场运作不规范、信用体系缺乏等一系列因素导致的。反过来，工程款支付又是导致工程合同争议的主要因素。我国建设行业拖欠工程款的现象一度非常严重，业主拖欠承包商的工程款，承包商拖欠分包商或劳务企业的工程款，劳务企业进而拖欠农民工的工资，层层拖欠，农民工讨薪、上访的事件经常发生，造成了较为严重的社会负面影响。2004 年最高法院专门颁布《关于审理建设工程施工合同纠纷案件适用法律问题的解释》，对于拖欠工程款现象起到了较好的法律规范作用。

建设行业的过度竞争是导致拖欠工程款的最主要因素。据统计，目前建筑施工企业的平均利润率仅接近于 2%，许多施工企业处于亏损状态。建设行业处于"僧多粥少"的局面，企业为了承接工程，竞相降低报价，直到没有利润的情况。与此同时，施工企业往往还要垫资建设。一旦业主拖欠工程款，将影响到承包商的良性运作，进一步影响工人工资的支付，形成一个恶性的拖欠工程款的链条。

"三边工程"（边设计、边施工、边投产）容易引起造价失控，从而影响工程款的支付。由于工程是分段进行设计、施工的，使造价计算的准确性降低。此外，各分段之间相互干扰，增加了管理的难度，也会增加费用。

材料、人工的价格上涨可能导致大幅度调整工程合同价，从而影响工程款支付。如合同中对此没有约定，双方又不能尽快达成一致意见，将会导致争议。如果有约定，但价格上涨数额过大，可能超出了业主承受范围，导致拖欠工程款的争议。

此外，处于优势地位的业主在签订合同时，业主往往提出一些不平等条款，或提出一些模棱两可的条款，而承包商往往由于缺乏足够的法律意识和自我保护意识，忽视了自身将要承担的风险，一旦风险出现又无力承担，从而引发争议。

6.2.3　工程质量的争议

下列行为都可能引发工程质量争议：

（1）建设单位不顾实际的压低造价、压缩工期可能导致承包商偷工减料。

（2）不按建设程序运作。如建设单位不依法委托工程监理单位对工程质量实施监督，导致质量失去控制。

（3）在设计或施工中提出违反法律、行政法规和建筑工程质量、安全标准的要求。

（4）将工程发包给没有资质的单位或者将工程任意肢解进行发包。

（5）建设单位未将施工图设计文件报县级以上人民政府建设行政主管部门或者其他有关部门审查。

（6）建设单位采购的建筑材料、建筑构配件和设备不合格或给施工单位指定厂家，明示、暗示使用不合格的材料、构配件和设备。

（7）施工单位脱离设计图纸、违反技术规范以及在施工过程中偷工减料。

（8）施工单位未履行属于自己在施工前产品检验的强化责任。

（9）施工单位对于在质量保修期内出现的质量缺陷不履行质量保修责任。

（10）监理制度不严格。如工程监理单位未能依照法律、行政法规及有关的技术标准、设计文件和建筑工程承包合同，对承包单位在施工质量、建设工期和建设资金使用等方面实施监督。

6.2.4　工程分包与转包的争议

下列行为都可能引发有关分包和转包的争议：

（1）分包合同中履约范围约定不清。分包合同中必须明确分包商承担的履约范围，否则将引起多个分包商履约范围的冲突，导致纠纷。

（2）非法转包。转包是法律明令禁止的行为，一旦因此发生纠纷，应由实施转包行为的承包商承担责任。

（3）配合与协调不好。总承包商与分包商因合同约定不明或配合不协调等原因，极易就分包合同部分与建设单位产生纠纷。

（4）被追究违约责任或被罚款。

（5）各方对分包管理不严。

6.2.5　设计变更的争议

下述原因都可能引发设计变更争议：

（1）工程本身具有的不可预见性。

（2）设计与施工以及不同专业设计之间的脱节。

（3）边设计、边施工、边投产的"三边工程"，使整个设计、施工阶段都不具备连续性，容易发生变更冲突。

（4）口头变更导致事后责任无法分清。

6.2.6　工期进度和工程量的争议

工程进度和工程量争议主要表现为，对于工程进度和工程量的确认不及时或含糊不清，影响到日后结算。

目前，建筑业的工程款支付大都采用按施工进度支付的方法，一般为按月支付或按季度支付。在支付之前，承包商先制作工程量表提交监理工程师认可，再报业主支付。该过程中可能出现业主拖延支付、监理工程师对工程量表审查不严的情况，都可能导致争议。

6.2.7　合同竣工验收的争议

隐蔽工程验收是一个易引发争议的环节。施工单位必须建立、健全施工质量的检验制度，严格工序管理，作好隐蔽工程的质量检查和记录。隐蔽工程在隐蔽前，施工单位应当通知建设单位和建设工程质量监督机构。

未经竣工验收提前使用也可能引发争议。建筑法第61条规定，建筑工程竣工需经验收合格后，方可交付使用；未经验收或者验收不合格的，不得交付使用。如未经验收合格即提前使用并产生纠纷，由过错方承担责任。

6.2.8　安全事故赔偿的争议

工程施工含有较大的危险性，施工过程中也经常会发生一些安全事故，从而引发争议。实际上许多施工安全事故是由于承包人自身没有严格按照安全施工要求施工造成的，一般的安全事故也都是由承包人一方承担。很多施工合同中都约定，所有的施工安全事故都由承包人承担。其实，建设工程施工中建设单位和承包人都有保证安全施工的义务，如果是由于建设单位违反规定，没有履行相应的保证安全施工义务，即使合同约定全部责任由承包人承担，建设单位还是应承担相应的责任。

6.2.9　不可抗力的争议

不可抗力，作为法律概念的定义一般有三种学说。主观说认为，不可抗力就是当事人虽然已尽力避免，但仍不能防止其发生的事件。客观说认为，不可抗力就是与当事人的主观因素无关，发生在当事人预料以外的非通常发生的事件。折衷说认为，主观说和客观说均具有片面性，不可抗力应包含主客观两方面的因素。

对不可抗力如何认定，对事后责任如何认定，是工程合同签订与履行中的两个难点，也容易引起争议。

根据我国《民法典》第180条，"不可抗力是指不能预见、不能避免且不能克服的客观情况。"基本上采用了折衷说，体现了主观标准与客观标准的统一。根据该规定，不可抗力具有严格的构成条件：一是不可预见性，二是不可避免性，三是不可克服性，四是履行期间性。不可抗力一般包括自然灾害、政府行为、社会突发事件几类。然而具体的认定需根据实际情况。例如，在某施工合同中，某承包商承包的土建工程延期，承包商抗辩的理由是6月份遭遇连续十多天的大雨，无法施工，此种情况属于不可抗力。承包商以此为理由，不承担工程延期的责任。实际上，在南方梅雨季节连续十几天下雨是很常见的，这是一个有经验的承包商在编制施工组织设计时应当预见到的，不属于不可抗力。

关于不可抗力责任的认定是另外一个难点。《民法典》合同编第590条规定："因不可抗力不能履行合同的，根据不可抗力的影响，部分或全部免除责任。但法律另有规定的除外。"究竟在多大范围内免除责任，是容易引起争议的，往往需要权威专家来裁定或仲裁机构或法院来裁定。

6.2.10　其他争议

其他争议包括技术风险引起的争议、承包人违反劳动、保险法规引起的争议、知识产权争议等。

所谓技术风险，是指在工程建设中一些科技含量较高的工作存在的风险，这在勘察、设计、施工中都存在。勘察工作要了解施工的地质、地理和水文等基础资料，往往较为复杂、难度较高；设计、施工中为节约成本、加快进度都可能采用一些技术创新的手段。勘察资料和设计、施工中的创新都存在一定的风险，合同双方对此应有充分的认识，并约定如何共同承担风险。如果双方约定不明，就会产生争议。

承包人违反劳动、保险法规的问题在现阶段表现得较为突出，承包人恶意拖欠民工工资、不为民工办理劳动保险、不提供良好工作条件、工作强度太高等问题已成为较严重的社会问题。这些都会严重影响建设工程的顺利履行。

知识产权争议以前发生不多，但随着我国社会的整体法律意识不断增强，对知识产权的保护将会更重视。知识产权的争议可能包括两种：一是设计文件本身知识产权的归属问题，现在的设计合同对此一般都没有规定。我国《著作权法》第 19 条规定："受委托创作的作品，著作权的归属由委托人和受托人通过合同约定。合同未作明确约定或没有订立合同的，著作权属于受托人。"因此，在合同没有约定的情况下，设计文件的版权应归属于设计人，但发包人可以通过在设计合同中增加版权归属条款获得设计文件的全部或部分版权。二是设计人提供的设计文件，或施工单位采用的施工方案可能侵犯第三人专利或其他知识产权。由于现今可公开获取各类信息资料的途径非常多，各种信息的借鉴、吸收活动也非常广泛。因此，如果合同中对于设计人提交的设计文件侵犯第三人知识产权问题没有约定处理方式，一旦第三人行使追索权，发包人将可能面临共同侵权而导致的销毁图纸、停止建设、赔偿损失等法律风险。

6.3 工程合同争议解决方式

6.3 工程合同
争议解决方式

在工程合同实施的过程中，业主、设计单位、施工单位等各方都是互相配合，力求顺利完成工程，尽量避免出现纠纷。但由于建设工程的复杂性，出现争议也是很难避免的。一旦出现争议，应选取合适的方式来解决。

在我国，合同争议解决的方式主要有和解、调解、仲裁和诉讼。当事人可以通过和解或者调解解决合同争议。当事人不愿和解、调解或者和解、调解不成的，可以根据仲裁协议向仲裁机构申请仲裁。涉外合同的当事人可以根据仲裁协议向中国仲裁机构或者其他仲裁机构申请仲裁。当事人没有订立仲裁协议或者仲裁协议无效的，可以向人民法院起诉。当事人应当履行发生法律效力的判决、仲裁裁决、调解书；拒不履行的，对方可以请求人民法院执行。下面就和解、调解、仲裁以及诉讼这常见的四种合同争议解决方式进行介绍。

6.3.1 和解

和解是指合同当事人之间发生纠纷后，在没有第三方介入的情况下，合同当事人双方在自愿、互谅的基础上，就已经发生的纠纷进行商谈并达成协议，自行解决纠纷的一种方式。该种解决方式应遵循以下几点原则：

（1）合法原则。即合同双方当事人在解决合同争议时，必须遵守相关法律法规的要求，和解达成的协议内容不存在违法的可能性，不会造成国家、社会公共及他人的利益损失。这是通过和解方式解决合同争议须遵循的首要原则，否则合同双方达成和解协议也是无效的。

（2）自愿原则。即采取和解方式解决合同争议，必须是在未受到对方当事人的强迫、威胁及其他外界压力的条件下，合同双方当事人自行选择或自愿接受的。同时，与对方当事人新达成的和解协议，其内容也是出于己方自愿，禁止对方当事人以终止协议等手段相威胁，达成权利义务完全不对等的"霸王协议"。

（3）平等原则。即在合同当事人在进行和解协商时，双方的法律地位是平等的。在进行和解协议具体内容的辩论、协商过程中，应互相尊重、平等对待，双方都有权提出自己的理由与建议，不得以大欺小、恃强凌弱，出现不公平的所谓和解协议。

（4）互谅互利原则。即在和解协商过程中，合同当事人在客观陈述事实、评价对方合同义务履行情况的同时，也要清醒认识到自身原因及应承担的责任，不能片面强调对己方有利的事实和理由，以偏概全。即使过错全因对方当事人，也不应得理不饶人，而应以合同协作履行为原则，相互谅解，促进共赢。

争议和解协商过程实际上也是一个谈判过程，要获得良好的谈判效果，须注意以下几点：一是要坚持原则，双方当事人既要相互谅解，互相尊重，但也不能进行毫无原则的和解，须在合法、自愿、平等、互利互惠的原则框架下形成双方满意的和解协议；二是要分清责任，当事人双方须对合同争议产生原因实事求是，以合同条款为首要法定依据，摆事实、讲道理，而不得一味推卸责任。三是及时解决争议，因和解不具有强制执行的效力，若通过和解方式取得争议解决，当事人双方应尽快按和解协议执行，若和解谈判陷入僵局，则应尽快寻求其他解决方式；四是要注意谈判技巧，进行谈判时需表达出善意与宽容，用词准确，实事求是，抓住争议核心，在某些场合还要注意"得理让人"。

和解是解决任何争执首先采取的最基本的，也是最常见的，最有效的方法。总体而言，该种解决方法是在当事人双方自愿、友好、互谅的基础上进行的，方式和程序十分灵活，又能节省开支和时间，简便易行，有利于加强当事人双方之间的合作，促进合同的顺利履行。

6.3.2　调解

调解是指合同当事人于纠纷发生后，在第三者的主持下，根据事实、法律和合同，经过第三者的说服与劝解，使发生纠纷的合同当事人双方互谅、互让，自愿达成协议，从而公平、合理地解决纠纷的一种方式。

调解时在第三者主持下进行的，"第三者"可以是仲裁机构或者法院，也可以是除仲裁机构和法院之外的其他组织和个人。根据主持调解的"第三方"的不同，可将调解分为以下几类：（1）仲裁机构调解，即由仲裁机构主持的调解；（2）联合调解，是指涉外合同纠纷发生后，当事人双方分别向所属国仲裁机构申请调解，由两国仲裁机构代表组成的"联合调解委员会"主持进行的调解；（3）法院调解，又称司法调解，即由受理合同纠纷案件的法院主持进行的调解；（4）专门机构调解，即由专门调解机构主持进行的调解，我国的专门调解机构是中国国际贸易促进委员会北京调解中心及设立在各省、市分会中的涉外经济争议调解机构；（5）其他民间组织或个人主持的调解。

与和解类似，调解也必须坚持依法、自愿、公平公正等基本原则，其中双方自愿是调解的基础。调解作为一种争议解决方式，主要有以下优点：一是由于第三者的介入，可以较为客观、全面地看待、分析纠纷的有关问题，有利于纠纷的公正解决。二是由于有第三者介入，便于双方较为冷静、理智地考虑问题。三是有利于合同当事人双方抓住时机，寻找适当的突破口，公正、合理地解决纠纷。而其缺陷也十分明显，调解能否成功必须依赖于合同当事人双方的善意和同意；所达成的协议在双方当事人并没有法律上的约束力。

调解的具体实施还有不同的方式，将在 6.4 中详细介绍。

6.3.3　仲裁

仲裁是指发生纠纷的合同当事人双方根据合同中约定的仲裁条款或者纠纷发生后由其达成的书面仲裁协议，将合同纠纷提交给仲裁机构并由仲裁机构按照仲裁法律规范的规定居中裁决，从而解决合同纠纷的法律制度。仲裁分为国内仲裁和涉外仲裁。

在我国，根据《中华人民共和国仲裁法》，仲裁是仲裁委员会对合同争执所进行的裁决。仲裁委员会在直辖市和省、自治区人民政府所在地的市设立，也可在其他设区的市设立，由相应的人民政府组织有关部门和商会统一组建。仲裁委员会是中国仲裁协会会员。

仲裁有以下基本原则：（1）意思自治原则。该原则一是强调使用仲裁方式解决合同争议时当事人双方自愿选择，二是仲裁不实行级别管辖和地域管辖，当事人双方自主选择仲裁委员会并提交合同纠纷案件；（2）独立公正原则。《仲裁法》第 14 条规定，仲裁委员会之间、仲裁委员会与行政机关之间均无隶属关系。仲裁应依法独立进行，不受行政机关、社会团体及个人的干涉；（3）一裁定局原则。裁决作出后，当事人就同一争执再申请仲裁，或向人民法院起诉，则不再予以受理。

仲裁程序通常为：

（1）申请和受理。当事人申请仲裁应向仲裁委员会递交仲裁协议、仲裁申请书及副本。

（2）仲裁委员会在收到仲裁申请书之日起 5 日内，如认为符合受理条件，应当受理，则通知当事人；如认为不符合受理条件，则也应通知当事人，并说明不受理理由。

仲裁委员会受理仲裁申请后，应在仲裁规则规定的期限内将仲裁规则和仲裁员名册送达申请人。并将仲裁申请书副本、仲裁规则、仲裁员名册送达被申请人。被申请人收到仲裁申请书副本后，应在仲裁规则规定的期限内向仲裁委员会提交答辩书。仲裁委员会收到答辩书后，应当在仲裁规则规定期限内将答辩书副本送达申请人。

当事人申请仲裁后，仍可以自行和解，达成和解协议，申请人可以放弃或变更仲裁请求，被申请人可以承认或反驳仲裁请求。

（3）组成仲裁庭。仲裁庭可以由 3 名仲裁员或 1 名仲裁员组成。如果设 3 名仲裁员，则必须设首席仲裁员。3 名仲裁员中由合同双方各选 1 人，或各自委托仲裁委员会主任指定 1 名仲裁员。由当事人共同选定或共同委托仲裁委员会主任指定第 3 名仲裁员作为首席仲裁员。如果仅使用 1 名仲裁员成立仲裁庭，应当由当事人共同选择或委托仲裁委员会主任指定。

（4）开庭和裁决。仲裁按仲裁规则进行，应当开庭进行，也可按当事人协议不开庭。按仲裁申请书、答辩书以及其他材料作出裁决。仲裁决定按多数仲裁员的意见作出，它自作出之日起产生法律效力。仲裁过程中，当事人可以提供证据，仲裁庭可以进行调查，收集证据，也可以进行专门鉴定。仲裁人有权公开、审查和修改工程师或争执裁决委员会的任何决定。

工程竣工之前或之后均可开始仲裁，但在工程进行过程中，合同双方的各自义务不得因正在进行仲裁而改变。在仲裁判决前，可以先行调解，如果达成调整协议，则调解协议和仲裁书具有同等法律效力。

（5）执行。仲裁判决作出后，当事人应当履行裁决。如果当事人不履行，另一方可以按照民事诉讼法规定向人民法院申请执行。涉外合同的当事人可以根据仲裁协议向中国仲裁机构或其他仲裁机构申请仲裁。

6.3.4　诉讼

诉讼是运用司法程序解决争执，由人民法院受理并行使审判权，对合同双方的争执做出强制性判决。人民法院受理经济合同争执案件可能有如下情况：

（1）合同双方没有仲裁协议，或仲裁协议无效，当事人一方向人民法院提出起诉状。

（2）虽有仲裁协议，当事人向人民法院提起诉讼，未声明有仲裁协议；人民法院受理后另一方在首次开庭前对人民法院受理案件未提出异议。则该仲裁协议被视为无效，人民法院继续受理。

（3）如果仲裁决定被人民法院依法裁定撤销或不予执行。当事人向人民法院提出诉讼，人民法院依据《中华人民共和国民事诉讼法》（对经济犯罪行为则依据《中华人民共和国刑事诉讼法》）审理该争执。

民事诉讼主要有以下几点原则：①人民法院依法独立审判民事案件；②民事诉讼当事人双方有平等的诉讼权利；③人民法院审理案件，遵循以事实为根据，以法律为准绳。其程序如下：

（1）第一审程序。主要包括起诉与受理、审理前的准备、调解、开庭审理等几个阶段。值得注意的是，法院在判决前再作一次调解，如仍达不成协议，可依法判决。

（2）第二审程序。当事人不服第一审人民法院作出的未生效的判决，可依法向上一级人民法院提起上诉。

（3）审判监督程序。对于已有法律效力的判决，人民法院认为确有错误、或者当事人基于法定事实和理由认为有错误，或者人民检察院发现存在应当再审的法定事实和理由，人民法院应依法再次审理。

（4）执行程序。即诉讼结果的执行过程。

6.4　ADR 技术在争议解决中的应用

6.4 ADR技术在争议解决中的应用

工程合同争议解决的方式有多种，常见的有和解、仲裁、诉讼、工程师裁定、调停、调解、争议裁决委员会（DAB）等方式。其中，和解、仲裁、诉讼是较为传统的模式，也是使用较多的方式。随着建筑业市场的发展，双赢、友好、持续合作的经营理念得到了推广，业主和承包商都更倾向于以友好的方式来解决争议。工程师裁定、调停、调解、DAB等有着共同的特点，就是在第三方主持下友好协商地解决问题。这几种方式被归纳为一类，通称为工程合同争议替代解决方式（ADR）。本节对于 ADR 的几种主要方式进行具体介绍。

6.4.1　ADR 的基本概念

1. ADR 的定义

所谓 ADR，英文全称为 Alternative Dispute Resolution，通常译为"替代性争议解决方式"，根据其实质内容，也可译为"非诉讼争议解决方式"或"审判外争议解决方式"。ADR 是一个总括性概念，泛指一切诉讼和仲裁以外的争议解决方式。同时 ADR 又是一个开放性的概念，随着实践经验的增加而不断扩展、创新和发展。目前，国际上学术界对于 ADR 应包括哪些程序制度仍然存在较大分歧，其定义也不统一。但一般说来，工程合同的 ADR 方式通常包括工程师裁定、调停、调解、工程争议裁决委员会（DAB）等。

2. ADR 的优点

与仲裁、诉讼相比，ADR 具有四个明显的优势。

（1）明显减少费用

ADR 的程序远比仲裁、诉讼简单，聘请的专家较少，耗时也更短，因而能显著节约成本。

（2）减少最终解决争议的延误

ADR 消耗的时间短，双方投入的人力、精力远比仲裁、诉讼少。主要工作是由 ADR 专家来进行，对合同双方的工作干扰较小，不会导致大的延误。

（3）保护现有的合作关系和市场信誉

仲裁和诉讼中的长期敌对关系，是双方都不愿意面临的。为了声誉及进一步开拓市场，业主和承包商都力求在友好的气氛中，力求在平和、隐蔽的环境下解决争议。在这方面，ADR 具有明显的优势。

（4）比诉讼得到更令人满意的结果

通常在诉讼结束后，任一方都不是赢家。大量的精力被消耗在长期的诉讼中，通过诉讼得到的一些补偿可能不足以抵消在诉讼过程中损耗的时间和费用，工程进度也可能受到严重影响。而 ADR 的形式非常多样化，从调停、调解到友好裁定，依据实际情况不断寻求比较平衡的、双方都能接受的结果。

6.4.2　专家裁定

对于业主和承包商之间出现的某些较小的意见分歧，可以工程师裁定。这些可由监理工程师裁定的意见分歧通常预先在承包合同中说明。FIDIC《施工合同条件》2017 版第 3.7 款规定：一般情况下，工程师应在业主和承包商之间保持中立，不应被视为代表业主行事。但如需要对任何事项或索赔进行商定或确定时，工程师应与双方共同或单独协商，并鼓励双方进行讨论，尽量达成协议。如达不成协议，工程师应根据合同，在适当考虑所有相关情况下，对此事项或索赔做出公正的确定。工程师应将每项商定或确定的内容向双方发出通知，并附详细依据。每项商定或确定的内容对双方均具有约束力，除非直到根据〔争端和仲裁〕的规定做出了修改。

值得注意的是，在我国，裁定争议的工程师不是派驻现场的一般监理人员，而应是该监理公司较权威的专家。这种方式快捷，但适用的范围和效力都有限，作出的裁定也不具备强制执行力。如果不能作出裁定或裁定得不到执行，就应采用更权威有效的方式，如调解、仲裁、诉讼等。

6.4.3 调停

1. 定义

调停，是指由独立的第三方作为调停人，通过与当事人之间的单独会议（秘密会议）和联席会议（穿梭外交的一种形式）来帮助当事人，集中了解他们真正的兴趣和实现意图的实力，尽力引导他们实现可能的解决方法。

调停过程的关键是独立的第三方通常不会提出什么是适当的解决方法的建议。他只不过是在帮助当事人寻找和实现他们自己的协议，这与请专家来作裁定是完全不同的。

2. 调停方法

通常认为调停有两种基本方法：促进法和评估法。

促进法是一种以利益为基础的方法，一般是一种绝对调停的方式。这是调停人位于当事人之间，可以相互进行沟通，侧重他们的共同利益并提供一种环境，便于当事人自己找出解决争端的方法。一般情况下调停人不会表达自己的观点或者提出某种形式调停的解决方法，而是引导双方当事人提出来。

相比之下，评估法被认为是一种侧重于权利的方法，它重视争议当事人各自的权利。使用这种方法，调停人试图评价（可以有专家的帮助，也可以不需要）案件各方当事人的优势和弱势，并且发表自己的观点。这种方法的目的是影响当事人，调整自己的位置，以便达到解决争端的目的。

3. 调停人

选择调停人是调停操作中的一个至关重要的环节。如何处理好这个问题不仅仅要注重调停的基本方法，而且还包括应该遵循的程序细节问题。

在选择调停人之前，当事人应该确定适合他们使用且能够接受的基本调停方法。这些内容最好包括在合同之中，同时应该有指定调停机构的机制，例如由哪些组织负责这种指定。挑选这种组织也应该注意，通常应该选择那些知名度高的组织。了解当事人的愿望十分重要，所挑选的调停人应该具有同情心，且具备足够相关知识和技能，能满足所选调停方法的具体要求。

如果希望 ADR 方式受到尊重和信任，调停人的行为应该"到位"。一般说来调停人应遵循以下行为规范：

（1）在调停人和任何当事人之间存在实际的、潜在的或明显的利益纠纷的情况下，调停人不应该接受指定。

（2）调停人必须保持中立。

（3）在后来涉及本争议的任何诉讼中，调停人必须拒绝作为证人、律师或顾问。

（4）尽管排除了个人责任，但调停人必须有适当的职业赔偿保险。

（5）调停人不能以任何形式公开宣传自己的服务，从而被理解为存在不良结果。他不能漠视不准确的或误导性的宣传。

4. 调停协议

调停协议需要十分明确，以便能够使双方当事人知晓通过调停可以得到什么。一般说来，下列内容必须在调停协议中说明：

（1）明确且准确的争议情况说明。

（2）当事人希望采用调停方式来解决问题的声明。

（3）调停进行的时间阶段。

（4）调停人的姓名和资质。

（5）调停应该在秘密地且不产生损害的基础上进行，除非当事人另有约定，调停人在后来的诉讼程序中不应被传唤作证。

（6）调停中发生的费用应该如何处理。

（7）如果调停解决了某些问题或全部问题，当事人应该签署一份有约束力的协议，阐述这些问题的解决方案。

5. 调停程序

调停并不存在固定的程序。但根据国际上一些 ADR 组织颁布的指南或实务，可以归纳出一套较为合理的程序：

（1）在调停人参与之前，当事人各方都应该提交给调停人一份简要说明，综述争议产生的观点。

（2）调停人应该保证当事人双方得到对方提出的这份说明的副本。

（3）当事人应该在对方当事人面前理智地向调停人介绍情况（避免这个过程的过于形式化，否则应该严格遵守，并且也可以考虑其他争议解决方式）。

（4）调停人将讨论分析案件情况，以便能够明确要点。这可能在双方当事人在场的情况下完成或者是往返于一方当事人之间，通常被形容是"穿梭外交"。

（5）调停人将分别与各方当事人秘密地讨论当事人各自所处地位的优势和劣势，并使他们重视他们的最佳利益。

（6）然后调停人可以向当事人提供有关在联合会议上向对方提出解决问题方案的建议，如果还没有到这个阶段，可以采用私人会议的方式。

（7）调停人可以试图弥补当事人之间存在的裂痕。

（8）调停人可以根据这些建议起草协议草案，然而讨论对于草案的分歧，力争达成一致意见并形成具有强制性、有约束力的协议书。

6.4.4 调解

1. 调解的定义

调解，是指当建设工程纠纷当事人对法律规定或者合同约定的权利、义务发生纠纷时，第三人依据一定的道德和法律规范，通过摆事实、讲道理，促使双方互相作出适当的让步，平息争议，自愿达成协议，以求解决建设工程纠纷的方法。

2. 调解的优点

工程合同争议的调解有以下优点：

（1）有第三者介入作为调解人，能更加客观地审视问题，提出较为公平、合理的解决方案。第三方调解人的身份没有限制，但以双方都信任者为佳。

（2）它能够较经济、较及时地解决纠纷。调解的程序较和解复杂，但较仲裁、诉讼则简单得多，费用也不会太高。

（3）有利于消除合同当事人的对立情绪，使当事人双方较为冷静、理智地考虑问题，有利于维护双方的长期合作关系。

（4）调解协议的效力比和解高，出于对第三方的信任和双方的信誉，一般都能达成协议且认真履行。其中，仲裁机构或法院调解之后制作的调解书具有强制执行的效力，是终局裁决。

3. 调解的种类

由于调解的上述优点，它在工程合同争议解决中的应用也比较多。一般说来，调解解决合同争议有以下几种：

（1）民间调解

如果双方自愿，可聘请任何第三方组织或个人来充当调解人。当然，一般聘请的都是在行业内较为权威的专家或机构。

（2）行政调解

行政调解是由有关的主管部门出面充当调解人，调解合同争议。对于合同双方同属于同一主管部门的，这种方法的效果非常显著。但对于解决不同国家的当事人之间的争议，往往无能为力。就是解决我国跨行业、跨地区、跨部门的争议时，也比较乏力。

民间调解和行政调解的结果都不具备强制执行的效力。任何一方不服，均可以按照合同的约定，提交仲裁或提起诉讼。

（3）仲裁机构或法院调解

仲裁机构调解是指争议双方将争议事项提交仲裁机构之后，由仲裁机构依法进行的调解。仲裁机构在接受争议当事人的仲裁申请后，仲裁庭可以先行调解；如果调解成功，仲裁庭即制作调解书并结束仲裁程序；如果调解不成，仲裁庭应及时作出裁决。

法院调解是指合同争议进入诉讼阶段之后，由案件受理的法院主持的调解。《民事诉讼法》第9条规定："人民法院审理民事案件，应当根据自愿和合法的原则进行调解；调解不成的，应当及时判决。"第96条也规定："人民法院审理民事案件，根据当事人自愿的原则，在事实清楚的基础上，分清是非，进行调解。"上述规定说明，我国法院对受理的工程合同案件，都应先进行调解，尽量使案件和平解决。在双方自愿、合法的原则下调解成功的，由法院制作调解书。

仲裁庭或法院制作的调解书与判决书有同等效力，是终局判决，具有强制执行的法律效力。

4. 调解需要注意的问题

采用调解方式，通常需注意一些问题，以便使得调解尽快、顺利进行，并取得理想的结果。

（1）选择合适的调解人

首先，调解人应具备相应的资格。调解人可以是自然人临时组成的调解委员会或调解小组，也可以是较有声望的社会团体或组织，例如商会（工程师协会、律师协会等），还有就是专门的调解机构。有些国家或国际组织设有专门进行排解经济争议的调解中心，例如国际商会和斯德哥尔摩的商会以及中国国际商会、中国国际贸易促进委员会等，具有进行工程合同争议调解的专门机构，并有其调解程序和规则。由于工程合同的复杂性和技术争论问题较多，调解人除了需具有公正和独立的声誉外，还应当具有专业知识和经验，并有合同和法律知识。在调解委员会中应当既有工程专家又有法律人士参加。

其次，调解人必须是双方都能接受的。对于调解人的确定，可以由双方事先在合同条件中作出规定；如果没有事先规定，也可以在争议发生后，只要双方有调解意愿，可以补签协议，表明双方均自愿接受该调解人的调解。

此外，调解人应尽量保持中立、客观和公正。争议双方能够听信调解人的调解方案和意见，是出于对调解人的信赖，这种信赖就是相信调解人能够保持中立的立场，对事实认真调查核实，尽量保证其结论公正、合理。因此，调解人应当与争议双方均没有经济往来和利害关系。

（2）实事求是，查明起因

调解必须以事实为依据。调解人要采取实事求是的态度，深入到有关方面，进行认真的调查研究，查清工程合同争议发生的时间、地点、原因、双方争执的经过和执行后产生的结果，以及证据和证据的来源。在处理合同争议时，还需委托有关部门作出技术鉴定，或邀请他们参加质量技术问题的座谈会，提出意见，判明是非和责任所在。

（3）分清责任，依法协调

法律、法规和政策以及工程合同是区分争议是非、明确责任的尺度和准绳。调解必须以法律和合同为准绳。这就要求调解人要熟悉法律和合同的有关规定，依照法律和合同办事，分清责任，做到有法必依、公正调解、排除干扰、不徇私情，这样才能分清是非、明确责任，才能使当事人信服，顺利达成协议并认真遵守。

（4）协调说服，互谅互让

工程合同争议一般涉及各方的经济利益，有些争议还涉及企业的声誉。因此，一旦有了合同争议，不少当事人在调解过程中过分强调对方的过错，甚至隐瞒、歪曲事实、谎报情况，这些都是对调解工作不利的因素。所以，调解人在调解工作中，要摆事实、讲道理，必须耐心地深入细致的说服教育疏导工作，协调好双方的关系，促使双方当事人相互谅解，保证调解工作的顺利进行。

（5）及时解决，不得影响仲裁和诉讼

调解必须及时，这对于解决工程合同争议非常重要。如果争议得不到及时解决，就有可能使矛盾激化。同时，也要防止一方恶意利用调解使纠纷复杂化的问题。工程合同争议发生后，不论当事人申请调解还是不申请调解，也不论当事人在调解中没有达成协议还是达成协议后又反悔，均不影响当事人依法向仲裁委员会申请仲裁或向法院起诉。

6.4.5 争议避免/裁决委员会（DAAB）

争议避免/裁决委员会（Dispute Avoidance/Adjudication Board，DAAB）是 FIDIC 所倡导的一种解决工程合同争议的方式。FIDIC《施工合同条件》（2017 版）第 21.1 至 21.4 款对 DAAB 方式进行了详细说明。

1. DAAB 的组成

如果打算采用 DAAB 方式来解决工程合同争议，双方应在合同数据规定的时间内（如未规定，则为 28 天）在承包商收到中标函日期后，共同任命 DAAB 的成员。DAAB 应按合同数据中的规定，由具有适当资格的一名或三名人员组成。如果对委员会人数没有规定，且双方没有另外协议，DAAB 应由三人组成。对于该三名委员，双方应各推荐一人，报他方认可。双方再在此基础上同这两名成员协商，共同确定第三位成员，第三位成员应被任命为主席。

DAAB 应视为在双方和 DAAB 的唯一成员或三名成员（视情况而定）签订 DAAB 协议书之日起成立。唯一成员或三名成员中每一名的报酬条款，包括 DAAB 咨询的任何专家的报酬应由双方在商定 DAAB 协议书条款时共同商定。双方应各负责支付该报酬的一半。

如经双方商定，可在任何时候任命一名或几名有适当资格的人员，替代 DAAB 的任何一名或几名成员。除非双方另有商定，在某一成员拒绝履行职责，或因其死亡、疾病、无行为能力、辞职或任命期满而不能履行职责时，应任命替代 DAAB 成员。

2. DAAB 争议避免

在工程实施过程中，业主与承包商之间应尽可能避免产生争议，而 DAAB 应在其中起到重要的调解作用。如出现可能导致争议的事件，在双方的前提下，可共同请求 DAAB 提供协助，该请求应以书面方式抄送工程师。随后在 DAAB 的协助之下，以非正式讨论的方式视图解决相互之间的问题和分歧。如果 DAAB 意识到问题或分歧，也可以主动邀请双方提出共同请求。这样的问题或分歧，如果能由工程师组织业主和承包商进行商定或确定解决方案，也可不经由 DAAB 来协调处理。

DAAB 提供的这种避免争议的非正式协调可在任何会议、现场考察或其他期间进行，业主和承包商都应出席此类讨论。但是这种非正式协调达成的意见这只能是双方基于信任和谅解达成的一致意见，其效力是有限的。双方没有义务按这种非正式协调的建议采取措施，也可不受到这种非正式协调意见的约束。

如果双方不遵守这种非正式协调达成的意见，问题和分歧还是会演变为合同争议，这样一来就需要进入到争议裁决程序。

3. DAAB 争议裁决

如果双方之间发生了有关或起因于合同或工程实施的争议（不论任何种类），包括对工程师的任何证书、决定、指示、意见或估价的任何争议，任一方可以将该争议以书面形式提交给 DAAB，委托 DAAB 做出决定，并将副本送交另一方和工程师。

对于三人组成的 DAAB，其收到委托的日期以主席收到该项委托的日期为准。

双方应按照 DAAB 的要求，立即向 DAAB 提供解决此类争议需要的所有资料、现场进入权及相应设施。

DAAB 应在收到此项委托 84 天内，或在可能由 DAAB 建议并经双方认可的其他期限内，提出它的决定，并说明理由和依据。如果双方都认可该决定，则该决定应成为最终决定，对双方均具有约束力。

4. 对 DAAB 决定的遵守

在 DAAB 做出决定后，如果任一方未在规定期限内表示不满，DAAB 的决定即成为最终的决定，双方都应遵守。如果有一方未遵守该决定，另一方可以在不损害其可能拥有的其他权利的情况下，将上述未遵守决定的事项提交仲裁。

5. 友好解决和仲裁

如果任一方针对 DAAB 决定发出了不满通知，双方应努力以友好方式来解决。如果还不行，则提交仲裁。仲裁可在表示不满通知发出 28 天后进行。

仲裁人有权公开、审查和修改与该争议有关的 DAAB 的任何决定。

在仲裁中，任一方不受以前为获得 DAAB 决定而提供证据、论据，或表示在不满通知中提出的理由的限制。DAAB 的任何决定只作为仲裁中的证据。

仲裁在工程竣工前后均可进行，仲裁的进行不影响双方、工程师及 DAAB 的义务。

6. DAAB 未设立或任命期满

如果工程合同双方之间产生争议，而 DAAB 又任命期满或本来就未设立，则应按上述规定直接友好解决或提交仲裁。

6.4.6 其他形式的 ADR

1. 小型审判

所谓小型审判，是指工程合同争议双方将问题提交给专门针对争议成立的小型审判庭，由审判庭给出判决的方式。这种方式首次出现在 1977 年美国的一起电脑终端专利侵权案中，此后在美、英等国有一定应用。

小型审判的审判庭由争议双方各自的高级行政官和双方联合聘请的一位中立主席组成。主席可以不必是律师，但必须具备较高的权威。如 1977 年 TRW 与 Telecredit Inc. 之间的电脑终端专利侵权案中，联合聘请的主席候选人包括了美国的前最高法院法官和助理司法部长。双方可聘请律师参加，但不必总有律师到场。主席将问题说明清楚之后，行政官们及其律师将进行谈判来寻求解决方案。主席将组织和引导整个谈判过程，他也可以提示可能的诉讼结果，但对双方并无约束力。当双方达成了一致意见后，将会签署一份书面协议，经双方签字，该协议即成为具有法律强制力的文件。

小型审判并不是真正意义上的审判，而是一个协商、谈判以寻求解决方案的过程。它将对阵的双方直接拉入解决纷争中，以期双方都会作出让步并迅速解决争议。小型审判的优点包括：

（1）采用简单方式取代了耗时较长的听证。

（2）争议的问题经过了专业评审，又避开了繁琐的程序。

（3）争议能交给最终有决定权能决定争议是否应该结束的人，其判决也具有较强的权威性。

（4）专门解决争议的机构可对问题进行长期调查，以便寻求最优的解决方式，尽量保护双方的利益。

小型审判的缺点包括：

（1）较为复杂的技术及法律问题有可能被过于简化。

（2）小型审判的判决结果的约束力有限。如一方没有足够的诚意通过该方式解决争议，或审判程序偏袒某一方，通过该程序将无法得到合理、可行的判决结果。

（3）对于较小的争议，不适合采用小型审判方式。高层管理者将时间用于小型争议的解决上，是不划算的。

2. 调停仲裁

一些律师及建筑业人士并不看好调停和其他约束力低的 ADR 技术，认为它们不能快速、有效的解决争议。这种看法是片面的，调停仲裁就是一种快速、有效的 ADR 方式。

调停仲裁的争议解决方式需要在合同中明确，通常的规定是：起初双方试图通过谈判、协商的方式来达到和解，如不成功，转入调停程序；如调停达不成协议，调停人将变化角色，成为仲裁员，针对合同争议作出具有强制约束力的裁决。可见，调停仲裁是和解、调停与仲裁的混合使用技术，能对争议双方进行更有效的约束，而且省去了变换解决方式的中间环节，节约了时间。

复习思考题

1. 如何确定工程合同争议是由第三方引起的，争议双方与第三方之间的责任应如何追究？

2. 当出现工程合同争议后，一般应该根据过错原则来分配双方责任。但有时过错不易分清，此时应如何处理？

3. 在某项目中，一个承包商借用他人资质投标并中标，签订了合同，业主事先知道此事。合同实施一段时期后，业主与承包商发生冲突，业主主张合同无效，请问是否可以？这种情况下，双方的经济责任应如何判定？

4. 材料、人工价格上涨引起合同实施成本上升，从而导致的纠纷应如何判定责任？

5. 某些工程合同规定一旦发生安全事故导致业主、承包商以外的第三人受伤，应由承包商负责任，而实际上有的事故发生有业主的责任。这种合同条款是否合理？是否有效？

6. 在合同实施过程中，不可抗力范围的认定和责任的认定都是可能导致争议的。请问有什么措施可以减少不可抗力方面的争议？

7. 和解、调解、仲裁、诉讼四种方式的概念、优缺点分别是什么？

8. ADR方式与仲裁、诉讼相比，有什么明显的优势？

9. 在调停、调解中，调停人或调解人的选择都是非常重要的。请问其选择应遵循什么原则或程序？

7.1 工程索赔
概述

7.1 概述

7.1.1 工程索赔的概念

1. 工程索赔的定义

索赔是指在经济交易活动中，一方遭受损失时向对方提起的赔偿要求。索赔是合同双方的法定权利，也是维护其自身经济利益的手段。它一般包括商务索赔和工程索赔。

商贸交易过程中，买卖双方往往会因彼此间的权利义务问题而引起争议。在商务合同的实施过程中，因合同任何一方当事人未能按约履行合同义务，而直接或间接给另一方造成损失时，在合同规定的期限内，受损方有权依照合同的约定向违约方提出赔偿要求，以弥补其所遭受的损失，这称之为商务索赔。违约的一方，如果受理受损害方所提出的赔偿要求，赔付金额或实物，以及承担有关修理、加工整理等费用，或同意换货等就是理赔。违约一方如有足够的理由解释清楚，不接受赔偿要求的就是拒赔。

与商务索赔不同，工程索赔是指在工程承包合同履行过程中，承包人由于非自身的责任或原因而遭受损失时，可根据合同的约定，凭有关证据，通过合法的途径和程序向发包人提出赔偿要求。非自身责任包括两种情形：

（1）发包人不能切实履约，如未按合同规定及时交付设计图纸造成工程拖延、未按时提交施工现场、未能在规定时间内付款、干扰影响工程进度等；

（2）发包人没有违反合同约定，但是由于其他原因，如合同范围内的工程变更、有记录可查的特殊反常恶劣天气、国家政策的修改等。

索赔是工程承包中经常发生的正常现象，属于正确履行合同的正当权利要求。由于施工现场条件、气候条件的变化，施工进度、物价的变化，以及合同条款、规范、标准文件和施工图纸的变更、差异、延误等因素的影响，使得工程承包中不可避免地出现索赔事件。工程承包市场多为"买方市场"，承包人作为卖方相对来说承担着更多的风险。因此，我们看到的索赔多为承包人提出，也即通常意义上的"工程索赔"。但在工程建设的实际过程中，发包人对承包人的索赔亦时有发生，国际工程承包界称之为反索赔。

2. 工程索赔的特点

与商务索赔相比，工程索赔的特点主要表现在：

（1）索赔的前提不同

商务索赔的前提是对方已存在违约行为，且己方的损失是因对方的违约行为造成的。对于非对方违约而受到的损失是不能索赔的。工程索赔的前提则是承包人非自身原因而遭受的损失均可索赔，无论发包人是不是存在已违约行为。承包人所受到的损失与发包人的行为并不一定存在法律上的因果关系。导致工程索赔的发生，可以是发包人的一定行为造成，也可能是不可抗力事件引起的。

（2）索赔的对象不同

商务索赔是双向的，合同当事人的任何一方都可向对方索赔。而工程索赔则单指承包人向发包人提起的赔偿要求。这是因为在工程承包合同中，发包人往往处于主动地位，通常可以采用其他方式和途径使自己的损失得到补偿，因此较少采用向承包人提出主动赔偿要求这种相比之下较为被动的方式。久而久之，在工程界，大家都把承包人向发包人提出的赔偿要求称之为工程索赔，而将偶尔发生的发包人向承包人提出的赔偿要求称之为反索赔。

7.1.2　工程索赔的种类

工程索赔由于角度和标准不同，其分类方法也有所不同。

1. 按照索赔要求分类

按承包人的索赔要求，可分为：工期索赔，即要求业主延长工期；费用索赔，即要求业主补偿费用损失。

（1）按照合同类型分类

按照发包人和承包人所签订的合同类型，索赔可分为：总包合同索赔；分包合同索赔；合伙合同索赔；劳务合同索赔和其他合同索赔。

（2）按照干扰事件的性质分类

按照干扰事件的性质不同，索赔可分为五种。

工期延长索赔：由于发包人未能按照合同约定的要求为承包人提供设计施工图纸、相关技术材料、应有的施工条件（场地、道路等）等等，造成工期拖延，承包人可以凭其合理的证据提出索赔。

工程变更索赔：由于发包人或者项目工程师指令增加或者减少工程量以及增加附加工程、变更工程程序，从而引起承包人的工期延长和费用损失，承包人可提出索赔。

工程中断索赔：当工程施工受到承包人不能控制因素的影响而不得不中断一段时间，从而影响工程进度及费用，承包人可对此提出索赔。

工程终止索赔：当工程在竣工前受到某种原因如不可抗力因素影响而被迫停止，并且不再继续进行，承包人因此蒙受损失，可对此向发包人提出索赔。

其他原因索赔：由于诸如物价涨跌、汇率变化、货币贬值、政策法令变化等原因引起的索赔。

（3）按照索赔的起因分类

按照引起索赔的原因，索赔可分为：发包人违约索赔；合同错误索赔；合同变更索赔；工程环境变化索赔；不可抗力因素索赔等。

（4）按照索赔的依据分类

按照索赔所依据的文件，可分为三种。

合同内索赔：即双方在合同中约定了可给予承包人补偿的事项，承包人可据此向发包人提出索赔要求。这类索赔较为常见。

合同外索赔：即引起索赔的干扰事件已经超出了合同条文的范围或是在条文中没有规定，索赔的依据需要扩大到相关法律法规如民法、建筑法等。

通融性索赔：此类索赔不是根据法律和合同，而是取决于发包人的道义、通融。发包人可以从工程整体利益角度选择同意或是不同意。

（5）按照索赔发生的时间分类

按索赔发生的时间可分为：合同履行期间的索赔；合同终止后的索赔。

（6）按照处理索赔的方式分类

2. 按照索赔的处理时间和处理方式分类

（1）单项索赔

只针对某一干扰事件提出，原因和责任较为单一。索赔的处理在合同实施过程中，干扰事件发生时或者发生后立即进行。此项索赔由合同管理人员处理即可，在合同规定的索赔有效期内向业主提交索赔报告，处理起来比较简单。

（2）总索赔

又称为一揽子索赔。由于在工程建设过程中，某些单项索赔的原因和处理比较复杂，无法立刻解决；抑或是发包人拖延答复单项索赔而使之得不到及时解决；或者是堆积至工程后期的工期索赔等，在这些情况下，承包人将在工程竣工前把工程进行过程中未解决的单项索赔集中起来，提出一份总索赔报告。合同双方在工程交付前后进行最终的谈判，一揽子解决索赔问题。总索赔的处理和解决都比较复杂，承包人必须保存全部工程资料和其他可作为索赔证据的资料。同时，在最终的谈判中，由于索赔的集中积累，造成谈判的艰难，并耗费大量的时间和金钱。对于某些索赔额度巨大的一揽子索赔，为提高索赔成功率，承包人往往需要聘请法律、索赔专家，甚者成立专门的索赔小组或委托索赔咨询公司来处理索赔事件。

7.1.3 工程索赔的起因

在工程承包施工中，工程索赔的数量和索赔款都在逐年增多，根据资料统计，近年来国际工程市场投资额每年以大约 10% 的速度递增，索赔争端数量也以每年 10% 左右的幅度递增。在工程合同的履行过程中由于工程本身的特殊性及复杂性，诸如施工现场条件、施工进度、物价指数的变化以及工程变更、拨款延迟等因素的影响，常常会遇到一些在合同条款内容中无法预料的事件，造成工期延长和额外费用的增加；而这些增加的费用和时间并没有包括在原合同的工期和价格中，因此承包人不能通过合同的规定获得补偿，从而导致工程索赔事件的发生。索赔的性质属于经济补偿行为，而不是惩罚；是承、发包双方经常发生的管理业务，是合作而不是对立。工程索赔的起因归结起来有下述四类：

1. 基于现代土木工程承包行业的特点

现代土木工程施工承包行业的工程量大、投资规模大、结构复杂，同时涉及诸多专业和行业，技术含量高，工期长。工程本身和工程所处的环境均存在诸多不确定因素，这些不确定因素会对工程的实施形成干扰，从而给工程的进度、质量和费用带来风险。常见的影响因素包括：国家宏观经济政策的变化，建筑市场本身的制度调整，城建环保部门对工程的建议、要求和干涉，以及工程自身施工条件的变化等。由于工程宏大，这些内外部因素不可避免地会直接影响到工期和成本，从而引起工程索赔。

2. 基于双方签订的合同

施工承包合同是在合同工程开始前签订，是建立在对未来工程发展情况的预测的基础上的。由于工程和其所处环境的复杂性，合同即使具备标准性条款，也不可能对未来的情况做出准确的预见，因此也无法将实施过程中可能出现的所有问题全部描述并规定清楚。例如：工地施工条件的恶劣程度可能会远远超出原来设想的、合同规定的情况；由于发包人或不可抗力等因素使得施工进度发生了合同规定以外的重大变化等。所以，合同中难免有考虑不周的条款和缺陷。由此导致合同双方对权利、义务、责任、经济利益产生争议，而这一切与工期和成本密切联系，极易引起索赔事件。

3. 基于发包人的原因

承包人履行合同约定的工期和价格，依据是发包人所发售的招标文件，前提是发包人不干扰承包人在工程的实施过程中按约履行合同义务。但实际的情况是发包人要求的变化常常导致大量的工程变更，如建筑功能、形式、建筑标准、实时方式、工程量、工程质量的变化等；或者承包人被要求完成原定工程范围以外的施工任务；抑或发包人疏于管理、不履行或不正确履行合同规定的责任和义务，都将使承包人蒙受额外的损失而导致索赔。

4. 基于工程各方干系人

工程实施的过程中，项目各方干系人的技术和经济关系错综复杂，互相联系又互相影响。各方的责任和利益关系复杂，容易造成管理和协调的失误，因此也更容易给自己或其他实施干系人造成损失。在国际承包工程中，由于合同双方在文化、语言、法律、制度、工程习惯等方面存在诸多差异，更易导致双方对合同理解的偏差，从而引起争端。

总而言之，这些内部和外部的干扰因素造成了工期的延长和成本的增加，是工程索赔的起因。

7.1.4　工程索赔的作用

在工程建设活动中，工程索赔是大量存在的，它对规范工程建设市场、提高工程建设效益有着重大作用。

1. 有利于承包合同标价的确定，促使双方实事求是地协商工程造价

假使承包人将所有可能之风险费用都计算于工程报价之内，一方面造成投标报价过高，降低了中标的可能；另一方面一旦中标，因为并非所有预见的风险都会发生，发包人将会支付高于工程实际产生费用的合同价款。所以，从某种意义上说，工程索赔是一种风险费用的转移或再分配。索赔是以赔偿实际损失为原则的，承包人利用索赔的方法使自己实际发生的损失得到补偿，同时能够降低工程报价中的风险费用，从而使发包人得到相对较低的报价，当工程施工中发生这种费用时可以按实际支出给予补偿，也使工程造价更趋于合理。

2. 有利于承、发包双方提高管理水平，减少合同管理中的漏洞

索赔有利于提高承包人和发包人的自身素质和管理水平。工程索赔直接关系到承、发包的双方利益，索赔和处理索赔的过程实质上是双方管理水平的综合体现。作为承包人，要取得索赔，保证自己应得的利益，就必须加强各项基础管理工作，对工程的质量、进度、变更等进行更严格、更细致的管理，确保自己没有违约行为，全力保证工程质量和进度，实现合同目标。同样，作为发包人，就必须加强自身管理，做好资金、技术等各项有关工作，通过索赔的处理和解决，保证工程顺利进行，使建设项目按期完工，早日运营取得经济回报。索赔有利于国内工程建设管理与国际惯例接轨。索赔是国际工程建设中非常普遍的做法，FIDIC土木工程施工合同条件把索赔视为正常现象。一个从未有过工程索赔经验的施工承包企业往往在项目招投标中处于劣势，因为索赔是工程建设中的必然现象，没有索赔意味着管理水平低下，抑或存在偷工减料的嫌疑。现今我们应切实纠正对工程索赔的理解误区，明确工程索赔是承包人的一项合法权利而不是单纯的钻空子。我们应尽快学习、掌握国际工程建设管理的通行作法，提高我国工程建设企业的管理水平，这对于我国企业顺利参与国际工程承包、国外工程建设都有着重要的意义。

7.2　索赔程序

7.2 索赔程序

索赔事件的发生在工程建设中是不可避免的，因此必须重视，要正确合理地进行处置。但索赔与工程项目的其他管理工作不同，其处理和解决受到诸多条件的制约，例如合同背景，承包人和发包人的管理水平以及双方处理索赔的业务能力等。索赔的成功不仅仅在于存在可索赔事实本身，更在于承包人是否具备充实的证据，是否拥有合同约定及法律条款的支持。因此，一套正确合理的索赔程序变得至关重要。根据以往工程索赔的经验以及FIDIC土木工程合同条款的规定，在处理索赔事件时，主要遵循以下程序：提出索赔要求；报送索赔资料；会议协商解决；邀请中间人调解；提交仲裁或诉讼。本节将从两个阶段来阐述索赔一般程序。

7.2.1　索赔内部处理阶段

这个阶段的工作主要由承包人的合同管理人员或者专门成立的索赔小组在合同规定的索赔有效期内完成，其标志性成果是索赔报告。这个阶段的工作质量和成效对整个索赔起着至关重要的作用，同时也体现了承包人的工程项目管理水平。主要包括以下步骤：

1. 索赔事件

索赔事件在合同进行过程中随时可能发生，因此合同管理人员应实时监督跟踪合同进展水平，及时发现索赔机会。需要注意的是，索赔事件只能由非承包人责任引起，而且不能受到承包人施加的任何影响。在土木工程建设实践中，同时依据FIDIC土木工程合同条款，索赔事件常见于以下三大类情况（此处列举的只是可能发生索赔的主要情形，并未囊括所有情形）。

（1）与发包人相关

1）发包人起草的合同有缺陷或错误，监理工程师通过解释合同的方式予以纠正，由此引起的额外工程费用。

2）发包人未能及时将必要的施工条件如现场、进场道路和相应设施提供给承包人。

3）发包人未及时交付工程所需设计资料及图纸。

4）发包人在规定支付期限到期后 28 天之内，未能向承包人支付监理工程师签发的任何证书规定的应付款项。

5）非承包人的原因引起的设计错误或变更。

6）发包人干扰或拒绝任何监理工程师对合理合法证书的签发和批准。

7）发包人单方擅自更换监理工程师。

8）发包人增加工程量，提高质量标准。

9）发包人指令终止工程。

10）发包人增加对工程的特殊要求。

11）发包人擅自改变施工顺序或施工进度。

12）发包人未及时批准图纸或验收工程。

13）出现了发包方的风险，包括：不可预见的不利实物障碍；施工现场挖出文物、结构物、矿藏等其他具有考古或使用价值的遗迹文物和资源；不以当事人的主观意志为转移的不可抗力（自然力或社会动乱）；发包人利用或占用永久性工程的任何段落或部分；不可预见事件，导致合同条件发生重大变化（后继法、货币政策、外汇汇率变化、物价波动等）；因特殊风险使合同被迫中止或终止，如发包人宣告破产或停业整顿、由于未预见的理由使得其不可能继续履行合同义务；等等。

（2）与监理工程师相关

1）承包人因执行监理工程师的指令而引起的额外工程费用和工期的拖延。

2）监理工程师要求承包人提供的文件资料超出了合同规定的份数。

3）由于监理工程师拖延施工图纸的提供或延误指令引起的损失。

4）监理工程师提供的测量基准数据有误，引起承包人在施工放样中出现误差。

5）承包人因为执行监理工程师所提供的设计和技术规范而引起的对他人知识产权的侵犯而导致的索赔。

6）监理工程师要求承包人修复因不可抗力引起的工程破坏或非承包人原因引致的工程缺陷，由此导致的工期和费用的损失。

7）监理工程师要求承包人进行以地质勘探为目的的钻孔。

8）监理工程师要求承包人为其他独立承包人提供设备和服务。

9）监理工程师要求承包人提供合同中未规定的试样、试件或试验。

10）在隐蔽工程的复查中证明已经验收的工程并没有质量问题。

11）要求承包人派人参加缺陷责任调查，并证明该工程合格，由此发生的费用和工期的损失。

12）监理工程师下令工程暂停（非承包人原因引起），由此发生的支付和索赔。

13）监理工程师处理危急情况。

14）监理工程师向承包人签发了补充图纸或指令。

（3）其他

1）由于工程变更引起的一般股价和特殊情形。

2）设计阶段非承包人的设计中引用的勘察、测量结果，或合同中的技术规范、图纸、工程量清单提供的气象、水文、地质地貌与现场实际情况有出入。

3）有关合同文件的组成问题引起的争议。如合同补遗文件、会谈纪要、往来信函等，因未在合同中写明是否有效而引起双方的争执。

4）合同文件本身有效性引起的索赔。

2. 索赔事实及责任的确定

在发现索赔事件之后，需要对引起索赔事件的原因进行调查，确认索赔事实的存在，同时索赔是由非承包人的原因所引起。这一点非常重要，只有非承包人责任引起的损失才有可能提出索赔，否则不能构成索赔条件。在实际的工程建设中，参与人众多，责任常常是多面的，因此有必要进行责任分析，划清各方的责任范围，避免在索赔谈判中引起合同双方的争议和矛盾。

3. 索赔证据

索赔证据作为索赔文件的一部分，关系到索赔的成败。如果证据不足或者没有证据，仅有损害事实的存在，索赔是不能成立的。索赔证据必须真实、全面、有法律效力、经当事人认可、有充分说服力，同时应是书面材料。根据其证明的内容不同，索赔证据可分为：证明事件存在和经过的证据；证明事件责任和影响的证据；证明索赔理由的证据；证明索赔值的计算过程和依据及计算结果的证据等。索赔证据主要包括合同、日常的工程资料以及合同双方的信息沟通资料等。

为了使索赔有可靠的事实和充分的依据，必须注意资料的积累。因此在工程建设中除了做好施工日志外，重大问题的会议上应当做文字记录，并争取与会者签字，同时承包人还应建立业务档案制度，注意积累记录每天发生的文字来往、图纸、照片等，做到处理索赔时以事实和数据为依据。在工程建设实践中，常见的索赔证据有：

（1）国家的法律，政府的相关法规、法令、文件、技术规范

包括：《中华人民共和国民法典》《中华人民共和国仲裁法》《中华人民共和国建筑法》等国家颁布的法律；《建设工程勘察设计管理条例》等国务院颁发的行政法规；以及其他相关的部门规章和地方性法规。

（2）具有法律效力的专业资料。

（3）完整的工程项目资料。包括：

1）所有合同文件。包括合同文本及附件、招投标文件、图纸原件、经过修改后的图纸、图纸修改指令、合同规定的组成合同的其他文件（备忘录、修正案等）、发包人认可的原工程实施计划等。

2）来往信函。包括发包人的变更指令、各种认可信件、通知、对承包人问题的答复信件等。这些信函必须保存妥当，因为其内容和签发时间对索赔的具体事项具有直接的参考和证明价值。信函的信封要留存，信封上的邮戳记载着发信和收信的准确日期。承包人的回信也要复印留底。所有信件都应保存至工程全部竣工，合同结束，索赔事项处理完毕之后。

3）各种会议纪要。在合同实施过程中，发包人、监理工程师以及各承包人之间会定期或不定期的举行会议，以研究工程进展情况，沟通并解决问题，做出决议。而这些会议纪要可用来追查项目施工的进展情况，反映发包人和承包人对项目有关情况采取的行动。

经过各方签署的会议纪要具备了法律效力，可作为合同的补充，对索赔起到证明作用。

4）施工进度计划和实际的施工进度安排。工程的施工顺序，各工序的持续时间，各种资源的安排，材料的采购和使用情况都能在进度计划安排中得到反映。所以它们能对索赔产生重大影响。

5）与发包人及其代表人物的谈话资料。只要对方认可，这就可以作为证据，但法律效力略显不足。但通过对它的分析，也可以得到当时各方的意见观点，可作为寻找其他证据的线索。

6）施工现场的工程文件。如施工纪录、施工备忘录、施工日志、检查日记、监理工程师填写的施工纪录等。

7）工程照片。作为最清楚直观的证据，照片上也应注明拍摄时间。保存完整的工程照片，能够有效地显示工程进度及状况。索赔中常见表示工程进度的照片、隐蔽工程覆盖前的照片、因发包人责任造成返工的照片、因发包人责任造成工程损害的照片等等。承包人除拍摄合同规定的照片之外，还应经常注意拍摄工程照片，以便日后查阅。

8）气候报告。遇到恶劣天气，应及时做好记录，并请监理工程师或者发包人代表签证。

9）工程检查验收报告和各种技术鉴定报告。如隐蔽工程验收报告、材料性能试验报告、地基承载力试验报告、工程验收报告等。

10）建筑材料的相关凭据。包括采购、订货、运输、进场、检验、使用等方面的凭据。

11）各种报表。包括施工人员计划表、人工日报表、材料和设备表等。

12）各种会计核算资料。这是计算索赔值的基础证明。在索赔中常用的有工资薪金单据、索款单据、工资报表、各种收付款原始凭证、总分类账单、管理费用报表、工程成本报表等。

13）工程中停电停水以及道路开通和封闭的纪录和证明。应由监理工程师或者发包人代表签证。

14）官方的物价指数，工资指数，中央银行的外汇比价等相关的公布资料。

4. 索赔损失值计算

承包人的索赔要求都体现为一定的索赔额，在索赔报告中必须准确客观的计算出索赔事件对工期和费用的影响，定量计算索赔额，同时出具索赔额度计算的过程证明文件。索赔所要求给予补偿的时间和费用的计算应该合情合理，是建立在对损失事实的精确计算的基础上的。索赔的数额应是实际损失，以合同标准为基础进行计算；如果合同中没有相应的标准规定，则应以合理的标准为基础计算。实际损失可表现为工期和费用两方面，重点是收集、分析、对比实际和计划的施工进度、工程成本和费用方面的资料，在此基础上计算索赔值。本章将在7.3和7.4中详细介绍工期索赔和费用索赔的计算方法。

5. 索赔时效

索赔时效有利于索赔的客观、公正、经济的解决。如果没有索赔时效的限制，索赔权利人可能会在工程完工后才提出一揽子索赔，此时索赔事件已经完成很长时间，时过境迁、人员变动，使得索赔事件的真实状况很难复原。发包人和承包人均依据各自的记录阐述各自理由，而双方必然都认为自己才真实地记录了索赔事件，使得合同双方分歧更加严重，索赔很难通过协商解决，只能通过调解、仲裁或诉讼等方式解决，增加了双方的费用和成本。确定较短的索赔期间，有利于证据保存，使索赔事件的真相较容易查明，有利于索赔的快速解决，避免无谓的旷日持久的争端。因此，索赔时效对发包人和承包人而言，都是经济且不无裨益的。

根据 FIDIC《施工合同条件》2017 版的规定，索赔的时效可归结为三个"28 天"：

（1）承包人在索赔事件发生后的 28 天内，应将要求索赔的意向通知监理工程师并抄报业主。否则，将遭到发包人和监理工程师的拒绝。同时，承包人应该保存索赔事件发生时的记录，以备监理工程师审查，或者向监理工程师提供当时纪录的复印件，以此作为申请索赔的凭证。此时，监理工程师只需审查这些记录，无须确认承包人提出的索赔事件是否是发包人的责任。承包人也应进一步做好记录。

（2）如果索赔事件是延续性的，且延续时间超过 28 天，则承包人应该按照要求的时间间隔，每隔 28 天向监理工程师提交备忘录，在备忘录中详细记录继续发生的索赔账目和进一步索赔的依据。

（3）承包人应在索赔事件的影响终止后 28 天之内提交最终索赔报告及索赔账目。还应根据监理工程师的要求，向发包人提供所有按索赔需要交送给监理工程师的报告复印件。

《建设工程施工合同（示范文本）》（GF-2017-0201）关于索赔的通用合同条款，对索赔的时效作了以下规定：

（1）关于承包人的索赔。

根据合同约定，承包人认为有权得到工期或费用索赔的。

1）承包人应在知道或应当知道索赔事件发生后 28 天内，向监理人递交索赔意向通知书，并说明发生索赔事件的事由；承包人未在前述 28 天内发出索赔意向通知书的，丧失要求追加付款和（或）延长工期的权利；

2）承包人应在发出索赔意向通知书后 28 天内，向监理人正式递交索赔报告；索赔报告应详细说明索赔理由以及要求追加的付款金额和（或）延长的工期，并附必要的记录和证明材料；

3）索赔事件具有持续影响的，承包人应按合理时间间隔继续递交延续索赔通知，说明持续影响的实际情况和记录，列出累计的追加付款金额和（或）工期延长天数；

4）在索赔事件影响结束后 28 天内，承包人应向监理人递交最终索赔报告，说明最终要求索赔的追加付款金额和（或）延长的工期，并附必要的记录和证明材料。

对承包人索赔的处理如下：

1）监理人应在收到索赔报告后 14 天内完成审查并报送发包人。监理人对索赔报告存在异议的，有权要求承包人提交全部原始记录副本；

2）发包人应在监理人收到索赔报告或有关索赔的进一步证明材料后的 28 天内，由监理人向承包人出具经发包人签认的索赔处理结果。发包人逾期答复的，则视为认可承包人的索赔要求；

3）承包人接受索赔处理结果的，索赔款项在当期进度款中进行支付；承包人不接受索赔处理结果的，按照第 20 条〔争议解决〕约定处理。

（2）关于发包人的索赔。

根据合同约定，发包人认为有权得到赔付金额和（或）延长缺陷责任期的，监理人应向承包人发出通知并附有详细的证明。发包人应在知道或应当知道索赔事件发生后 28 天内通过监理人向承包人提出索赔意向通知书，发包人未在前述 28 天内发出索赔意向通知书的，丧失要求赔付金额和（或）延长缺陷责任期的权利。发包人应在发出索赔意向通知书后 28 天内，通过监理人向承包人正式递交索赔报告。

承包人对发包人索赔的处理如下：

1）承包人收到发包人提交的索赔报告后，应及时审查索赔报告的内容、查验发包人证明材料；

2）承包人应在收到索赔报告或有关索赔的进一步证明材料后 28 天内，将索赔处理结果答复发包人；如果承包人未在上述期限内作出答复的，则视为对发包人索赔要求的认可；

3）承包人接受索赔处理结果的，发包人可从应支付给承包人的合同价款中扣除赔付的金额或延长缺陷责任期；发包人不接受索赔处理结果的，按合同争议解决约定处理。

6. 编制索赔报告，提出索赔要求

索赔报告是合同管理人员在项目管理其他职能人员的配合协助下起草的，它是索赔内部处理阶段的可交付成果。索赔报告是承包人对索赔事件和索赔要求的具体规范的说明，必须使用合同中规定的语言和书面阐述的形式。索赔报告需要监理工程师或发包方代表人核实审定后方能有效。为了保证索赔的成功，同时方便审定人公平地处理索赔事件，在编制索赔报告时，承包人应注意：索赔事件实事求是，索赔额度准确无误，责任分析清楚明确，文字叙述简练清晰，证据资料充足有力。索赔报告如果准备不当，会使承包人丧失在索赔中的有利地位，甚至能影响到调解人和仲裁人对索赔要求的公正评价，使正当的索赔要求得不到应有的妥善解决。

按照 FIDIC《施工合同条件》2017 版的规定，承包人在索赔事件发生后的 28 天内，向监理工程师正式书面发出索赔通知书提出索赔要求，并抄送发包人。索赔通知书并不复杂，只需说明索赔事项的名称，相应的合同条款和依据以及自己的索赔要求。在正式提出索赔要求以后，承包人应抓紧准备索赔资料，计算索赔款额或工期延长天数，编写索赔报告书，并在下一个 28 天以内正式报出。如果索赔事项的影响还在发展时，则每隔 28 天向工程师报送一次补充资料，说明事态发展情况。最后，当索赔事件影响结束后，在 28 天内报送索赔最终报告，附上最终账单和全部证据资料，提出具体的索赔款额或工期延长天数，要求监理工程师和发包人审定。

在索赔报告中应特别强调：索赔事件发生的不可预见性，承包人无法制止这类事件的发生；承包人为了避免和减轻索赔事件的影响和损失已经尽可能采取了最大的努力；索赔事件和工程因此受到的影响及损失之间存在直接的因果关系。一般来说，索赔报告可包括如下内容：针对什么提出索赔；索赔事件陈述；索赔理由；索赔事件的影响；索赔额度的计算；索赔要求的结论；附件及证明文件。

索赔报告的结构可分为：

（1）总论

① 序言；

② 索赔事项概述；

③ 具体索赔要求：工期延长天数或索赔款额；

④ 报告书编写及审核人员。

（2）引证

① 概述索赔事项的处理过程；

② 发出索赔通知书的时间；

③ 引证索赔要求的合同条款；

④ 指明所附的证据资料。

（3）索赔额计算。这部分是索赔报告的主要部分。包括费用开支和工期延长论证。

费用开支部分包括：由于索赔事项引起的额外开支的人工费、材料费、设备费、工地管理费、总部管理费、投资利息、税收、利润等；每一项费用开支，应附以相应的证据或单据；并具备详细的论证和计算。工期延长部分包括：对工期延长、实际工期、理论工期等进行详细的计算和论述，说明自己要求工期延长（天数）的根据。

（4）证据。这部分通常以索赔报告附件的形式出现，它包括了该索赔事项所涉及的一切有关证据以及对这些证据的说明。索赔证据资料的范围甚广，可能包括施工过程中所涉及的有关政治、经济、技术、财务、气象、摄像、录像等许多方面的资料。

7.2.2 索赔解决阶段

承包人提交了索赔报告之后，合同双方进入索赔解决阶段，最终将通过双方讨价还价或其他方式解决索赔问题。归结起来有以下五种情形：

1. 直接支付

承包人提出索赔要求，提交索赔报告给监理工程师或者发包人的代表人，经其核实审定之后，再交发包人审查。如果发包人和监理工程师不提出疑问或者反驳意见，同时也没有要求承包人提交补充证明材料和数据，则表示他们对承包人的索赔要求认可，索赔获得了成功。这是索赔中最为理想化的状况。但在实际情况中直接、全部认可索赔报告这种情形发生的可能性极小，绝大多数索赔都会导致双方意见不同，而进入下一阶段的谈判。

2. 谈判协商

一般索赔都将经过谈判过程，也就是双方协商解决。对于每一项索赔工作，承、发包双方都应力争通过友好协商的方式解决，不要轻易诉诸仲裁或诉讼。因为索赔争执的过程将耗费大量的人力物力财力，对双方均没有好处。在谈判中，双方通过摆事实、讲道理，明确界定各方责任，共同商讨，同时互作让步，使争执得以解决。谈判协商一般采取非正式的形式，双方互相探讨立场观点，争取达到一致见解。如需要正式会议，双方应提出论据及有关资料，争取通过一次或数次谈判，达成解决索赔问题的协议。

谈判者必须熟悉合同，了解工程技术，并有利用合同知识论证自己索赔要求的能力。在施工索赔谈判中，双方应注意做到以下几点：

（1）谈判应严格按照合同条件的规定进行，不要采取强加于人的态度。

（2）谈判双方应客观冷静，以理服人，并具有灵活性。

（3）谈判前要做充分准备，拟好提纲，对准备达到的目标心中有数。

（4）善于采纳对方合理意见，在坚持原则的基础上做适当的让步，寻求双方都能接受的解决办法；对分歧意见，应考虑对方的观点共同寻求妥协的解决办法。

（5）要坚持到底，有经受得住挫折的思想准备，不要首先退出会谈，不宜率先宣布谈判破裂。

如果双方通过谈判，对索赔问题达成一致，索赔也因此得到解决。

3. 调解

如果双方难以通过谈判协商达成一致，为争取友好解决，根据国际工程施工索赔的经验，在双方自愿的情况下，可由双方协商邀请中间人进行调解。调解人应依据国家法律政策和合同约定，查清事实、分清责任，且始终保持中立公正的态度，在此基础上对争执双方进行说服，提出索赔解决方案。调解的结果为调解书，它是争执的解决方案，由合同双方和调解人签署后即具有法律效力。调解书生效后，如果某一方不执行调解决议，则可认定为违法行为。

4. 仲裁

类似于任何合同争端，对于索赔争端，最终的解决途径是通过仲裁或法院诉讼。根据合同法的规定，当事人不愿和解、调解或者和解、调解不成的，可以根据仲裁协议向仲裁机构申请仲裁。当事人没有订立仲裁协议或者仲裁协议无效的，可以向人民法院起诉。当事人应当履行发生法律效力的判决、仲裁裁决、调解书；拒不履行的，对方可以请求人民法院执行。

所以，工程项目合同争端的仲裁机构、仲裁地点，应尽量在合同文件中明确。仲裁委员会在查清事实、辨明是非的基础上，按法律和相关政策对索赔争议做出裁决。仲裁机关具有最终决定权，仲裁结果具有法律效力。当然，在仲裁书下达后 15 天内，如果争执一方对仲裁结果不服，可向人民法院提起诉讼。超过此期限，仲裁决议生效，必须执行。

5. 诉讼

即通过司法方式解决。合同任何一方可向法院提起诉讼，另一方必须应诉。法院依照国家法律和司法程序对索赔争议进行审判处理。法院经过法庭调查、法庭辩论，首先进行司法调解，如果调解不成则依法做出判决，此判决具有最终的强制性的法律效力。

7.3　工期索赔管理

7.3 工期索赔管理

工期索赔，即承包人向发包人要求延长施工时间，使原定的工程竣工日期顺延一段合理的时间。

7.3.1　工期索赔的原因

在工程施工过程中，常常会发生一些不可预见的干扰事件，使得施工不能顺利进行。预定的施工进度计划受到影响，工期因此延长。

FIDIC《施工合同条件》2017 版第 8.5 款规定了承包商有权提出工期索赔、获得竣工时间延长的五种情况：

（1）变更；

（2）根据合同条件有权获得竣工时间延长的原因；

（3）异常不利的气候，具体是指业主根据合同条款提供的气候数据和现场地理位置所在国公布的气候数据、不可预见的现场不利气候条件；

（4）由于业主、业主人员或在现场的业主的其他承包商造成或因其的任何延误、妨碍或阻碍。

我国《建设工程施工合同（示范文本）》GF—2017—0201 规定在发包人原因导致工期延误的七种情况下，承包商可提出延长工期的索赔：

（1）发包人未能按合同约定提供图纸或所提供图纸不符合合同约定的；

（2）发包人未能按合同约定提供施工现场、施工条件、基础资料、许可、批准等开工条件的；

（3）发包人提供的测量基准点、基准线和水准点及其书面资料存在错误或疏漏的；

（4）发包人未能在计划开工日期之日起 7 天内同意下达开工通知的；

（5）发包人未能按合同约定日期支付工程预付款、进度款或竣工结算款的；

（6）监理人未按合同约定发出指示、批准等文件的；

（7）专用合同条款中约定的其他情形。

此外，依据不利物质条件（如不可预见的地质水文条件等）、异常恶劣天气、不可抗力等相关条款，承包商也可向发包人提出顺延工期的索赔要求。

7.3.2　工期索赔的分析

工期延长对于承、发包方来说都是不利的。发包人不能在预定的时间内将工程投入使用，回收投资回报，失去盈利机会；承包人因工期延长需增加各种费用支付，甚至可能承担合同约定的工期延误的罚款。所以对于承包人来说，要减少因工期延长而遭到的损失，工期索赔势在必行。承包人进行工期索赔的目的主要有两个：第一，尽量免去或推卸自己对已经发生的工期延长的合同责任，使自己不支付或尽可能少支付工期延长的罚款；第二，对因工期延长给自己造成的费用损失进行索赔。

在工期索赔中，延误一般是指这样两种情况：一种情况是，在某段时间里，施工工期由于某些不可预见因素较原计划有所延长；而另一种情况则是，某些事件对一项具体活动的执行造成了影响。这里所指的事件既可能是由于承包人的内部管理造成的，也有可能是由于与工程施工有关的其他各方造成的。由承包人内部管理原因而造成的延误应由承包人自己负责，由非承包人原因造成的延误则是工期索赔分析的重点。

在可索赔的延误中，又可分为三类：（1）只可索赔工期的延误：主要指由于双方都无法控制的原因引起的延误。（2）可索赔工期和费用的延误：主要指由于发包人原因造成的延误，且该延误活动在网络图的关键线路上，必然影响工期且造成费用损失。（3）只可索赔费用的延误：主要指由于发包人原因造成的延误，但该延误活动不在网络图的关键线路上。虽然不影响工期，但是依然给承包人造成了额外费用损失，所以发包人应给予补偿。

如果承包人要求获得工期延长或避免受到违约金的惩罚，应进行如下工作：说明所发生的延误是属于"有理由延误"相关条款范围内的，即说明所要求的工期索赔是具体按照合同某款某条约定的；同时应能说明造成延误的原因是不可预见的且不是由于承包人自身的原因，如疏于管理等造成的；更应说明延误对于关键线路上的活动造成了影响或者延误影响了整个工程的完工时间；在某些情况下承包人还应说明不存在共同延误，或引起共同延误的原因也是可补偿的，或是有理由的。

工期索赔分析的依据有：合同规定的总工期计划；合同双方认可的施工进度计划及对工期的修改文件，如网络图、横道图、工期修改认可信、会谈纪要、来往信函等；由承发包方以及监理工程师共同议定的月进度计划表；工期延长后的实际工程进度证明文件，如施工日记、实际工程进度表、工程进度报告等。承包人应及时比对上述资料，发现工期拖延及其原因，以提出强有力的工期索赔要求。

7.3.3　工期索赔的计算

工期索赔的计算方法必须可行且有理有据。工期索赔计算中一个重要问题就是如何计算"延长工期"。一般说来，在工程施工过程中出现完全停工的事件是较少见的，而大部分情况下仅是工程进度的放缓，而只有在关键线路上的延误才能引起工期的延长。

1. 计算的基本思路

工期索赔值可以通过预定施工网络进度计划与实际状态的网络进度计划相对比得到，对比的重点是两种网络计划的关键线路，因为关键线路是总工期的决定因素。

在工程施工的过程中，由于发生了一个或一些干扰事件，使得网络计划中某个或某些活动的持续时间发生改变，将这些活动受到干扰后的持续时间代入网络计划中，进行新工期的计算。新工期与原工期的时间之差即为工期索赔值。一般来说，如果受干扰的活动位于关键线路上，则该活动的持续时间的延长可视为总工期的延长值。如果该活动位于非关键线路上，持续时间改变后仍在非关键线路上，则此活动对总工期并无影响，也不能就此提出工期索赔。需要注意的一点是，在工程进行过程中，网络计划可以动态调整，工期索赔也可随之同步进行。

所以，工期索赔计算的基本思路归结起来有两点：确定干扰事件对工程活动持续时间的影响；确定该工程活动持续时间对总工期的影响。通过考虑干扰事件影响后重新进行的网络计划分析可得到总工期所受到的影响即工期索赔值。

2. 活动持续时间的影响计算

（1）工程拖延

由于业主推迟提供工程相关技术资料、施工场地设施等原因，工程会因此推迟或中断，使整个工期受到影响。通常，这些活动的实际延误天数即可作为工期延长天数。

（2）工程变更

工程变更下的活动持续时间影响计算有三个方面：

1）承包人所承担的工程量发生合同约定之外的变化，网络计划需要更新。此时，通常考虑承包商应承担的风险之后，将变化工程量与其所属类别预计总工程量相比得一比例系数，然后用该系数与这一类别预计总工期相乘，可得各类别的工期延长天数，之后将各类别汇总即可。

2）由于发包人的责任造成工程停工、返工、窝工、等待变更指令等事件，经过监理工程师签字认可后，可根据实际工程记录延长相应网络时间的持续时间。

3）发包人指令变更施工顺序，由此引起网络事件之间逻辑关系的变更。通过新旧网络进度计划图的对比可得到工期的变化天数。

（3）工程中断

由于罢工、恶劣气候条件、发包人指令停止工程施工以及其他不可抗力因素造成工程中断，一般将工程实际停滞时间视为工期索赔时间。实际停滞时间包括工程停工时间以及处理干扰事件后果需要的时间。监理工程师签证的现场实际施工记录可作为凭证。

3. 整个工期的影响计算

在活动持续时间的影响计算的基础上便可开展整个工期的影响计算，得到最终的工期索赔值。在实际工程中通常采用以下两种计算方法：

（1）网络计算法

网络计算法通过对比分析干扰事件发生前后的施工网络进度计划，得出工期值之差，计算索赔值。这种方法较为科学合理，适用于各种干扰事件的索赔。只需将发生变化的网络事件的实际持续时间代入原网络进度计划中，得到一新网络进度计划，即可计算出总工期的延长天数，承包人可因此提出工期索赔。通过分析可知，非关键线路上的事件变化不会对总工期造成影响。

（2）比例计算法

网络计算法相对来说较为科学合理，但工程复杂，网络事件众多，需要依靠计算机的网络分析程序才能完成。若干扰事件只影响某些单项工程、单位工程或分部分项工程的工期，则可以采用较为简单粗略的比例计算法。

1）以受干扰部分的工程直接造价与整个工程的合同直接造价相比得到一比例系数，再将此系数与该部分工程的工期拖延量相乘，可得总工期索赔数。

2）若是增加附加工程，则可将附加工程或新增工程量的价格与原合同总价相比得一比例系数，再将该系数与原合同约定总工期相乘，得到索赔工期。

4. 工期索赔计算实例

某承包人与某业主签订了一项工程施工合同。合同工期为 23 天；工期每提前或拖延 1 天，奖励或罚款 600 元。按业主要求，承包人在开工前递交了一份施工方案和施工进度计划（图 7-1）并获批准。

根据图中所示的计划安排，工作 A、K、Q 要使用同一种施工机械，而承包人单位可供使用的该种机械只有 1 台。在工程施工中，由于业主方负责提供的材料及设计图纸原因，致使 C 工作的持续时间延长了 3 天；由于承包人自身机械设备原因使 N 工作的持续时间延长了 3 天。在该工程竣工前 1 天，承包人向业主提交了工期和费用索赔申请。

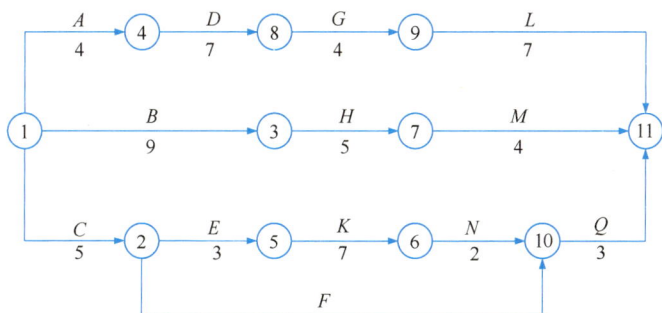

图 7-1　某工程施工网络计划

【试问】承包人可得到的合理的工期索赔为多少天？

【答案】

通过分析承包人在开工前递交的进度计划的关键线路如图 7-2 中双箭线所示，关键工作为 A、D、G、L，工期为 22 天。因为工作 A、K、Q 要使用同一台机械，因此，该机械在施工现场的时间为 21 天。其中，该机械的使用时间为 14 天，闲置时间为 21－14＝7 天。

将 C 工作的持续时间改为 8 天，重新计算如图 7-3 所示。

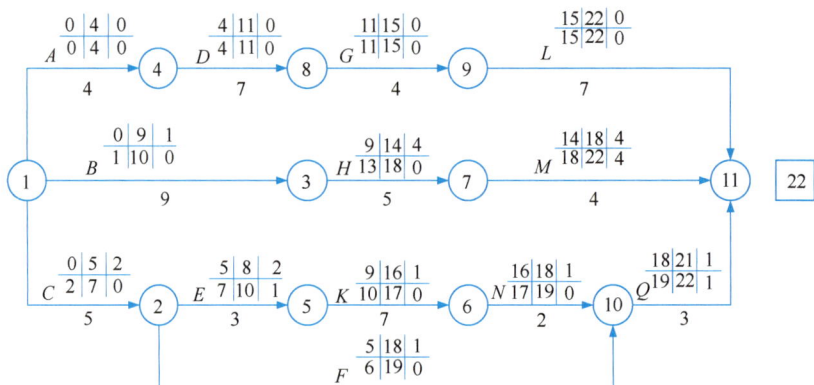

图 7-2 网络计划分析（一）

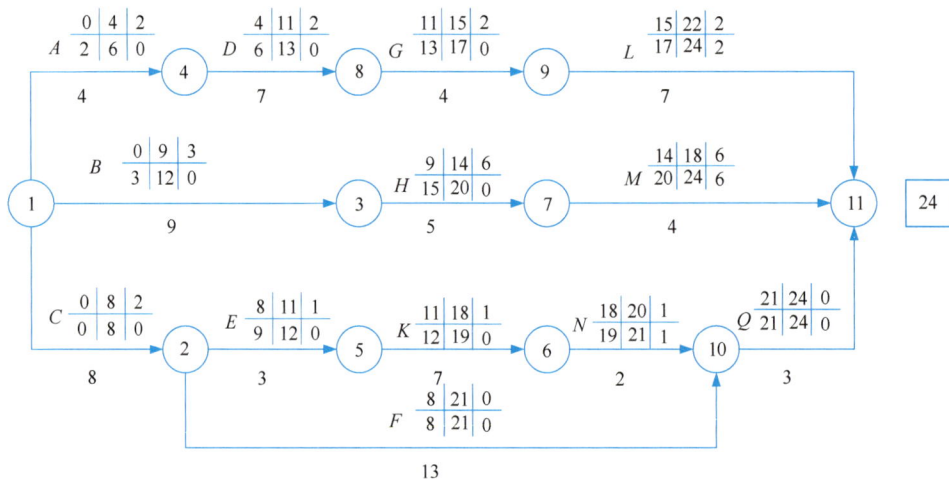

图 7-3 网络计划分析（二）

通过计算得知：关键线路变为图 7-3 中双箭线所示，关键工作为 C、F、Q，工期为 24 天，比原计划工期拖长 24－22＝2 天。因此，合理的工期索赔为 2 天，合同工期总计 23＋2＝25 天。

7.4　费用索赔管理

费用索赔，即承包人向发包人要求补偿不应该由承包人自己承担的合理的经济损失或额外开支。前提是：在实际施工过程中所发生的费用超过了投标报价书中该项工作的预算费用；而费用超支的责任不在承包人方面，也不属于承包人所应承担的风险范围。

7.4.1　费用索赔的原因

费用索赔是整个工程合同索赔的重点和最终目标。工期索赔在很大程度上也是为了费用索赔。一般来说，施工费用超支主要来自两种情况：（1）施工受到干扰，导致工作效率降低，如工程师发出的指令、图纸、详图和标高延误或有误等；（2）发包人指令工程变更或产生额外工程，导致工程成本增加。由于这两种情况所引起的新增费用或额外费用，承包人均有权索赔。

7.4.2　费用索赔的分析

费用索赔都是以补偿实际损失为原则，实际损失包括直接损失和间接损失两个方面，其中要注意的一点是索赔对发包人不具有任何惩罚性质，所有干扰事件引起的损失以及这些损失的计算，都应有详细的具体证明，并在索赔报告中出具这些证据。因此承包人应妥善保存整理各种实际损失的证据，如各种费用支出的账单、员工工资表、现场用工用料用机的证明、财务报表、工程成本核算资料等。没有合理合法的证据，索赔要求是无法成立的。

索赔费用的组成包括：

1. 人工费

完成合同约定之外的额外工作所花费的人工费用；由于非承包人责任导致的工效降低所增加的人工费用；法定的人工费增长以及非承包人责任的工程延误导致的人员窝工费和工资上涨费等。

2. 材料费

由于索赔事项的材料实际用量超过计划用量而增加的材料费；由于客观原因材料价格大幅度上涨；由于非承包人责任的工程延误导致的材料价格上涨和材料超期储存费用。

3. 机械设备费

由于完成额外工作增加的机械使用费；非承包人责任的工效降低增加的机械使用费；由于发包人或监理工程师原因导致机械停工的窝工费。

4. 分包费用

指的是分包人的索赔费，应如数列入总承包人的索赔款总额以内。

5. 工地管理费

指完成额外工程、索赔事项工作以及工期延长期间的工地管理费。

6. 利息

发包人拖期付款利息；由于工程变更的工程延误增加投资的利息；索赔款的利息；错误扣款的利息。这些利息的具体利率可按当时的银行贷款利率或者当时的银行透支利率或者合同双方协议利率来确定。

7. 总部管理费

指工程延误期间所增加的管理费。

8. 利润

一般来说由于工程范围变更和施工条件变化引起的费用索赔，承包人可列入利润。索赔利润的款额计算通常是与原报价单中的利润百分率保持一致，即在直接费用的基础上增加原报价单元中的利润率，作为该项索赔的利润部分。

7.4.3　费用索赔的计算

费用索赔计算出的赔偿金额，是用于赔偿承包人因索赔事件而受到的实际损失，应是承包人为履行合同所必须支出的费用，发包人按此金额赔偿后，承包人能够恢复到未发生索赔事件前的财务状况。其宗旨在于承包人不致因索赔事件而遭受任何损失，但也不会因索赔事件而获得额外收益。所以索赔金额计算的基础是成本，用索赔事件影响所发生的成本减去事件影响时原计划应有的成本，其差值即为赔偿金额。

索赔金额的计算方法很多，因具体情况不同可采用不同的方法，但归结起来主要有两种。

1. 总费用法

又称为总成本法，这是最简单的计算方法：计算出该项工程的总费用，减去原合同报价，即得索赔金额；或者以承包人的额外成本为基点加上管理费和利息等附加费作为索赔金额。

这种计算方法简单但不尽合理，因为实际完成工程的总费用中，可能包括由于承包人的原因（如管理不善，材料浪费，效率低等）所增加的费用，而这些费用是属于不该索赔的；原合同价也可能因工程变更或单价合同中的工程量变化等原因而不能代表真正的工程成本；承包人的合同报价也不一定合理，依此计算的索赔金额也会出现问题等。所以这种计算方法用得极少，往往会引起争议，不容易被对方和仲裁人认可。

但是在某些特定条件下，当需要具体计算索赔金额很困难，甚至不可能时，也有采用此法的。这种情况下出现了修正的总费用法。它原则上与总费用法相同，但在计算过程中做出相应的修正，修正的内容主要有：具体核实已开支的实际费用，取消其不合理部分，以求接近实际情况；计算索赔金额的时期仅限于索赔事件影响的时段，而不是整个工期；只计算在该时期内受影响项目的费用，而不是全部工作项目的费用；不直接采用原合同报价，而是采用在该时期内如没有受到索赔事件影响而完成该项目的合理费用。根据上述修正，可以比较合理地计算出因索赔事件影响而实际增加的费用。

2. 分项费用法

分项费用法是根据索赔事件所造成的损失或成本增加，按费用项目逐项分别进行分析、计算索赔金额的方法。

这种方法比总费用法复杂，但能客观地反映承包人的实际损失，比较科学合理，易于被当事人接受，有利于对索赔报告的分析评价和索赔的解决，在国际工程中被广泛采用。通常分三步。第一步分析每个或每类索赔事件所影响的费用项目，不得有遗漏。这些费用项目通常应与合同报价中的费用项目一致。第二步计算每个费用项目受索赔事件影响的数值，通过与合同价中的费用价值进行比较即可得到该项费用的索赔值。第三步将各费用项目的索赔值汇总，得到总费用索赔值。

（1）各费用项目及其计算

1）工程直接费的超支计算

通常可以提出索赔的直接费用项目与合同报价中所包含的内容应该一致，各工程直接费的项目及其索赔费用计算原则详见表7-1。

工程直接费超支计算分析表 　　表7-1

费用项目类别	索赔事件说明	费用索赔计算原则
人工费	平均工资上涨	按工资价格指数和人工费
	现场生产工人停工、窝工	按实际停工时间和报价中的人工费单价，视实际情况而定，一般将人工费单价乘以小于1的折算系数
	人员闲置	

续表

费用项目类别	索赔事件说明	费用索赔计算原则
人工费	增加劳动力投入，额外雇佣劳务人员	按合同报价中的人工费单价或合同规定的加班补贴标准乘以实际工时数即可
	节假日加班工作、夜班补贴	
	人员的遣返费、赔偿金以及重新招聘的费用	按实际支出
	劳动生产率低下、不经济使用劳动力	可将索赔事项的实际成本与合同中相应的预算成本比较，得出差额即是索赔值；或者比较正常情况下的生产率和受干扰状态下的生产率，得到生产率的降低值，以此进行索赔
材料费	由于工期延长，材料价格上涨	按材料价格指数和未完工程中材料用量
	由于追加额外工作、变更工作性质、改变施工方法等造成材料用量增加	将原来的计划材料使用量与实际消耗的材料的订购单、发货单、领料单或其他材料单据加以比较，确定材料的增加量；按照合同中规定的材料单价或实际的材料单价；两者相乘即是索赔额
	不经济地使用材料	
	材料改变运输方式	按材料数量、实际运输价格和合同规定的运输方式的价格之差
	材料代用	按代用数量和价格差
	手续费、运输费、仓储保管费增加	按实际支出或损失
	因材料提前交货给材料供应商的补偿	
	已购材料、已订购材料因合同中止而产生的费用损失和作价处理损失	
机械设备费	因机械设备延长使用时间而引起的固定费用的增加，包括：大修理费、保养费、折旧、利息、保险、租金等	按实际延长的时间和合同报价中的费率
	增加台班量等其他增加机械投入的情况	按机械使用记录和租赁机械的合同中的取费标准计算
	机械闲置	按公布的行业标准租赁费率进行折减计算或按定额标准进行修正计算
	台班费率上涨	按相关定额和标准取值
	额外的进出场费用	按实际支出或按合同报价标准
	工作效率降低或不经济地使用机械	将实际成本与合同中相应的预算成本比较，得出差额；或比较正常情况下的生产率和实际的生产率，得到生产率的降低值，以此进行索赔
	已交付的机械租金、为机械运行已作的一切物质准备费用因合同中止而需承担的损失以及机械作价处理损失	按实际损失

续表

费用项目类别	索赔事件说明	费用索赔计算原则
工地管理费	现场管理人员工资支出	按延长的实际时间、管理人员的计划用量和合同报价中的工资标准
	人员的其他费用,包括工地补贴、交通费、劳保费用、工器具费用等	按实际延长时间、人员使用量和合同报价中的费率标准
	现场临时设施产生的费用	按实际延长时间和合同报价中的费率
	现场日常管理费支出	
	管理人员增加产生的费用,包括工资、福利费、工地补贴、交通费、劳保、假期等	按计划用量和实际用量之差以及合同报价中的费用标准
	增加临时设施	按实际增加量和实际费用
其他费用	由于通货膨胀对未完合同价格的调整	按未完工程计划工作量,价格指数,或者工资、材料和各分项工程的价格指数
	各种保险费、保函和银行的费用	按实际延长时间和合同报价中的费率
	工程量增加引起的费用	若小于5%合同总价,在承包人的风险范围内,不予补偿5%～10%合同总价,按相应分部分项工程的合同单价和实际工程量增加量计算 超过15%合同总价,合同双方可重新商定单价
	附加工程引起的费用	若合同中有相同的分项工程,则按该分项工程的合同单价和附加工程实际工程量 若合同中有相似的分项工程,则按该相似分项工程的调整价格和附加工程量 若合同中无相同或相似的分项工程,则按合同中约定的附加工程的单价确定方法和附加工程量计算
	分包商索赔	按分包商已经提出的或可能提出的合理的索赔额

2)工程总部管理费的计算

在分项计算出各项工程直接费的超支数额之后,单独进行工程总部管理费的计算。可以选用的总部管理费索赔的计算方法有:

① 按照国际上应用最广的 Eichealy 公式

A. 适用于工期延长的费用索赔。

a. 延期合同应分担的管理费=(合同原价/ 同时期承包人所有合同的实际价值之和) ×同时期承包人的总计划管理费

b. 单位时间管理费率=延期合同应分担的管理费/ 计划合同工期

c. 管理费索赔额=单位时间管理费率×合同延期时间

B. 适用于已经得到工程直接成本索赔额的费用索赔。

a. 该索赔合同应分担的管理费＝（被索赔合同的计划直接成本/同期承包人所有合同直接成本总额）×同期承包人的总计划管理费

b. 直接成本包含的管理费率＝该索赔合同应分担的管理费/合同计划直接成本

c. 管理费索赔额＝直接成本包含的管理费率×工程直接成本索赔额

② 按照赔偿工程实际损失的原则

承包人的总部管理费开支可按照一定的会计核算准则分摊到已经计算好的工程直接费超支额或有争议的合同上。

A. 直接分摊：工地管理费按细部项目根据实际情况分别计算，归入工程直接费总成本；总部管理费则按工程直接费总成本分摊。此法适用范围较广。

B. 日费率分摊：按合同额分配管理费，再用日费率法计算损失。具体公式为：

a. 争议合同应分摊的管理费＝（争议合同额/承包人同期完成的总合同额）×同期总部管理费总额

b. 日管理费＝争议合同应分摊的管理费/争议合同履行天数

c. 管理费索赔值＝日管理费×争议合同延长天数

此法适用于承包人向发包人索赔由于工程延期的管理费。

C. 总直接费分摊：按直接费作为计算基础分摊管理费。公式如下：

a. 单位直接费分摊到的管理费＝合同履行期间总管理费/合同履行期间总直接费

b. 争议合同管理费分摊额＝单位直接费分摊到的管理费×争议合同实际直接费

此法简单，具有说服力，使用广泛。

D. 特殊基础分摊：将管理费开支按其用途分类，分别确定这些分类对应的分摊基础，分别计算分摊额。如管理人员工资可分摊到直接人工费上等。此法要求对于各个分项进行专门的精确的研究，程序复杂，较少被采用。

③ 分离费用法

当管理费发生时，及时记录和分离各个工程项目的管理费用，同时可分离出索赔项目的总部管理费。

④ 初始预算法

按照承包人在投标报价或者作预算时规定的总部管理费的百分比计算。

⑤ 行业平均值法

根据国家、行业或权威机构公布的该类型工程承包人的平均管理费率计算。一般公式为：

总部管理费用索赔额＝工程直接费用索赔额×平均管理费率

⑥ 合同规定费率法

依据合同中规定的费用索赔可采用的总部管理费率计算。

（2）各费用项目的汇总

将各分项的工程直接费超支索赔额和管理费索赔额汇总就得到总索赔额。目前看来，分项费用法与总费用法相比，能够同时适用于单项索赔和总索赔，且计算原则和方法更为科学合理，易被争议双方以及第三方仲裁人员接受，有利于索赔问题的顺利解决。因此，分项费用法使用更为广泛。

3. 费用索赔计算实例

某建设工程系外资贷款项目，业主与承包人按照 FIDIC《施工合同条件》签订了施工合同。施工合同《专用条件》规定：钢材、木材、水泥由业主供货到现场仓库，其他材料由承包人自行采购。

当工程施工至第五层框架柱钢筋绑扎时，因业主提供的钢筋未到，使该项作业从 10 月 3 日至 10 月 16 日停工（该项作业的总时差为零）。

10 月 7 日至 10 月 9 日因停电、停水使第三层的砌砖停工（该项作业的总时差为 4 天）。

10 月 14 至 10 月 17 因砂浆搅拌机发生故障使第一层抹灰迟开工（该项作业的总时差为 4 天）。

为此，承包人于 10 月 20 日向工程师提交了一份索赔意向书，并于 10 月 25 日送交了一份工期、费用索赔计算书和索赔依据的详细材料。其计算书的主要内容如下：

（1）工期索赔：

1）框架柱扎筋 10 月 3 日至 10 月 16 停工，计 14 天；

2）砌砖 10 月 7 日至 10 月 9 日停工，计 3 天；

3）抹灰 10 月 14 日至 10 月 17 日迟开工，计 4 天。

总计请求顺延工期：21 天

（2）费用索赔：

1）窝工机械设备费：

一台塔吊：14×234＝3276 元

一台混凝土搅拌机：14×55＝770 元

一台砂浆搅拌机：7×24＝168 元

小计：4214 元

2）窝工人工费：

扎筋 35 人×20.15×14＝9873.50 元

砌砖：30 人×20.15×3＝1813.50 元

抹灰：35 人×20.15×4＝2821.00 元

小计：14508.00 元

3）保函费延期补偿：（1500×10％×6‰÷365）×21＝517.81 元

4）管理费增加：（4214＋14508.00＋517.81）×15％＝2885.9775 元

5）利润损失：（4214＋14508.00＋517.81＋2885.97）×5％＝1106.29 元

经济索赔合计：23232.07 元

【试问】

（1）承包人提出的工期索赔是否正确？应予批准的工期索赔为多少天？

（2）假定经双方协商一致，窝工机械设备费索赔按台班单价的 65％计；考虑对窝工人工应合理安排工人从事其他作业后的降效损失，窝工人工费索赔按每工日 10 元计；保函费计算方式合理；管理费、利润损失不予补偿。试确定经济索赔额。

【答案】

（1）承包人提出的工期索赔不正确。

1）框架柱绑扎钢筋停工 14 天，应予工期补偿。这是由于业主原因造成的，且该项作业位于关键路线上。

2）砌砖停工，不予工期补偿。因为该项停工虽属于业主原因造成的，但该项作业不在关键路线上，且未超过工作总时差。

3）抹灰停工，不予工期补偿，因为该项停工属于承包人自身原因造成的。

同意工期补偿：14＋0＋0＝14 天

（2）经济索赔审定：

1）窝工机械费：

塔式起重机 1 台：14×234×65％＝2129.4 元（按惯例闲置机械只应计取折旧费）；

混凝土搅拌机 1 台：14×55×65％＝500.5 元（按惯例闲置机械只应计取折旧费）；

砂浆搅拌机 1 台：3×24×65％＝46.8 元（因停电闲置只应计取折旧费）；

因故障砂浆搅拌机停机 4 天应由承包人自行负责损失，故不给补偿。

小计：2129.4＋500.5＋46.8＝2676.7 元

2）窝工人工费：

扎筋窝工：35×10×14＝1900 元（业主原因造成，但窝工工人已做其他工作，所以只补偿工效差）；

砌砖窝工：30×10×3＝900 元（业主原因造成，只考虑降效费用）；

抹灰窝工：不应给补偿，因系承包人责任。

小计：4900＋900＝5800 元

3）保函费补偿：

1500×10％×6‰÷365×14＝0.035 万元

经济补偿合计：2676.7＋5800＋350＝8826.70 元

复习思考题

1. 工程索赔与商务索赔相比有什么特点？引起工程索赔的因素都有哪些？
2. 试述工程索赔的作用。
3. 简述工程索赔的处理流程及在处理过程中需要注意的问题。
4. 论述 FIDIC 合同中规定的可以要求工期延长的五种情况。
5. 工期索赔的计算方法有哪些？其具体流程分别是什么？
6. 费用索赔的内容包括什么？选择其中三项进行具体说明。
7. 比较总费用法和分项费用法的优缺点。

8.1　工程合同管理信息系统的特点和功能

8.1.1　工程合同信息管理概述

工程项目合同管理是工程项目管理的一个重要的组成部分，工程项目的目标是通过工程合同加以确定，工程项目的各参与方通过合同确立各自的权利和义务，项目实施环境和条件的变化而引起的变更和纠纷的解决也需要依据合同。工程项目合同管理涉及的时间长、范围广、内容多、信息量大，因此，有必要建立工程项目合同管理信息系统，对合同信息进行管理。

工程合同信息包括，合同前期信息、合同原始信息、合同跟踪信息、合同变更信息、合同结束信息。合同前期信息主要包括工程项目招投标信息，合同原始信息包括合同名称、合同类型、合同编码、合同主体、合同标的、商务条款、技术条款、合同参与方、关联合同等静态数据，合同跟踪信息包括合同进度、合同费用（投资/成本）、合同确定的项目质量等动态数据，合同变更信息包括合同变更参与方提出的变更建议、变更方案、变更令、变更引起的标的变更，合同结束信息包括合同支付、合同结算、合同评价信息、合同归档信息。

工程合同信息管理系统由合同管理协同工作平台、合同管理数据库、知识库、工作流程管理和多个合同管理子系统组成。

工程合同信息管理子系统作为工程项目管理信息系统的一个组成部分，也可以分为几层子系统。每个子系统由多个参与方的不同管理人员在不同的时间和不同的地方进行业务操作、信息处理。工程合同信息管理系统必须是打破"信息孤岛"，做到"信息共享"的基于网络的系统。

随着 IT 技术的发展，通过工程合同管理网站，通过工程合同管理信息门户进行工程合同信息管理的研究和应用也在不断深入。

工程合同信息管理经历了以下几个阶段，简单合同信息查询系统（类似图书资料管理），工程项目合同管理系统（单一管理），与工程项目管理系统集成的信息系统，多参与方协同的工程合同信息管理门户。

8.1.2　工程合同信息管理系统的特点

1. 工程合同信息管理的生命周期

工程合同信息管理的全生命周期包括，合同前期的工程招投标阶段，项目合同执行阶段，项目合同结束阶段。工程招投标是工程项目合同形成的过程，这一阶段将产生工程合同的前期信息和合同的原始信息。项目合同执行阶段将合同执行过程中跟踪的进度、费用、质量实际数据与合同目标的原始信息进行比较分析，对执行工程中合同变更的信息进行跟踪记录，并且作为合同结算的依据。合同结束阶段对合同的实际信息进行汇总、分析、保存，对合同索赔、合同纠纷解决信息进行记录、分析、保存。合同信息从工程项目的招投标开始，到项目结束的合同管理全生命周期中流动、传递、变化。因此，工程合同管理信息系统的信息管理应该覆盖从招投标到合同结束的全过程。

2. 工程合同信息管理是工程项目管理信息系统中的一个组成部分

工程项目管理信息系统包括工程项目范围管理、进度管理、费用管理、质量管理、合同管理、安全管理、环境管理等子系统。合同管理作为一个子系统与其他的子系统相关，尤其与进度管理子系统、费用管理子系统、质量管理子系统、范围管理子系统有着密切的关系。他们的信息有着输入/输出的关系，本子系统的输入来自于其他子系统，在本子系统中经过处理、加工、生成的新的信息又是其他子系统的输入信息。对工程合同信息管理绝不是孤立的信息处理，它必须涉及和影响工程项目管理信息系统的其他部分。

3. 工程合同信息管理涉及各项目参与方

工程合同根据其不同的类型，有两方合同、三方合同，围绕一个工程项目合同，有多个合同的参与方，一个普通的工程施工承包合同就有项目业主方、监理方、承包方，一个大型投资工程项目可能涉及投资方、开发方、业主方、咨询方、设计方、监理方、施工承包方、设备供应方、分包方等。当然这里涉及的不是一个合同，但是围绕着同一个工程项目的各个合同之间，有着不可解脱的关系。因此，工程合同信息管理系统要涉及项目的诸多参与方，各参与方的合同管理信息将传递、交换、汇总、整合。

4. 工程合同信息管理的动态性

工程合同信息在全生命周期中不是静态的，随着项目的进展，合同目标信息（进度信息、费用信息、质量信息）不断更新。如果合同条件发生变化，合同信息也就随着发生变更。为了控制合同执行，需要根据合同的实际信息和合同变更信息对合同风险进行分析，调整项目管理对策。因此，合同信息的动态特性是合同信息管理系统设计的重要依据。

5. 工程合同信息管理的"协同性"

工程合同信息管理的"协同性"体现在，项目各参与方围绕同一个合同，需要协同处理合同信息。合同信息管理必须与进度信息管理、费用信息管理、质量信息管理、范围信息管理等进行协同。合同信息管理应该与知识库管理、数据库管理、沟通管理等进行协同。

6. 工程合同信息管理的网络特性

合同各参与方的办公地点不在同一个地域，而合同管理的"协同"又要求他们打破"信息孤岛"，同时进行信息处理，共享合同信息。因此，合同信息管理要求各参与方通过网络将大家联通，共同处理相关的合同信息。合同信息管理系统的网络可以是"广域网"，可以是各参与方的"Intranet"组成的合同管理的"Extranet"，可以是"虚拟专用网络VPN"，也可以通过"合同信息管理门户网站""项目管理门户网站"进行合同信息管理，甚至于可以通过"项目管理信息门户 PIP"进行合同信息管理。

8.1.3 工程合同管理信息系统功能

1. 支持合同管理的全生命周期

合同信息管理系统通过合同信息编码，支持全生命周期合同信息共享。合同前期信息、合同原始信息、合同跟踪信息、合同变更信息、合同结束信息对于整个信息管理系统是连续的、共享的、公用的。

2. 工程项目招投标信息管理

合同前期的招投标信息管理是合同数据的来源。有的合同管理信息系统不包括工程项目招投标管理系统，但是一个完整的工程项目合同信息管理系统应该包括招投标管理。

工程招投标信息系统包括，招标管理，投标管理，评标管理，决策支持，知识库，业务流程管理等。

工程招投标管理可以自成系统，可以通过公共招投标门户网站，可以通过构建政府一级公共招投标门户系统进行工程项目招投标信息管理。

无论是合同信息管理系统的一个部分、还是招投标门户网站，工程合同信息管理系统必须有与此相接的接口。

3. 工程项目合同目标管理

工程合同目标是构成项目"标的"的重要内容，它主要包括了合同进度目标、合同费用目标、合同质量目标、项目功能目标等合同原始信息。这些信息来自于工程项目招投标的最终结果。这些信息构成了项目跟踪、比较、分析、调整、控制的基准信息。通过这些信息，建立项目进度跟踪管理的进度基准线，费用控制挣值分析的计划费用流曲线（BCWS曲线），质量管理的质量控制标准等。项目实施过程中，按照合同规定的周期，对这些目标进行跟踪，比较差异，分析预测目标的最终结果，调整实施措施，保证合同目标的实现。

4. 工程项目合同跟踪管理

合同执行过程中，必须对合同信息进行跟踪，尤其是跟踪合同目标的动态信息。合同跟踪周期，根据合同要求或法律法规要求加以确定。合同管理系统可以用户自定义跟踪周期——天、周、旬、半月、月。合同目标跟踪信息的入口，可以是承包商，可以是监理，也可以是项目管理方的现场项目部人员。

合同跟踪管理信息，应该有相应的时效性、准确性和可靠性。跟踪管理的输出除了各种表格外，应该提供可视化图表、照片以及视频。

5. 工程项目合同支付管理

合同支付是合同管理的重要内容。系统应该包括各种不同合同类型的不同支付功能。系统包括了预付款管理，日常支付管理，合同结算管理。预付款管理包括，工程预付款的计算公式的输入，预付款支付日期，预付款扣回起点计算公式的输入，预付款扣回数的计算公式输入。日常支付包括，按月预付、最终结算方式管理，按月结算管理，保留金扣留管理。合同结算包括合同单价调整管理，合同变更支付结算管理，合同索赔支付管理，合同最终支付结算管理等。

合同支付管理包括了信息的输入，合同支付程序的控制，审批流程的控制，合同支付信息的生成、汇总、统计、保存和查询。

6. 工程项目合同变更管理

工程合同变更管理包括，变更过程跟踪，变更流程控制，变更信息的输入，根据变更修改调整项目合同的目标。

变更管理涉及业主、设计、监理、承包商，需要系统提供变更参与方同步处理有关信息的功能。

合同变更管理包括，业主变更子系统，设计变更子系统，承包商变更子系统。业主变更和设计变更的程序和功能比较简单，系统记录变更内容和时间，同步调整相应的合同目标。由承包商提出变更，子系统需要包括变更申请输入和提交，监理的变更申请审核，变更方案制定，变更方案审定，合同最终变更信息输入，同步调整合同目标，变更文件跟踪，变更程序控制等功能。

7. 工程项目合同索赔管理

工程合同索赔管理包括，索赔文件管理，索赔程序控制，索赔法律法规检索。

索赔管理涉及业主、监理、承包商，需要系统提供索赔参与方同步处理有关信息的功能。

8. 工程项目合同风险管理

工程合同风险管理包括，合同风险识别，合同风险分析（定性分析、定量分析），合同风险监控和预警，合同风险应对策略决策支持等功能。

9. 多重合同管理

多重合同管理提供总承包合同到设计分包、施工分包、供应分包、专业分包、劳务分包的分层管理功能。项目不同标段合同的同步管理功能。还提供各合同相关的信息接口，合同变更引起相关合同的索赔处理功能。

10. 查询和输出

系统支持合同管理信息的多重检索查询。系统对使用者实施权限管理，以保证系统安全。系统提供对全生命期各个阶段的合同前期信息、合同原始信息、合同跟踪信息、合同变更信息、合同结束信息的查询，这里包括知识库和决策支持信息。查询信息的显示方式取决于系统硬件和参与方的需求，可以是报表打印、屏幕显示、门户网页。

11. 知识管理与决策支持

知识管理包括，法律法规库，历史项目合同库，分类合同模板库，历史项目数据库，行业定额库，地方定额库、内部定额库，分类项目风险库，以及决策支持、数据仓库、数据挖掘功能。

12. 协同平台和系统集成

协同平台提供了不同参与方的协同信息处理功能，全生命周期不同阶段信息的协同处理功能，各子系统信息的协同处理功能。系统提供集成外部软件的标准接口。

13. 网络系统

工程合同管理的计算机网络系统，连接各参与方的网络系统，可以采用"广域网"方案，或者将各参与方的"Intranet"组成合同管理的"Extranet"，也可以采用"虚拟专用网络VPN"，还可以通过"合同信息管理门户网站"、"项目管理门户网站"、"项目管理信息门户PIP"支持工程合同信息管理。

8.2 工程合同管理信息系统设计原则和方法

8.2.1 工程合同管理信息系统设计原则

1. 融合多项 IT 技术

工程合同管理信息系统融合了先进的计算机技术、数据库技术、项目管理技术、决策支持技术、知识管理技术、计算机网络技术，工程合同管理信息系统设计必须结合这些IT技术的最新成果，使系统具有较长的生命期。

2. 具备先进性、实用性、集成性、安全性、可靠性、开放性、容错性

（1）先进性——采用先进的面向对象和面向组件技术。

（2）实用性——以管理业务流程为基础，使用系统没有陌生感，系统采用浏览器界面，友好、简单。系统提供在线帮助。

（3）集成性——各参与方的管理信息得到充分的交流和共享，能迅速、及时地得到合同执行的全面、详细、准确的信息，防止各子系统形成新的信息孤岛。

（4）安全性——包括物理安全、系统平台安全、网络安全、数据安全、应用安全。数据库系统和网络系统具有多层安全体系控制，保证数据不丢失和损坏，提供多种安全检查审计手段。

（5）可靠性——保证数据不丢失和损坏，对数据采用同步备份，保证系统可靠性。

（6）开放性——系统所采用的技术要符合和遵守国际标准，解决异构性问题。统一协同平台使系统的扩展和提升依赖于平台的更新。系统具有与外部软件集成的接口。

（7）容错性——应用软件系统应具有很好的容错性，不会因错误数据等原因而导致系统崩溃。

3. 系统结构模块化

结构化分析使系统自上而下形成结构化的层次分解，结构化设计根据分解的结构形成系统的分解结构模块，各模块相对独立，又相互关联。这些相对独立的模块就是设计的最小单元。

4. 业务流程控制

工程合同管理系统是对业务流程度模拟和重组。系统提供业务流程模板，也提供业务流程用户定制功能。合同实施的全过程受控于定制流程。合同实施的每个阶段，受控于相应的流程，尤其合同审核、合同变更、合同索赔、合同支付、质量验收均受控于各自的业务流程。前一个处理没有完成，后面的处理不能开始。每个处理环节只能由相应的管理人员实施规定的处理。系统提供流程实施的过程可视化显示，使管理人员可以清晰地了解合同文件在相应处理流程中的进程。流程控制还提供合同相关参与方对合同处理进程的提醒。

5. 基于 Web 的 B/S 结构

系统采用 B/S（浏览器/服务器）技术开发，具有先进的三层体系结构，

（1）客户端为浏览器，如 IE，使客户端的维护工作近乎为 0。

（2）应用层，Web 服务器，如 IIS，采用门户技术构建展示层。

（3）数据服务层，数据库服务器，如 SQL Server。

6. VPN

系统网络设计为虚拟专用网络 VPN，利用 VPN 可以最大限度地利用外部公共通信系统，ADSL 的接入提高带宽和处理速度，具有防火墙功能的 VPN 网关（路由器）同时提供了网络系统的安全。

8.2.2 工程合同管理信息系统设计方法

1. 总体规划

由于工程合同管理信息系统是一个由多个子系统组成，由多个合同参与方共同使用的大系统，系统需要融合多项 IT 技术，系统比较复杂，投资比较大，开发周期比较长。因而，系统开发必须根据用户需求，明确系统的总目标和主要功能。然后，根据总目标和主要功能构建系统的目标功能框架。通过系统分析为系统设计提供设计原则和设计依据。

总体规划阶段主要工作包括：按照项目要求，通过调查，进行需求分析；根据需求报告，通过系统分析，确定系统目标和系统架构。

总体规划应该包括：

系统规划——网络系统，操作系统，数据库系统，应用系统平台，子系统分解。

设计规划——协同平台定义，功能模块结构分解，数据库结构组成，面向对象设计方法，输入/输出界面可视化设计原则，开发数据接口规划，网络拓扑规划。

2. 协同平台设计

工程合同管理信息系统涉及多个参与方，需要实现多个功能的整合，需要实现数据的交换和共享，需要开放外部软件的应用。合理设计系统协同平台是系统目标实现的关键（图 8-1）。

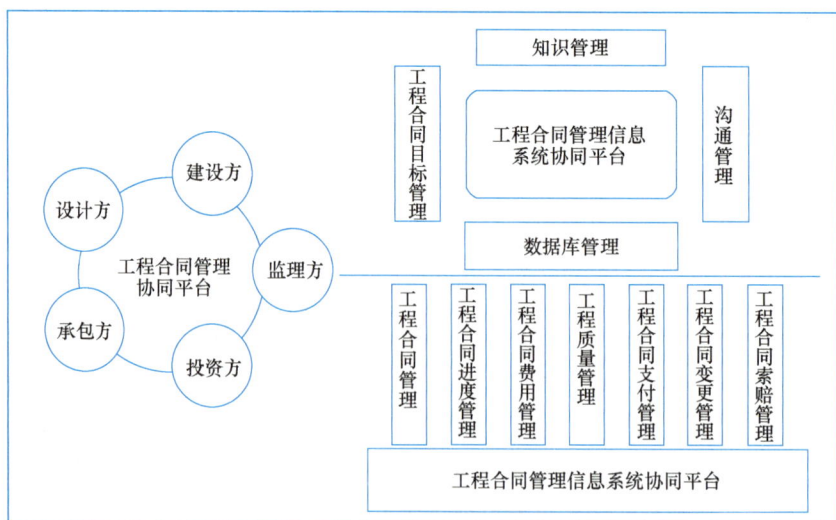

图 8-1　协同平台概念图

协同平台功能应该包括合同各参与方远程管理的协同，工程合同管理与项目管理、企业管理的协同，工程合同管理子系统之间的协同，合同信息数据库与知识库、方法库、模型库的协同，LAN 与 WAN、Intranet（企业内部网）、Extranet（企业外部网）、Internet、VPN（虚拟专用网）、PSWS（项目管理专用网站）、PIP（项目管理门户）之间的协同。

因为系统协同平台是位于操作系统之上的，所以协同平台必须满足开放性要求。

3. 功能模块设计

功能模块设计是系统功能目标分解的细化，采用自上而下的层次分解方法。功能模块分解不可能无限制的持续，一般也就分解到合同管理的一个"手工"业务处理流程的重现或再造。也可以将分解细化原则确定为每个模块有明确的、独立的输入/输出，确定的处理方法或工具的功能单元（图 8-2、图 8-3）。

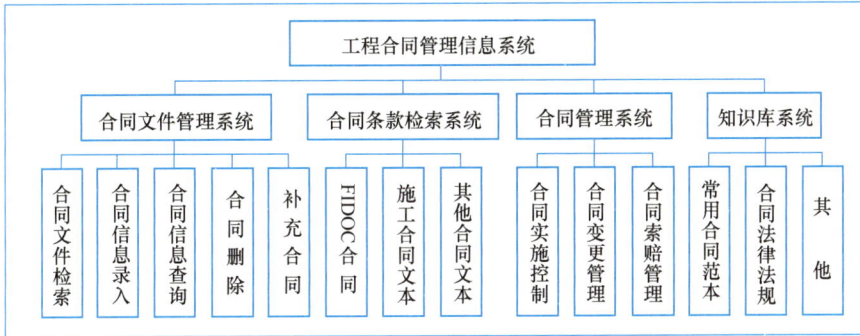

图 8-2　系统模块的分解结构

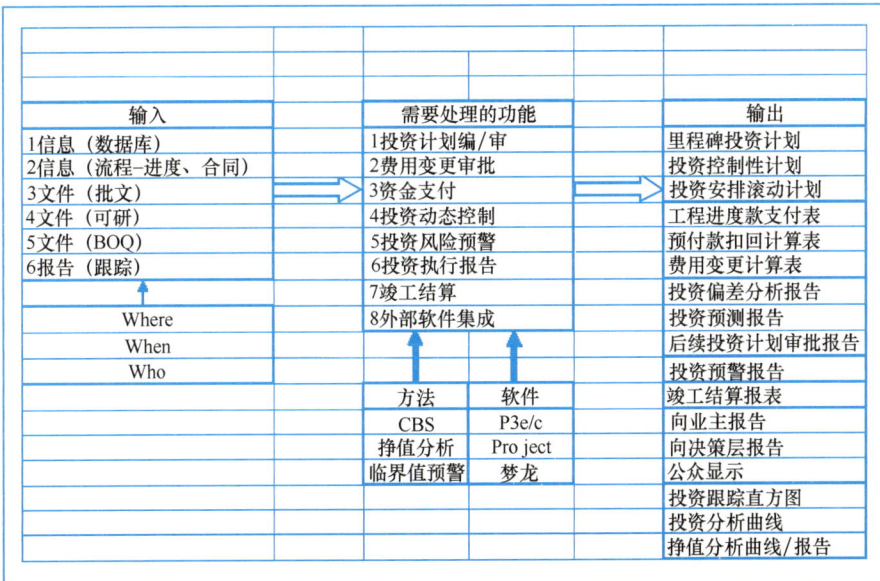

图 8-3　模块的输入、输出、处理功能结构图

功能模块设计的依据是需求分析、系统分析的成果。每个功能模块之间的数据流应该满足合同管理的业务流程，前一个模块的输出就是管理业务逻辑的后模块的输入。由于数据的共享和公用，合同信息入口只有一个，不能有"二义性"。功能模块的输出形式，根据用户需求可以是"报表"、"统计图形"，"工程照片"，"视频文件"，"数据库"。功能模块的处理方法，可以是一个程序、一个子程序，也可以是一个外部软件或外部软件的外挂程序。

功能模块设计一般采用面向对象的设计方法，可视化设计方法。现在常用的设计语言，一般均具有这两种技术的功能，它给我们设计带来极大的方便。

4. 数据库设计

数据库系统选择已经不再是什么困难的问题，因为现在的数据库系统均支持开发和管理大型多媒体数据库应用系统，而且它们均支持面向对象技术和可视化技术。一般应用比较多的是 Oracle，MS SQL Serve，Sybase，IBM DB2 等。

数据库设计是系统开发的另一个核心工作。数据库设计的依据是系统的需求分析和系统分析，尤其是系统的数据流分析。由于数据库技术的发展，数据库系统功能的加强，使我们数据库设计工作大大简化。现在的数据库系统一般均支持面向对象技术、可视化开发技术，数据库均支持多媒体信息。

工程合同信息数据库设计，必须与系统模块设计相适应，以支持系统功能的实现，但是这决不等于数据库与模块一一对应，数据共享和公用是数据库设计的一个重要原则。

数据库可以按照工程合同目标分类进行划分，可以按照工程合同全生命周期不同阶段进行划分，可以按照合同的不同参与方进行划分，可以按照工程合同管理的特殊过程进行划分，还可以按照不同数据特性进行划分。

按照工程合同目标将数据库划分为工程进度数据库、合同费用数据库、工程质量数据库……

按照工程合同不同阶段将数据库划分为原始信息数据库、合同执行跟踪信息数据库、合同费用支付数据库、合同结算数据库……

按照合同的不同参与方将数据库划分为承包商费用支付申请数据库、监理核准工程量数据库、监理签发合同费用支付数据库、业主合同费用支付数据库……

按照工程合同特殊过程将数据库划分为合同设计变更数据库、合同进度变更数据库、合同费用变更数据库、合同进度索赔数据库、合同费用索赔数据库……

数据库还应该包含合同风险识别数据库、合同风险跟踪数据库等。

数据库根据以上描述的不同划分分别设计，再应用数据库结构交叉技术综合设计中间过程数据库，它包括诸如合同质量统计报表数据库、合同进度风险预警数据库、项目投资分析数据库……

数据库结构设计按照常规设计应该包括数据字段编码、名称、类型、长度等的设计。

数据库设计中的一个重要部分是数据库之间的关联设计，这一工作的核心是工程合同信息编码。合同信息编码直接影响系统信息的输入、传递、处理、分析、查询，也就是直接影响合同信息的共享。也正是工程合同管理的"协同性"，要求我们在系统设计阶段一定要做好统一编码的工作（图 8-4）。

字段名称	类型	长度或精度	解释	来源	输入方式
协议编号	字符				录入
相关房屋	字符				录入
房屋坐落	字符				录入
甲方	字符				录入
乙方	字符				录入
甲方负责人	字符				录入
乙方负责人	字符				录入
签署时间	日期				录入
有效期限	数字				录入
协议内容	文本				录入

图 8-4 数据库结构

5. 业务流程控制设计

业务流程控制设计要依据：合同管理的业务逻辑过程，合同参与方的项目管理责任矩阵，管理人员的权限，各处理环节的输入和输出，各处理环节的功能。

流程控制的方法，可以是编码控制，可以是程序控制，也可以是可视化交互控制。

流程编码控制的基础是将合同项目进行 WBS 分解。对合同目标可以明确合同管理的功能处理的工作单元，作为编码单元。工作单元的输入和输出是该工作处理的对象，也是管理工作各阶段的可交付成果（文件）。因此，要对工作单元和合同过程文件（合同文件、变更文件、索赔文件、支付文件、验收文件）进行编码。编码根据流程控制的要求，设定流程控制的标志位。标志位可以 1 个，也可以根据项目合同的复杂程度，设置多位。其中控制合同总体流程的标志位的值，控制合同执行阶段；控制某个管理功能的流程的标志位的值，控制流程的进展；控制某个流程执行情况的标志位的值，控制流程功能是否完成。

流程的程序控制是一般采用的办法，根据合同执行的逻辑程序，设计流程控制程序。流程控制程序必须满足合同管理的工作流、数据流、控制流。

可视化交互流程控制是将流程定制，并且制作成可视化图标流程，在屏幕上显示。合同管理人员根据显示的进程和责任矩阵规定的职责，进入处理阶段，对相应的过程进行权限赋予的处理。过程处理完毕，图标显示进入下一个流程工作单元（图 8-5）。

6. 面向对象、可视化设计

可视化设计，既包含了输入、输出界面的可视化、系统人机交互的可视化、系统帮助的可视化，还包含了系统的可视化设计。

应用可视化设计技术，根据系统模块设计的结果，直接在计算机屏幕上生成"系统对象"——窗口，输入对话框，菜单，工具按钮等。

也可根据用户需求和系统设计的要求，按照 B/S 结构，Windows 浏览器页面，设计客户端界面。

7. 开放接口设计

由于工程合同信息管理系统有个协同工作平台，需要与工程项目管理信息系统协同工作，需要与工程项目的各参与方协同工作，系统要求具有开放性，需要与外部系统进行数

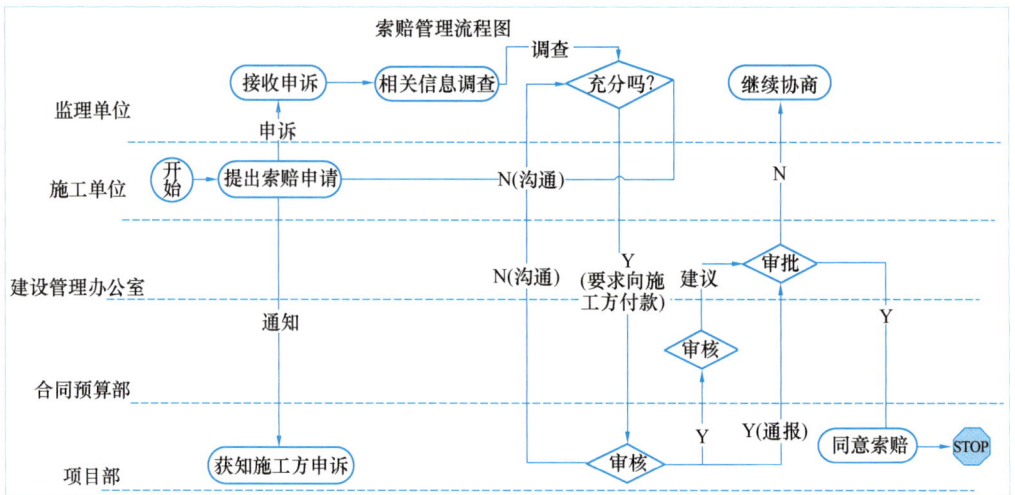

图 8-5　业务流程控制

据交换，需要与外部软件进行集成。

开放接口包括接口语言的开放性，数据格式的标准化，数据库满足开放数据库连接标准 ODBC。

8. 两个体系结构设计

（1）NET 设计体系

Microsoft. NET 是微软的 XML Web Services 平台。不论操作系统或编程语言有何差别，XML Web Services 都能够使应用程序在 Internet 上传输和共享数据。Microsoft. NET 平台包含广泛的产品系列，它们都是基于 XML 和 Internet 行业标准进行构建的，提供从开发、管理、使用到体验 XML Web Services 的每一方面。XML Web Services 将成为 Microsoft 的应用程序、工具和服务器的一部分（图 8-6）。

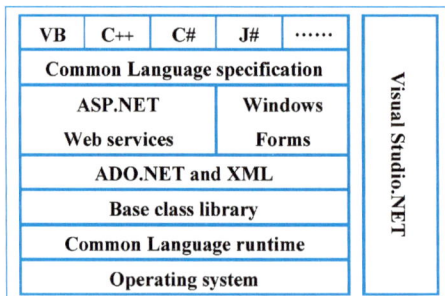

图 8-6　NET 体系

（2）J2EE 设计体系

J2EE（Java Version 2 Enterprise Edition，Java 2 企业版）是一种适合实现企业应用系统集成的体系结构。

J2EE 体系结构的采用有利于实现多种异构应用系统、多服务器、甚至广域网部署的应用系统的整合（图 8-7）。

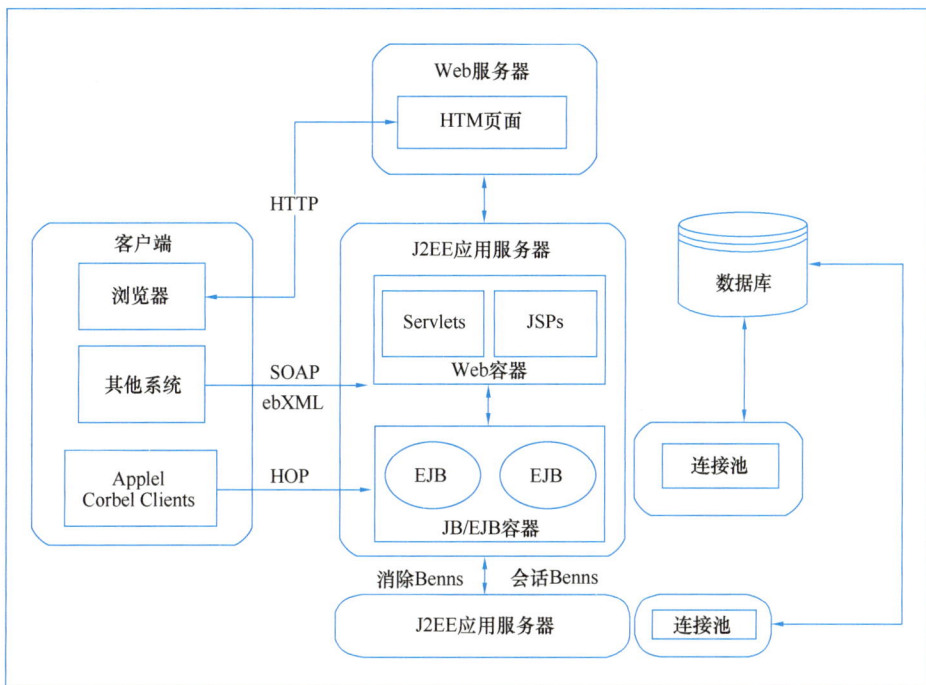

图 8-7　J2EE 体系

8.3　工程合同管理几种常用软件

早期工程合同管理信息系统一般为单机软件，其功能比较简单，主要为合同文档的存储和检索。后来合同管理发展为项目管理信息系统的一个子系统，其功能一般包括：合同登记、合同变更、索赔计录、合同结算。

8.3 工程合同管理几种常用软件

但是，很少有将合同管理与项目的其他管理功能相关联，比较多的是将合同管理与费用支付相结合。更少有将招投标与工程合同管理结合在一起的。目前国内外工程项目管理商品软件几乎都标明具有合同管理功能，但是，其合同管理功能是弱化的。单独的功能比较强的工程合同管理软件不多。

包含工程合同管理的项目管理信息系统软件有美国 Primavera 的 P6e/C，国内的梦龙 LinkProject 项目管理平台，新中大 Psoft，广联达 GPM，豪力 eFIDIC，建文 ERP/J2。

8.3.1　梦龙 LinkProject 项目管理平台

合同管理与控制系统是梦龙 LinkProject 项目管理平台软件系统的一个部分它的功能为：

合同管理的模板设计，制定标准的合同范本；

资金统计，可以对合同的费用进行全面的监视；

远程项目合同管理，严格根据权限管理合同，尽可能减少遗漏而导致的索赔与争议。

报表的输出，将完全个性设计，可以制作出用户所需的任何形式的报表。

8.3.2　新中大 Psoft

新中大工程管理系统中的合同管理包括了合同的文档管理、合同的资金管理，合同的变更管理、合同事务管理等管理内容（图 8-8）。

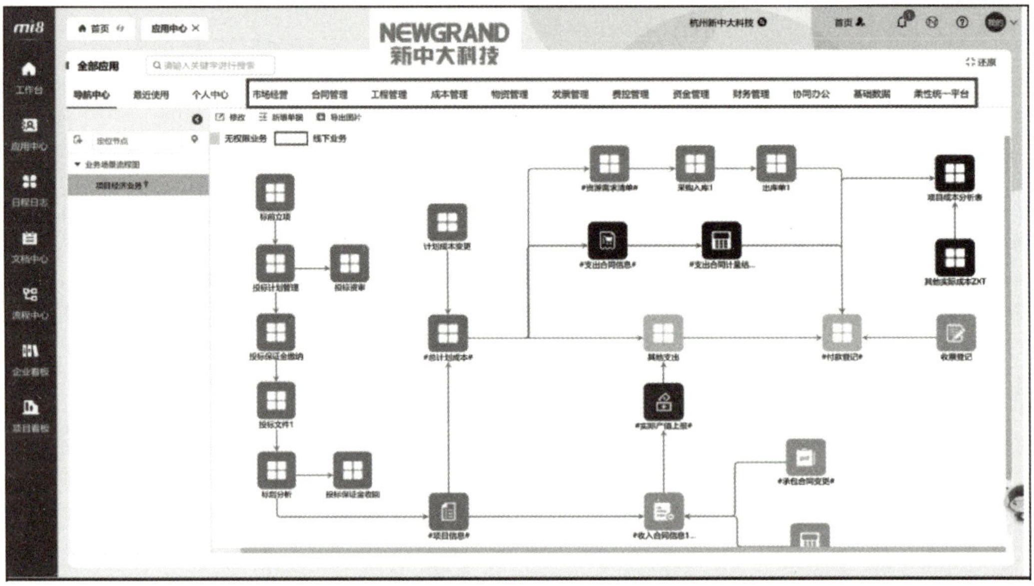

图 8-8　新中大工程管理系统

系统支持项目施工承包（PC）、分包合同、供货合同等多种固定模式的合同形式。

1. 合同管理典型流程

系统将项目施工承包合同的全过程分成两个阶段，即合同的形成阶段与合同的执行阶段。

合同形成阶段的信息从招投标管理（Psoft 系统的一个部分）中取得。

合同执行阶段所产生的静态、动态台账信息纳入到"合同台账管理"模块中进行管理；涉及合同的其他业务的管理（如进度、质量和安全的管理）分别在各业务相应的子系统中进行管理。系统提供的功能模块可满足合同从产生到履行结束全过程管理的需求。

2. 合同费用控制

系统从合同管理信息中自动创建项目合同的评测基准，即自动生成原合同计划费用、合同变更费用、合同已完成费用、合同尚需完成费用、预测完成时（含变更）合同费用总值、目标差异、当前差异等数据信息。合同费用管理能随施工进度的执行得到动态的控制，数据分布信息与进度保持完全一致。同时针对业主方可将项目承包费用中的甲供材料工程费用自动处理。

系统可按 WBS、OBS 统计、分析、查询费用数据信息。

系统可根据管理组织职能、管理流程自动将工程费用信息在项目部、财务部、采购部、领导层间进行传递。实现财务业务一体化。可设置控制警戒线，用于风险防范。

3. 模块特点

（1）对合同协议基本信息、工程量清单以及工程扣款款项、扣款参数等信息进行维护。

（2）可以对合同变更进行全程的跟踪和管理。如，合同变更请示文件、变更建议、变更令等；并全程跟踪变更过程，将变更处理过程完整的记录下来，以便用户今后查询和分析变更的原因和处理方法。

（3）合同之间可以形成嵌套的关系；即可以管理分包合同，分包合同与总承包合同形成父子合同关系。

（4）对合同执行全过程进行监控。即对进度款的申请、工程合同的变更、阶段结算等进行管理和监控。

（5）用户可以对每个合同进行操作权限的设置，保证合同管理的严密性和规范性。

（6）较强的报表查询功能，为工程合同管理和执行提供丰富的数据依据。

（7）合同管理的方法和程序，符合 FIDIC、NEC 等国际先进的合同管理惯例。

（8）与工程项目的其他业务管理连接，在工程进度管理、采购仓储管理、费用控制管理、质量安全管理等各个管理软件之间起到协调、监控作用。

（9）可以在系统中记录违约和索赔中产生的相关信息，并将违约和索赔发生的过程完整的记录备案。

8.3.3　广联达 GPM 工程项目管理系统和 GCM 施工项目成本管理系统

1. GPM 可以对不同类型合同进行管理（图 8-9）

（1）建安合同管理

1）建安合同登记：登记和管理项目建安合同信息；

2）建安合同变更：登记和管理项目建安合同变更信息；

3）合同预算书管理：支持广联达其他软件数据的导入、Excel 的导入；

4）预算拆分：将预算拆分到 WBS 节点上；

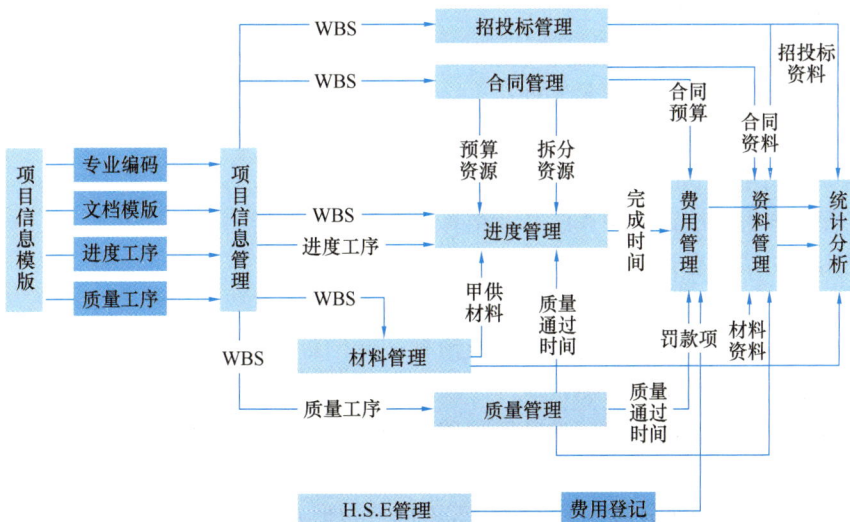

图 8-9　广联达 GCM

5）核定量输入：业主、监理单位、施工单位三方共同对实际发生的工程量进行核定；

6）核定量超额查询：查询各清单项现场核定结果；

7）合同签证：记录施工现场签证信息。

（2）监理合同管理

1）监理合同登记：登记和管理项目监理合同信息；

2）监理合同变更：登记和管理项目监理合同变更信息；

3）监理合同费用拆分：分摊方式、拆分科目。

（3）其他合同管理

1）其他合同登记：登记和管理项目其他合同信息；

2）其他合同变更：登记和管理项目其他合同变更信息；

3）其他合同费用拆分：分摊方式、拆分科目。

2. GCM 中的合同管理和分包管理

（1）合同管理

1）合同的登记与查询。

① 合同基本信息及合同登记；

② 合同费用预算登记；

③ 合同费用支付控制点设置；

④ 将合同条款及费用量化；

⑤ 合同执行情况的预测和报警机制。

2）合同工程量及预算费用分解。

① 工程量、实体性消耗按 WBS 进行分解、非实体性消耗按时间段分解；

② 实现已完工程的工程量统计及预算费用统计和未完工程的工程量及预算费用的预测；

③ 工程量及预算造价与广联达造价软件对接；

④ 同时适应定额模式和清单模式。

3）变更及签证管理。

① 变更及签证的登记和签批；

② 变更及签证的预算登记和签批；

③ 变更预算或费用的分解。

4）合同执行管理。

① 工程量申报与统计、预算统计及结算；

② 费用支付情况登记。

5）合同执行情况统计查询和数据分析。

① 形象进度和工程量进度完成情况及预测；

② 预算费用完成情况及预测；

③ 按时间顺序、空间部位、进度里程碑、分包单位进行统计查询和数据分析。

（2）分包管理

满足分包工程、专业分包、劳务分包等不同分包形式的管理需求。

1）分包合同管理。

① 分包合同及相应变更登记；

② 分包费用或预算登记；

③ 分包费用支付控制点设置。

2）分包合同在 WBS 节点上的范围定义及分包费用分解。

① 将分包工程量及费用分解到 WBS；

② 分包工程量及费用自动统计和未完分包工程量及费用预测。

3）分包工程的变更处理。

分包工程量调整及费用调整。

4）临时用工管理。

① 临时用工记录；

② 扣款罚款记录。

5）分包合同工程量及费用统计结算支付。

① 分包费用结算；

② 临时用工结算及扣款罚款；

③ 费用支付情况登记。

6）分包统计查询。

通过统计报表、台账查询等完成分包管理的数据分析

8.3.4 豪力 eFIDIC

豪力 eFIDIC 系统通过系统网络将建设单位、监理单位、承包商、银行连接在一起，将合同执行情况、工程量计量支付、银行付款透明化，规范化，使合同执行公开、公平、公正。

8.3.5 Expedition

1. 概述

Expedition 是美国 Primavera 的合同管理软件，它的功能包括：工程合同文件组织，目录存储，工作提醒，变化跟踪，利润监视，错误查找，事件追溯，索赔处理。它允许多个用户同时处理工程数据和工程报告，它能协调用户之间的合作关系，它能发现工作中的脱节和疏漏，它通过 P-mail，In-Basket 进行快速通信，它能作电话记录和检查改变过命令的双方审批记录，它能快速方便地找到所需的信息。

（1）Expedition 的数据传输（图 8-10）

用户在处理完合同数据后，即可在合同单位之间进行数据传输。承包商可以将数据传给监理和业主，业主和监理也可以将意见返回给承包商，这些工作都可以在一条电话线上完成。

Expedition 利用 Intranet 来实现这一任务，Expedition 建立了一个现成的通信接口，只需打开需要发送的数据文档，按"发送"就可以完成数据的传输。

接收也同样简单，只要打开计算机，联通网络，各单位发送的数据就自动地被接收了，在 Expedition 的电子文件栏中就可以看到传输的内容。如果需要，可以将这些数据转载到各数据库，更新数据。

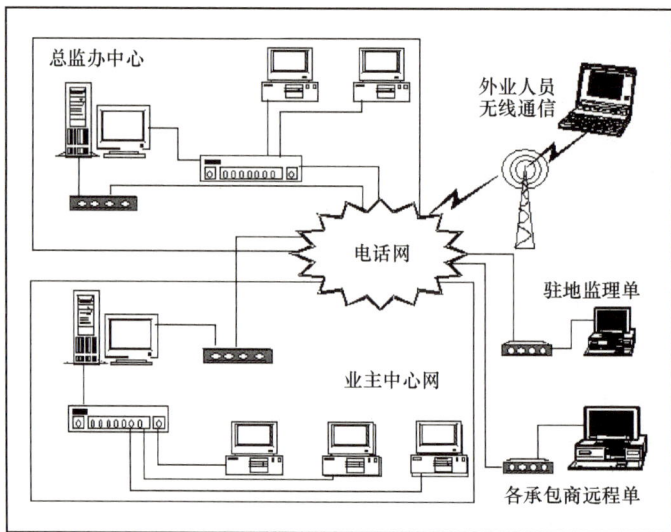

图 8-10　Expedition 的网络组成

（2）Expedition 4 大模块：工程信息/通信/记录/合同信息。

（3）Expedition 核心：对请示和变更的跟踪及管理（图 8-11）。

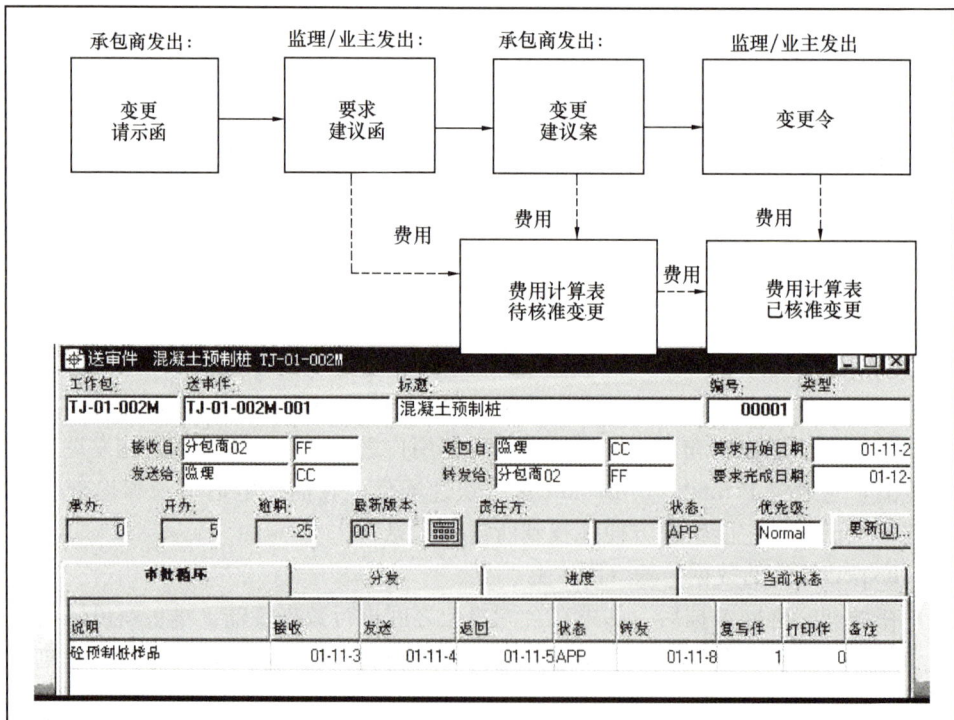

图 8-11　Expedition 变更管理

（4）Expedition 的合同管理功能：

1）全面登记合同数据；

2）集中管理项目费用；

3）标准化的变更管理；

4）跟踪催办要求反馈的事务；

5）关联相关事务，提高检索功能；

6）利用项目计算机网络，远程同步管理。

2. 合同管理图

（1）建立合同或订货合同的登入；

（2）从建立合同或订货合同产生送审件；

（3）从订货合同产生到货记录；

（4）建安合同和订货合同的费用管理；

（5）由建立合同生成进度款支付申请；

（6）合同费用方面的报表（图 8-12）。

费用工作表

原定合同金额	已批准合同变更额	修订后合同金额	待批准合同变更	预计合同变更	预计合同费用调整额	预计合同总金额	实际完成合同工作量	实际收到投资方拨款	原定预算与合同差值
110,267,196.00	0.00	,267,196.00	0.00	0.00	0.00	67,196.00	22,429,000.00	0.00	15,632,804.00
4,578,435.00	100,000.00	,678,435.00	0.00	0.00	0.00	578,435.00	1,532,000.00	0.00	-748,435.00
7,401,743.00	0.00	,401,743.00	0.00	0.00	0.00	401,743.00	1,180,000.00	0.00	-1,641,743.00
8,766,665.00	1,040,000.00	,806,665.00	0.00	0.00	0.00	806,665.00	2,291,000.00	0.00	1,083,335.00
3,313,659.00	100,000.00	,413,659.00	0.00	0.00	0.00	413,659.00	535,000.00	0.00	296,341.00
2,454,420.00	0.00	,454,420.00	0.00	0.00	0.00	454,420.00	0.00	0.00	335,580.00
1,708,187.00	0.00	,708,187.00	0.00	0.00	0.00	708,187.00	0.00	0.00	-578,187.00
1,665,000.00	8,500.00	,673,500.00	0.00	0.00	0.00	673,500.00	152,500.00	0.00	-785,000.00
1,411,980.00	0.00	,411,980.00	0.00	0.00	0.00	411,980.00	0.00	0.00	218,020.00
696,980.00	0.00	696,980.00	0.00	0.00	0.00	696,980.00	0.00	0.00	43,020.00
1,313,353.00	0.00	,313,353.00	0.00	0.00	0.00	313,353.00	0.00	0.00	256,647.00
16,540,000.00	0.00	,540,000.00	0.00	0.00	0.00	540,000.00	0.00	0.00	1,770,000.00
0.00	0.00	0.00	0.00	0.00	0.00	0.00	0.00	0.00	11,410,000.00
39,385,750.00	0.00	,385,750.00	0.00	0.00	0.00	385,750.00	11,993,741.00	0.00	-2,345,750.00
7,230,000.00	0.00	,230,000.00	0.00	0.00	0.00	230,000.00	0.00	0.00	260,000.00
8,614,506.00	0.00	,614,506.00	0.00	0.00	0.00	614,506.00	0.00	0.00	445,494.00
390,857.00	0.00	390,857.00	0.00	0.00	0.00	390,857.00	0.00	0.00	-70,857.00
4,193,237.00	0.00	,193,237.00	0.00	0.00	0.00	93,237.00	0.00	0.00	-663,237.00
433,172,371.00	1,307,500.00	791,871.00	0.00	0.00	3,146,100.00	1,017,100.00	433,028,000.00	0.00	997,629.00

图 8-12　Expedition 合同费用

3. 进度款支付管理

（1）进度款支付管理；

（2）建立进度款申请；

（3）记录进度款；

（4）随进度款减扣的费用管理；

（5）进度款申请的核定及费用转载；

（6）发送进度款申请或拨号上网审查；

（7）进度款申请的报表。

4. 集中的费用管理

需定义费用科目展开表管理，表内有预算、合同、实际、差值四大块，预算的费用为"将收入"的费用（费用来源），合同的费用为"将支出"的费用。表内任何数字不是手填的，它们来自相应的"带费用"的 Expedition 文件。

5. 变更管理标准化

变更定义为两条"线路"，四个"阶段"。两条"线路"对应"费用收入"和"费用支出"两类不同的合同关系；四个"阶段"分别为：

（1）RFI（Request for Information）变更请示函阶段；

（2）RFP（Request for Proposal）要求建议函阶段；

（3）PCO（Proposal Change Order）提交措施及报价阶段；

（4）CO（Change Order）签发变更令阶段。

6. 送审件的跟踪

（1）对送审/提交文件的跟踪催办；

（2）对审查图纸的跟踪催办；

（3）对会议承诺的催办；

（4）对自我工作的跟踪催办。

7. Expedition 的关联功能

通过代码将合同信息、各种记录进行关联以便更好地检索、提高效率和加强索赔反索赔能力。

8.3.6　BIM

1. BIM 的概念

BIM，即建筑信息模型（Building Information Modeling），1975 年由"BIM 之父"——乔治亚理工大学的 Chuck Eastman 教授提出。美国国家 BIM 标准（NBIMS）对 BIM 做出了定义，包括三个层次的含义：

（1）BIM 是一个设施（建设项目）物理和功能特性的数字表达；

（2）BIM 是一个共享的知识资源，是一个分享有关这个设施的信息，为该设施从建设到拆除的全生命周期中的所有决策提供可靠依据的过程；

（3）在项目的不同阶段，不同利益相关方通过在 BIM 中插入、提取、更新和修改信息，以支持和反映其各自职责的协同作业。

而根据我国住房和城乡建设部《建筑信息模型应用统一标准》的定义，BIM 是全寿命期工程项目或其组成部分物理特征、功能特性及管理要素的共享数字化表达，是以建筑工程项目的各项相关信息数据作为基础，建立三维建筑模型，通过数字信息仿真模拟建筑物所具有的真实信息。

从基本的定义可以看出，BIM 不是 CAD 等设计绘图软件或者出图工具的升级，而是信息技术与工程项目全生命周期的深度融合。真正的 BIM 是一种全新的工程信息化协同管理方式，它颠覆了传统的建筑设计模式、造价模式、施工管理模式，通过整体虚拟建筑信息模型实现全方位、整体化的建筑设计及机电管网控制、工程量预算等工作。它不是软件产品的集合，也不是多个模型的集合，是利用数字模型对设计、施工、运营进行综合管理的技术体系。软件只是 BIM 的工具，信息模型是 BIM 的结果。

BIM 是建筑及管理的数字表达，贯穿于工程的设计、施工、管理（包括合同管理）的各个阶段，且在整个建筑的生命周期中进行数据的共享与传递，在不同的阶段，各利用方都对技术的数据信息进行提取和修改、并通过参数化来建立模型，整合信息。它具有可视化、数据化、协调性、模拟性、优化性的特点。

2. BIM 在工程建设中的应用

BIM 通过三维模型，用数字化表达实际工程项目的详细信息。由 BIM 相应软件构造的建筑信息模型包含了建筑结构本身的属性、构造和造价等固有的信息，在项目全生命周期内持续改进建筑的策划、设计、建造、运维等整个过程，并将数据在整个建造团队内进行共享和传递，使业主、设计公司、承建商、供应商、现场工程技术人员等对各种建筑信息作出高效、正确应对，在提高工作效率、节约造价和缩短工期方面发挥重要作用。

BIM 在工程项目全建筑生命周期各阶段的主要应用为：规划阶段主要用于现状建模、成本预算、阶段规划、场地分析、空间规划等；设计阶段主要用于对规划阶段设计方案进行论证，包括方案设计、工程分析、可持续性评估、规范验证等；施工阶段则主要起到与设计阶段三维协调的作用，包括场地使用规划、雇工系统设计、数字化加工、材料场地跟踪、三维控制和计划等；在运营阶段主要用于对施工阶段进行记录建模，具体包括制定维护计划、进行建筑系统分析、资产管理、空间管理/跟踪、灾害计划等。在不同阶段中的运用都基于同一个建筑模型，在全建筑生命周期中模型可以为不同阶段提供每个阶段所需要的建筑信息，这就是 BIM 整合资源，将传统方式中不同阶段中的信息全部整合到同一个模型，减少中间章乱无序的环节，给人一种简单明了的体验。

3. BIM 发展趋势

随着信息技术的发展及我国政府的大力推行，BIM 在工程建设中的应用将更加深入、广泛。当前 BIM 发展趋势主要体现在以下几个方面。

（1）重大项目上的点式 BIM 应用——点式深度 BIM 应用——项目级 BIM 应用——社会化 BIM 全过程应用；

（2）从单一阶段的建模服务逐步转向全过程 BIM 服务越来越多的项目对 BIM 技术的应用要求越来越高；

（3）从单纯 BIM 软件应用转向 BIM 软件与硬件及与机器人全站仪、3D 打印机建筑机器人、3D 点云扫描仪等技术全面结合应用；

（4）与建筑行业的工业化、绿色建筑、智慧城市、城市管廊、海绵城市相结合，成为建筑行业改革的坚实的信息技术基础。

4. BIM 常用软件

目前，主流的 BIM 软件在建筑方面的应用主要分为核心建模类、方案设计类、接口几何造型类、结构分析类、可视化类、模型检查类、造价管理类等类别，BIM 核心建模软件主要是用来进行 BIM 建筑信息模型的建模，是用于衔接其他软件的主体结构，也是BIM 平台的核心。

对每个类别的代表软件及其功能描述如表 8-1 所示。

BIM 常用软件及其功能　　　　　　　　　　　　　　　表 8-1

类别	代表软件	功　能
核心建模	Revit architecture、ArchiCAD、Digital Project、Bentley structure	民用建筑、工厂设计、基础设施等模型的建立

续表

类别	代表软件	功　　能
方案设计	Onuma Planning System、Affinity	联系设计师与业主，并将结果转化到核心建模软件中去分析，主要用于早期阶段
接口几何造型	Sketchup、Rhino、FormZ	可以作为核心建模软件的输入，主要用于初期阶段
结构分析	ETABS、SAP2000、Robot、PKPM	是目前与核心建模软件结合度最高的一个类别，能够与核心建模软件通过接口互导
可视化	3DS Max、Artlantis、Lightscape	可以在项目各个阶段产生可视化效果，还可以显示其变化
模型检查	Solibri Model checker、Autodesk Navisworks	可对模型进行 3D 协调、评估、审核，并对模型进行综合检查
造价管理	Innovaya、Solibri、广联达、鲁班	对模型进行工程量统计及造价方面的分析

复习思考题

1. 工程合同信息包括什么？合同前期信息和合同原始信息有何不同？

2. 根据工程合同管理的需要，工程合同管理信息系统应具有的特点和功能是什么？

3. 在工程合同管理信息系统的设计中，虚拟专用网络 VPN 的特点是什么？

4. 在功能模块设计和数据库设计时，是否应该使数据库与模块一一对应，以实现系统功能？为什么？

5. 工程合同管理信息系统的设计包括哪几部分？

6. 常用的涵括工程合同管理的项目管理信息系统软件有哪些？各自有什么功能和特色？

7. BIM 常用的软件有哪些，它在工程建设中有哪些应用？

参 考 文 献

[1] 朱宏亮. 建设法规教程（第 2 版）［M］. 北京：中国建筑工业出版社，2019.

[2] 成虎. 建设工程合同管理与索赔（第 5 版）［M］. 南京：东南大学出版社，2020.

[3] 成于思，严庆，成虎. 工程合同管理（第 3 版）［M］. 北京：中国建筑工业出版社，2022.

[4] 中华人民共和国民法典［M］. 北京：法律出版社，2021.

[5] 张水波，何伯森. FIDIC 新版合同条件导读与解析［M］. 北京：中国建筑工业出版社，2019.

[6] 何伯森. 工程项目管理的国际惯例［M］. 北京：中国建筑工业出版社，2007.

[7] 李启明，邓小鹏. 建设项目采购模式与管理［M］. 北京：中国建筑工业出版社，2011.

[8] 何佰洲，李素蕾，郑宪强. 工程合同法律制度（第 2 版）［M］. 北京：中国建筑工业出版社，2020.

[9] 舒畅. 国际工程合同管理——FIDIC 条款解析与案例［M］. 重庆：重庆大学出版社，2023.

[10] 国际咨询工程师联合会. 施工合同条件（2017 版）［M］. 北京：机械工业出版社，2021.

[11] ［英］罗杰. 诺尔斯著. 杨晓鹏，刘化宇，王青华等译. 国际工程法律与合同实务 200 问（第三版）［M］. 北京：中国建筑工业出版社，2021.

[12] ［英］彼得·希伯德，保尔·纽曼著·陆晓村，王自青译. 工程争端替代解决方法与裁决［M］. 北京：中国建筑工业出版社，2004.

[13] 张伟，仲景冰. 工程项目管理［M］. 武汉：华中科技大学出版社，2020.

[14] 朱树英，车丽. 民法典对建设工程合同的立法调整及其对建筑法修改的影响［C］.《上海法学研究》集刊，2022（9）：38-44.

[15] 王永起. 民法典视域下建设工程合同十大问题研究［J］. 山东法官培训学院学报，2023，39（1）：61-89.

[16] 于雁翔. 国际工程合同效力及相关争议解决机制选择［J］. 北京仲裁，2022（3）：179-190.

[17] 姚雪莲. 基于承包人视角的工程索赔管理研究［J］. 建筑经济，2023，44（7）：53-59.